普通高等学校"十一五"规划教材

计算机网络与 Internet 应用

主编　亓传伟　薛新慈

副主编　杨晨　任艳斐　苗英恺　王合闯

国防工业出版社

·北京·

内容简介

本书深入浅出地介绍了计算机网络与 Internet 的基本原理和相关应用技术,并突出了计算机网络的最新发展思想。全书共分 9 章及 1 个附录,主要内容有:计算机网络基础知识、数据通信基础知识、常用网络设备、局域网技术、Internet 基础知识、Internet 应用、网页制作与网站建设、组网技术、网络管理与安全技术等,附录的内容为常用网络实训。本书重点介绍了 TCP/IP 体系结构和 Internet 典型应用,反映了网络发展的新技术与发展趋势。

本书可以作为高等学校(含高职高专院校)计算机网络与 Internet 基础课程的教材,同时也可作为广大网络技术人员的参考用书。本书配有电子教案等教学资源。

图书在版编目(CIP)数据

计算机网络与 Internet 应用/亓传伟,薛新慈主编. —北京:国防工业出版社,2010.7
普通高等学校"十一五"规划教材
ISBN 978-7-118-07018-7

Ⅰ.①计… Ⅱ①亓…②薛… Ⅲ.①计算机网络—高等学校—教材②因特网—高等学校—教材 Ⅳ.①TP393

中国版本图书馆 CIP 数据核字(2010)第 142384 号

※

国防工业出版社出版发行

(北京市海淀区紫竹院南路 23 号 邮政编码 100048)
北京奥鑫印刷厂印刷
新华书店经售

*

开本 787×1092 1/16 印张 14½ 字数 370 千字
2010 年 7 月第 1 版第 1 次印刷 印数 1—5000 册 定价 25.00 元

(本书如有印装错误,我社负责调换)

国防书店:(010)68428422 发行邮购:(010)68414474
发行传真:(010)68411535 发行业务:(010)68472764

前　言

随着 Internet 的普及和延伸,人们的生活和工作越来越离不开网络。人们可以通过 Internet 进行网上购物、远程教育、远程医疗,可以查找和搜索各种信息。计算机网络的重要性已被越来越多的人所认识,人们迫切地需要了解计算机网络的知识。掌握计算机网络与 Internet 的基础知识与应用已经成为当代大学生的必备技能之一。本书依照教育部制定的《大学计算机教学基本要求》中对计算机网络与 Internet 的基本要求,较全面、系统地介绍了计算机网络和 Internet 的基本知识、基本技术和基本应用。

作者结合多年的教学经验,采用理论与实践相结合的思路组织编写本书,本着重能力、严实践、求创新的总体思路,注重加强学生应用能力的培养,突出实践教学环节(在附录中列出了必备的实训项目),全书体现科学性、启发性、先进性和教学的适用性。通过本书的系统学习可以掌握计算机网络与 Internet 的基本概念以及现代网络的常见应用技术,使学生具有比较系统的网络基础知识和熟练的网络基本应用技能。本书通俗易懂,循序渐进,具有较强的实用性。特别适合高等学校(含高职高专学校)计算机专业的教学,也可以作为非计算机专业计算机基础教学的教材。本书运用简单易懂的描述和大量的图片及生动直观的实例对计算机网络的基础知识进行阐述,内容全面丰富,实用性强;在写作方法上力求深入浅出、简明易懂、便于自学。

全书共分 9 章及 1 个附录,主要内容有:第 1 章 计算机网络基础知识;第 2 章 数据通信基础知识;第 3 章 常用网络设备;第 4 章 局域网技术;第 5 章 Internet 基础知识;第 6 章 Internet 应用;第 7 章 网页制作与网站建设;第 8 章 Windows Server 2003 组网技术;第 9 章 网络管理与安全;附录 实训。本书在讲述计算机网络与 Internet 的基本原理和相关应用技术的同时,重点介绍了 TCP/IP 体系结构和 Internet 典型应用,反映了计算机网络发展的新技术与发展趋势。

本书由亓传伟、薛新慈、杨晨、任艳斐、苗英恺、王合闯、王灵莉、马相芬、段新华、张军锋、闫薇、陈海蕊、张洁、李玲选、肖玲等共同编写,亓传伟、薛新慈负责统稿并任主编,杨晨、任艳斐、苗英恺、王合闯任副主编。

在编写本书的过程中参考了相关文献,在此向这些文献的作者深表感谢,同时感谢国防工业出版社刘炯编辑的大力支持。由于作者水平有限,书中难免有错误与不足之处,恳请专家和广大读者批评指正,帮助我们改进提高。本书配有电子教学参考资料包(包括教学指南、电子教案及习题答案)。作者信箱:qqccww123@ tom. com。

目　　录

第1章　计算机网络基础知识

1.1　计算机网络概述

计算机技术和通信技术的紧密结合构成计算机网络。计算机网络每一次的发展都是历史上的一次飞跃，计算机网络被应用于政治、军事、商业、医院、远程教育、科学技术等各个领域。近年来，计算机在通信领域中的应用也促使数据通信和卫星通信等新的通信技术的快速发展，并促进了通信由模拟向数字化转变，并最终向综合性服务方向发展，通信技术则为计算机之间信息的快速传递、资源共享和分布处理提供了强有力的手段。计算机网络在当今社会和经济发展中起着非常重要的作用，世界上的任何一个拥有计算机的人都能够通过计算机网络了解世界的变化，掌握最先进的科技知识，拥有最高超的生产技能。网络已经渗透到人们生活的各个角落，影响到人们的日常生活，计算机网络向人们提供了几乎所有可能的需要的资源。因此在某种程度上，计算机网络的发展速度不仅反映了一个国家的计算机科学技术水平，同时也反映了在通信方面的技术水平，并且已经成为衡量其国力及现代化程度的重要标志之一。随着社会不断的发展和进步，计算机网络已渐渐地改变了人们的工作方式与生活方式，未来社会对网络的发展需求也将提升到更高的层次。在信息社会里，信息甚至比物质和能源更重要。计算机网络是信息社会的基础，所以，对计算机网络的学习已迫在眉睫。

1.1.1　计算机网络的定义

计算机网络(Computer Network)是利用通信线路和通信设备，把分布在不同地理位置，且具有独立功能的多台计算机、终端及其附属设备互相连接，按照网络协议进行数据通信，利用功能完善的网络软件实现资源共享的计算机系统的集合。计算机网络是计算机技术与通信技术相结合的产物。

计算机网络主要包含连接对象(即元件)，连接介质，连接控制机制(如约定、协议、软件)和连接方式与结构 4 个方面。

计算机网络连接的对象是各种类型的计算机(如大型计算机、工作站、微型计算机等)或其他数据终端设备(如各种计算机外部设备、终端服务器等)。计算机网络的连接介质是通信线路(如光纤、同轴电缆、双绞线、地面微波、卫星等)和通信设备(交换机、网桥、路由器、Modem等)，其控制机制是各层的网络协议和各类网络软件。所以计算机网络是利用通信线路和通信设备，把地理上分散的，并具有独立功能的多个计算机系统互相连接起来，按照网络协议进行数据通信，用功能完善的网络软件实现资源共享的计算机系统的集合。它是指以实现远程通信和资源共享为目的，大量分散但又互联的计算机的集合。互联的含义是两台计算机能互相通信。

两台计算机通过通信线路(包括有线和无线通信线路)连接起来就组成了一个最简单的计算机网络。全世界成千上万台计算机相互间通过双绞线、电缆、光纤和无线电波等连接起来构成了世界上最大的 Internet 网络。网络中的计算机可以是在一间办公室内，也可能分布在地球的不同区域。这些计算机是相互独立的，即所谓自治的计算机系统，脱离了网络它们也能作为单机正常工作。在网络中，需要有相应的软件或网络协议对自治的计算机系统进行管理。

1.1.2 计算机网络的产生与发展

计算机网络最早出现在 20 世纪 50 年代，是通过通信线路将远方终端资料传送给主计算机处理，形成的一种简单的联机系统。随着计算机技术和通信技术的不断发展，计算机网络也经历了从简单到复杂，从单机到多机的发展过程，其演变过程主要可分为面向终端的计算机网络、计算机通信网络、计算机互联网络和高速互联网络 4 个阶段。

第一代计算机网络是面向终端的计算机网络。面向终端的计算机网络又称为联机系统，建于 20 世纪 50 年代初。它由一台主机和若干个终端组成，较典型的有 1963 年美国空军建立的半自动化地面防空系统(SAGE)，其结构如图 1-1 所示。在这种联机方式中，主机是网络的中心和控制者，终端(键盘和显示器)分布在各处并与主机相连，用户通过本地的终端使用远程的主机。

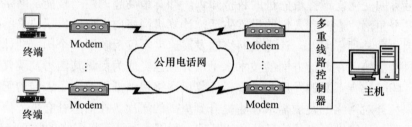

图1-1 第一代计算机网络结构示意图

分布在不同办公室，甚至不同地理位置的本地终端或者是远程终端通过公共电话网及相应的通信设备与一台计算机相连，登录到计算机上，使用该计算机上的资源，这就有了通信与计算机的结合。这种具有通信功能的单机系统(见图 1-2(a))或多机系统(见图 1-2(b))被称为第一代计算机网络——面向终端的计算机通信网，也是计算机网络的初级阶段。严格地讲，这不能算是网络，但它将计算机技术与通信技术结合了，可以让用户以终端方式与远程主机进行通信了，所以我们视它为计算机网络的雏形。

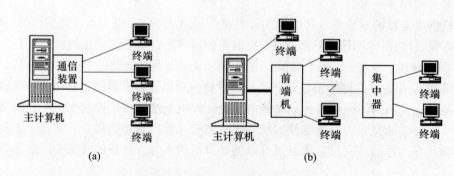

(a)   (b)

图1-2 面向终端的计算机网络

(a) 单机系统；(b) 多机系统。

这里的单机系统，由一台主机与一个或多个终端连接，在每个终端和主机之间都有一条专用的通信线路，这种系统的线路利用率比较低。当这种简单的单机联机系统连接大量的终端时，存在两个明显的缺点：一是主机系统负担过重；二是线路利用率低。为了提高通信线路的利用率和减轻主机的负担，在具有通信功能的多机系统中使用了集中器和前端机(Front End Processor，FEP)。集中器用于连接多个终端，让多台终端共用同一条通信线路与主机通信。前端机放在主机的前端，承担通信处理功能，以减轻主机的负担。

第二代网络是从 20 世纪 60 年代中期到 70 年代中期，随着计算机技术和通信技术的进步，已经形成了将多个单主机互联系统相互连接起来，以多处理机为中心的网络，并利用通信线路将多台主机连接起来，为终端用户提供服务。

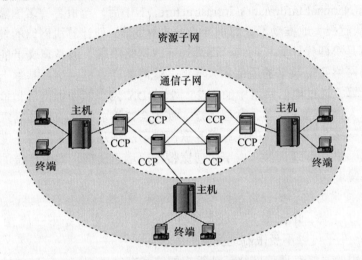

图1-3　第二代计算机网络结构示意图

第二代网络是在计算机网络通信网的基础上通过完成计算机网络体系结构和协议的研究，形成的计算机初期网络。如 20 世纪 60 至 70 年代初期由美国国防部高级研究计划局研制的 ARPANET 网络，它将计算机网络分为资源子网和通信子网。

所谓通信子网一般由通信设备、网络传输介质等物理设备所构成；而资源子网的主体为网络资源设备，如：服务器、用户计算机(终端机或工作站)、网络存储系统、网络打印机、数据存储设备等。在现代的计算机网络中资源子网和通信子网也是必不可少的部分，通信子网为资源子网提供信息传输服务，而且资源子网上用户间的通信是建立在通信子网的基础上的。没有通信子网，网络就不能工作，如果没有资源子网，通信子网的传输也就失去了意义，两者结合起来组成了统一的资源共享网络。

开放式标准化网络属于第三代计算机网络，它具有统一的网络体系结构与协议。标准化使得不同的计算机网络能够方便地互联在一起，标准化还带来大规模生产和成本降低等一系列好处。典型的开放式标准体系有 ISO 的 OSI 参考模型和 TCP/IP 参考模型。

20 世纪 80 年代是计算机局域网络发展的盛行时期。当时采用的是具有统一的网络体系结构并遵守国际标准的开放式和标准化的网络。

在第三代网络出现以前网络是无法实现不同厂家设备互联的。在发展初期，各厂家为了霸占市场，采用自己独特的技术开发了自己的网络体系结构。例如，当时有 IBM 发布的系统网络体系结构(System Network Architecture，SNA)和 DEC 公司发布的数字网络体系结构

(Digital Network Architecture，DNA)。不同的网络体系结构是无法互联的，所以不同厂家的设备无法达到互联，即使是同一家产品在不同时期也是无法达到互联的，这样就阻碍了大范围网络的发展。后来，为了实现网络大范围的发展和不同厂家设备的互联，1977 年国际标准化组织(International Standardization Organization，ISO)提出了一个标准框架——开放系统互联参考模型(Open System Interconnection/ Reference Model，OSI/RM)，共七层。1984 年正式发布了 OSI，使厂家设备、协议达到全网互联。这里的"开放"是指：只要遵循该标准，一个系统就可与位于世界上任何地方的也遵循同一标准的其他系统进行通信。该模型已成为计算机网络体系结构的基础。

进入 20 世纪 90 年代，随着计算机网络技术的迅猛发展，特别是 1993 年美国宣布建立国家信息基础设施(National Information Infrastructure，NII)后，全世界许多国家都纷纷制定和建立本国的 NII，从而极大地推动了计算机网络技术的发展，使计算机网络的发展进入了一个崭新的阶段，这就是第四代计算机网络，即高速互联网络阶段。通常意义上的计算机互联网络是通过数据通信网络实现数据的通信和共享的。此时的计算机网络，基本上以电信网作为信息的载体，即计算机通过电信网络中的 X.25 网、DDN 网、帧中继网等传输信息。随着互联网的迅猛发展，人们对远程教学、远程医疗、视频会议等多媒体应用的需求大幅度增加。这样，以传统电信网络为信息载体的计算机互联网络不能满足人们对网络速度的要求，促使网络由低速向高速、由共享到交换、由窄带向宽带方向迅速发展，即由传统的计算机互联网络向高速互联网络发展。

如今，以 IP 技术为核心的计算机网络(信息网络，也称高速互联网络)将成为网络(计算机网络和电信网络)的主体。IPv6 是下一版本的 IP 协议，也可以说是下一代 IP 协议。IPv6 采用 128 位地址长度，几乎可以不受限制地提供地址。

目前广泛使用的网络有通信网络、计算机网络和有线电视网络。随着技术的不断发展，新的业务不断出现，新旧业务不断融合，作为其载体的各类网络也不断融合，使目前广泛使用的三类网络正逐渐向统一的 IP 网络发展，即所谓的"三网合一"。

全球以 Internet 为核心的高速计算机互联网络业已形成，Internet 已经成为人类最重要的、最大的知识宝库。与第三代计算机网络相比，第四代计算机网络的特点是：网络的高速化和业务的综合化。网络高速化有两个特征：网络宽频带和传输低时延。使用光纤等高速传输介质和高速网络技术，可实现网络的高速率；快速交换技术可保证传输的低时延。

计算机网络必须要有宽带接入技术的支持，各种宽带服务与应用才有可能开展。因为只有接入网的带宽瓶颈问题被解决，骨干网和城域网的容量潜力才能真正发挥。尽管当前宽带接入技术有很多种，但只要是不和光纤或光结合的技术，就很难在下一代网络中应用。目前光纤到户(Fiber To The Home，FTTH)的成本已下降至可以为用户接受的程度。

3G 系统比现用的 2G 和 2.5G 系统传输容量更大，灵活性更高。它以多媒体业务为基础，已形成很多标准，并将引入新的商业模式。3G 以上包括后 3G、4G，乃至 5G 系统，它们将更是以宽带多媒体业务为基础，使用更高更宽的频带，传输容量会更上一层楼。它们可在不同的网络间无缝连接，提供满意的服务。同时网络可以自行组织，终端可以重新配置和随身携带，是一个包括卫星通信在内的端到端的 IP 系统，可与其他技术共享一个 IP 核心网。它们都是构成下一代移动互联网的基础设施。

1.1.3　计算机网络的功能与应用

一般来说，计算机网络具有以下功能，又称为服务。其中最主要的功能是数据通信和资源共享。其主要功能如下。

1. 资源共享

1) 硬件资源

网络硬件资源主要包括大型主机、大容量磁盘、光盘库、打印机、网络通信设备、通信线路和服务器硬件等。

2) 软件资源

网络软件资源主要包括网络操作系统、数据库管理系统、网络管理系统、应用软件、开发工具和服务器软件等。

3) 数据资源

网络数据资源主要包括数据文件、数据库和光磁盘所保存的各种数据。数据包括文字、图表、图像和视频等。数据是网络中最重要的资源。

资源共享是计算机网络产生的主要原动力。通过资源共享，可使网络中各处的资源互通有无、分工协作，从而大大提高系统资源的利用率。例如，计算机网络允许用户使用网上各种不同类型的硬件设备，这些共享的硬件资源有：高性能计算机、大容量磁盘、高性能打印机和高精度图形设备等。另外，网络上还提供了许多专用软件以及发布了大量信息，供网络用户调用或访问。

2. 数据通信

通信即在计算机之间传送信息，是计算机网络最基本的功能之一。通过计算机网络使不同地区的用户可以快速和准确地相互传送信息，这些信息包括数据、文本、图形、动画、声音和视频等。用户还可以收发 E-mail、VOD(视频点播)和 IP 电话等。

3. 分布处理与负载均衡

计算机网络中，各用户可根据需要合理选择网内资源，以便就近处理。例如：用户在异地通过远程登录可直接进入自己办公室的网络，当需要处理综合性的大型作业时(如：人口普查、售火车票)，通过一定的算法将负载比较大的作业分解并交给多台计算机进行分布式处理，起到负载均衡的作用，这样就能提高处理速度，充分发挥设备的利用率，提高设备的效率。

协同式计算方式就是利用网络环境的多台计算机来共同完成一个处理任务。

4. 提高可靠性

提高可靠性表现在计算机网络中的多台计算机可以通过网络彼此间相互备用，一旦某台计算机出现故障，其任务可由其他计算机代其处理，避免了单机损坏无后备机使用，如：某台计算机由于故障原因而导致系统瘫痪，这时还可以由其他计算机作为后备，从而提高了整个网络系统的可靠性。

随着计算机网络技术的发展与成熟，Internet 的迅速普及，及各种网络应用需求的不断增加，计算机网络的应用范围也在不断扩大，而且越来越深入。

计算机网络的应用如下。

1. 多媒体信息服务

包括 WWW 服务、联机会议、远程教育、网上娱乐等。即采用多种媒体信号，进行信息交流，是计算机网络技术与多媒体技术的结合。

2. 通信服务

包括 E-mail、在线聊天(QQ、MSN 等)、Iphone(IP 电话)等服务，主要用于信息通信。其中，E-mail 以其快捷方便、功能丰富、价格便宜而迅速成为广大用户最为钟情的服务之一。

3. 家庭娱乐

家庭娱乐正在对信息服务业产生着巨大的影响，它可以让人们在家里点播电影和电视节目，更重要的应用可能是网上游戏。

4. 办公自动化

办公自动化系统可以将机关、企业、校园等一个单位的办公用的计算机和其他办公设备连接成网络。网络办公可以加快单位内部的信息流动，加强单位内、外部的联系与沟通，减少日常开销，提高工作效率。

5. 网络管理信息系统

网络管理信息系统是建立在网络基础上的管理信息系统。管理信息系统是基于数据库的应用系统。分布式数据库主要用于网络系统，特别适合于网络管理信息系统。

6. 网上交易

现代计算机技术为信息的传输和处理提供了强大的工具，特别是 Internet 在世界范围的普及和扩展，改变了产品的生产过程和服务过程，商业空间扩展到全球性的规模，传统意义上的服务、商品流通、产品生产等概念和内涵发生了理念上的变化。电子商务、网上交易已渗透到每个人的生存空间。网上交易主要指电子数据交换和电子商务系统，包括金融系统的银行业务、期货证券业务、服务行业的订售票系统、在线交费、网上购物等。

1.1.4 计算机网络的分类

按照网络覆盖的地理范围大小，可以将网络分为局域网、城域网和广域网三种类型。这也是网络最常见的分类方法。

1. 局域网

局域网(Local Area Network，LAN)是将较小地理区域内的计算机或数据终端设备连接在一起的通信网络。局域网覆盖的地理范围比较小，一般在几十米到几千米之间。它常用于组建一个办公室、一栋楼、一个楼群、一个校园或一个企业的计算机网络。局域网可以由一个建筑物内或相邻建筑物的几百台至上千台计算机组成，也可以小到连接一个房间内的几台计算机、打印机和其他设备。局域网主要用于实现短距离的资源共享。图 1-4 所示的是一个由几台计算机和打印机组成的典型局域网。

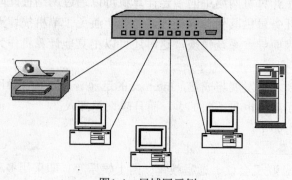

图1-4　局域网示例

2. 城域网

城域网(Metropolitan Area Network，MAN)，它的覆盖范围介于局域网和广域网之间，一般为几千米至几十千米，城域网的覆盖范围在一个城市内，它将位于一个城市之内不同地点的多个计算机局域网连接起来实现资源共享。城域网所使用的通信设备和网络设备的功能要求比局域网高，以便有效地覆盖整个城市的地理范围。一般在一个大型城市中，城域网可以将多个学校、企事业单位、公司和医院的局域网连接起来共享资源。图 1-5 所示的是不同建筑物内的局域网组成的城域网。

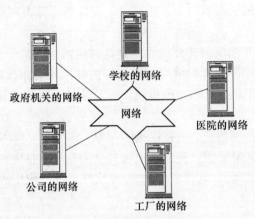

图1-5 城域网示例

3. 广域网

广域网(Wide Area Network，WAN)是在一个广阔的地理区域内进行数据、语音、图像信息传输的计算机网络。由于远距离数据传输的带宽有限，因此广域网的数据传输速率比局域网要慢得多。广域网可以覆盖一个城市、一个国家甚至全球。因特网(Internet)是广域网的一种，但它不是一种具体独立的网络，它将同类或不同类的物理网络(局域网、广域网与城域网)互联，并通过高层协议实现不同类网络间的通信。图 1-6 所示的是一个简单的广域网。

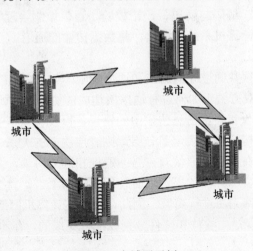

图1-6 广域网示例

除以上介绍的按照网络覆盖的地理范围的大小，可以将网络分为局域网、城域网和广域网之外，还可以按交换方式分为线路交换网络(Circuit Switching)、报文交换网络(Message

Switching)和分组交换网络(Packet Switching)；按网络拓扑结构可分为总线型网络、环型网络、星型网络、树型网络和网状网络；按通信介质可分为双绞线网、同轴电缆网、光纤网和卫星网等；按传输带宽可分为基带网和宽带网；按使用范围可分为公用网和专用网；按速率可分为高速网、中速网和低速网；按通信传播方式可分为广播式和点到点式等。

1.1.5 计算机网络的组成

1. 计算机网络系统组成

计算机网络的基本组成主要包括如下四部分，常称为计算机网络的四大要素。

1) 计算机系统

建立两台以上具有独立功能的计算机系统是计算机网络的第一个要素，计算机系统是计算机网络的重要组成部分，是计算机网络不可缺少的硬件元素。计算机网络连接的计算机可以是巨型机、大型机、小型机、工作站或微机，以及笔记本电脑或其他数据终端设备(如终端服务器)。

计算机系统是网络的基本模块，是被连接的对象。它的主要作用是负责数据信息的收集、处理、存储、传播和提供共享资源。在网络上可共享的资源包括硬件资源(如巨型计算机、高性能外围设备、大容量磁盘等)，软件资源(如各种软件系统、应用程序、数据库系统等)和信息资源。

2) 通信线路和通信设备

计算机网络的硬件部分除了计算机本身以外，还要有用于连接这些计算机的通信线路和通信设备，即数据通信系统。通信线路分有线通信线路和无线通信线路。有线通信线路指的传输介质及其介质连接部件，包括光纤、同轴电缆、双绞线等；无线通信线路是指以无线电、微波、红外线和激光等作为通信线路。通信设备指网络连接设备、网络互联设备，包括网卡、集线器(Hub)、中继器(Repeater)、交换机(Switch)、网桥(Bridge)和路由器(Router)以及调制解调器(Modem)等通信设备。使用通信线路和通信设备将计算机互联起来，在计算机之间建立一条物理通道，以传输数据。通信线路和通信设备负责控制数据的发出、传送、接收或转发，包括信号转换、路径选择、编码与解码、差错校验、通信控制管理等，以完成信息交换。通信线路和通信设备是连接计算机系统的桥梁，是数据传输的通道。

3) 网络协议

协议是指通信双方必须共同遵守的约定和通信规则，如 TCP/IP 协议、NetBEUI 协议、IPX/SPX 协议。它是通信双方关于如何进行通信所达成的协议。比如，用什么样的格式表达、组织和传输数据，如何校验和纠正信息传输中的错误，以及传输信息的时序组织与控制机制等。现代网络都是层次结构，协议规定了分层原则、层次间的关系、执行信息传递过程的方向、分解与重组等约定。在网络上通信双方必须遵守相同的协议，才能正确地交流信息，就像人们谈话要用同一种语言一样，如果谈话时使用不同的语言，就会造成相互间谁都听不懂谁在说什么的问题，那么将无法进行交流。因此，协议在计算机网络中是至关重要的。

一般说来，协议的实现是由软件和硬件分别或配合完成的，有的部分由联网设备来承担。

4) 网络软件

网络软件是一种在网络环境下使用和运行或者控制和管理网络工作的计算机软件。根据软件的功能，计算机网络软件可分为网络系统软件和网络应用软件两大类型。

(1) 网络系统软件。网络系统软件是控制和管理网络运行、提供网络通信、分配和管理共享资源的网络软件，它包括网络操作系统、网络协议软件、通信控制软件和管理软件等。

网络操作系统(Network Operating System，NOS)是指能够对局域网范围内的资源进行统一调度和管理的程序。它是计算机网络软件的核心程序，是网络软件系统的基础。

网络协议软件(如 TCP/IP 协议软件)是实现各种网络协议的软件。它是网络软件中最重要的核心部分，任何网络软件都要通过协议软件才能发挥作用。

(2) 网络应用软件。网络应用软件是指为某一个应用目的而开发的网络软件(如远程教学软件、电子图书馆软件、Internet 信息服务软件等)。网络应用软件为用户提供访问网络的手段、网络服务、资源共享和信息的传输。

2. 通信子网和资源子网

为了简化计算机网络的分析与设计，有利于网络硬件和软件配置，按照计算机网络系统的逻辑功能(结构)，一个网络可划分为通信子网和资源子网，如图 1-7 所示。

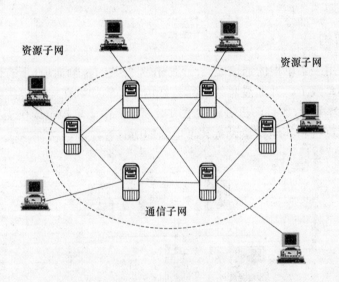

图1-7 网络的组成

1) 通信子网

通信子网主要负责全网的数据通信，为网络用户提供数据传输、转接、加工和交换等通信处理工作。主要包括网络传输介质和网络设备。

(1) 网络传输介质。用于连接网络中服务器、工作站及网络设备使用的一组线缆。如：同轴电缆、双绞线、光纤及无线通信微波、卫星通信等。

(2) 网络设备。为了提供网络之间相互访问，需要使用网络互联设备。目前常用的网络互联设备主要有集线器、网桥、交换机、路由器、网关等。

2) 资源子网

资源子网主要负责全网的信息处理，为网络用户提供网络服务和资源共享。包括：

(1) 服务器。网络服务器是计算机网络中最核心的设备之一，它既是网络服务的提供者，又是数据的集散地。按应用分类，网络服务器可以分为数据库服务器、Web 服务器、邮件服务器、视频点播(VOD)服务器、文件服务器等。按硬件性能分类，网络服务器可分为 PC 服务器、工作站服务器、小型机服务器和大型机服务器等。

(2) 客户机。又称为工作站，是连接到计算机网络中的计算机，工作站既可以独立工作，也可以访问服务器，使用网络服务器所提供的共享网络资源。

(3) 网络协议。网络协议是为实现网络中的数据交换而建立的规则标准或约定，是网络相互间对话的语言。如常使用的 TCP/IP、SPX/IPX、NETBEUI 协议等。

(4) 网络操作系统。网络操作系统是网络的核心和灵魂，其主要功能包括控制管理网络运行、资源管理、文件管理、用户管理和系统管理等。目前，常用的网络操作系统有 Unix 族、Windows NT/2000(2003)、Netware、Linux 等。

1.2 计算机网络拓扑结构

网络拓扑结构是计算机网络节点和通信链路所组成的几何形状。计算机网络有多种拓扑结构，最常用的网络拓扑结构有：总线型结构、星型结构、环型结构、树型结构、网状结构和混合型结构。

1.2.1 总线型结构

总线型结构采用一条单根的通信线路(总线)作为公共的传输通道，所有的节点都通过相应的接口直接连接到总线上，并通过总线进行数据传输。例如，在一根电缆上连接了组成网络的计算机或其他共享设备(如打印机等)，如图 1-8 所示。由于单根电缆仅支持一种信道，因此连接在电缆上的计算机和其他共享设备共享电缆的所有容量。连接在总线上的设备越多，网络发送和接收数据就越慢。

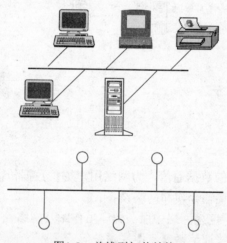

图1-8 总线型拓扑结构

总线型网络使用广播式传输技术，总线上的所有节点都可以发送数据到总线上，数据沿总线传播。但是，由于所有节点共享同一条公共通道，所以在任何时候只允许一个站点发送数据。当一个节点发送数据，并在总线上传播时，数据可以被总线上的其他所有节点接收。各站点在接收数据后，分析目的物理地址再决定是否接收该数据。粗、细同轴电缆以太网就是这种结构的典型代表。

总线型拓扑结构具有如下特点：

(1) 结构简单、灵活，易于扩展。

(2) 共享能力强，便于广播式传输。

10

(3) 网络响应速度快，但负荷重时性能迅速下降。

(4) 局部站点故障不影响整体，可靠性较高。

(5) 易于安装，费用低。

(6) 一旦总线出现故障，则将影响整个网络。

1.2.2　星型结构

星型结构的每个节点都是由一条点对点链路与中心节点(公用中心交换设备，如交换机、集线器等)相连，如图 1-9 所示。星型网络中的一个节点如果向另一个节点发送数据，首先将数据发送到中央设备，然后由中央设备将数据转发到目标节点。信息的传输是通过中心节点的存储转发技术实现的，并且只能通过中心节点与其他节点通信。星型网络是局域网中最常用的拓扑结构。

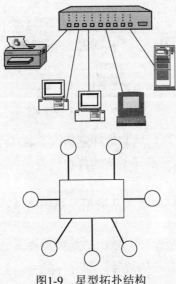

图1-9　星型拓扑结构

星型拓扑结构具有如下特点：

(1) 结构简单，便于管理和维护。

(2) 易实现结构化布线。

(3) 结构易扩充，易升级。

(4) 通信线路专用，电缆成本高。

(5) 星型结构的网络由中心节点控制与管理，中心节点的可靠性基本上决定了整个网络的可靠性。

(6) 中心节点负担重，易成为信息传输的瓶颈，且中心节点一旦出现故障，会导致全网瘫痪。

1.2.3　环型结构

环型结构是各个网络节点通过环接口连在一条首尾相接的闭合环型通信线路中，如图 1-10 所示。每个节点设备只能与它相邻的一个或两个节点设备直接通信。如果要与网络中的其他节点通信，数据需要依次经过两个通信节点之间的每个设备。环型网络既可以是单向的也可以是双向的。单向环型网络的数据绕着环向一个方向发送，数据所到达的环中的每个设备都将数据接收经再生放大后将其转发出去，直到数据到达目标节点为止。双向环型网络中的数据能在两个方向上进行传输，因此设备可以和两个邻近节点直接通信。如果一个方向的环中断了，数据还可以在相反的方向在环中传输，最后到达其目标节点。

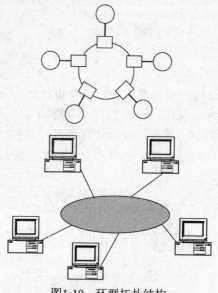

图1-10　环型拓扑结构

环型结构有两种类型，即单环结构和双环结构。令牌环(Token Ring)是单环结构的典型代表，光纤分布式数据接口(FDDI)是双环结构的典型代表。

环型拓扑结构具有如下特点：

(1) 在环型网络中，各工作站间无主从关系，结构简单；信息流在网络中沿环单向传递，延迟固定，实时性较好。

(2) 两个节点之间仅有唯一的路径，简化了路径选择，但可扩充性差。

(3) 可靠性差，任何线路或节点的故障，都有可能引起全网故障，且故障检测困难。

1.2.4　树型结构

树型结构(也称星型总线拓扑结构)是从总线型和星型结构演变来的。网络中的节点设备都连接到一个中央设备(如集线器)上，但并不是所有的节点都直接连接到中央设备，大多数的节点首先连接到一个次级设备，次级设备再与中央设备连接。图 1-11 所示的是一个树型结构的网络。

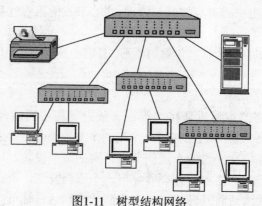

图1-11　树型结构网络

树型结构有两种类型：一种是由总线型拓扑结构派生出来的，它由多条总线连接而成，如图 1-12(a)所示；另一种是星型结构的变种，各节点按一定的层次连接起来，形状像一棵倒置的树，故得名树型结构，如图 1-12(b)所示。在树型结构的顶端有一个根节点，它带有分支，每个分支还可以再带子分支。

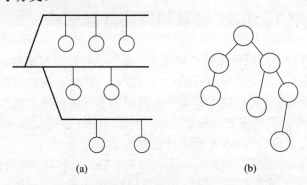

图1-12　树型拓扑结构

(a) 由总线结构派生；(b) 树型结构。

树型拓扑结构的主要特点如下：

(1) 易于扩展，故障易隔离，可靠性高；但电缆成本高。

(2) 对根节点的依赖性大，一旦根节点出现故障，将导致全网不能工作。

1.2.5　网型结构

网型结构是指将各网络节点与通信线路连接成不规则的形状，每个节点至少与其他两个节点相连，或者说每个节点至少有两条链路与其他节点相连，如图 1-13 所示。大型互联网一般都采用这种结构，如我国的教育科研网 CERNET(见图 1-14)、Internet 的主干网都采用网状结构。

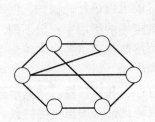
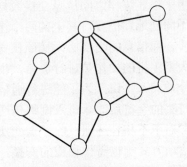

图1-13　网型拓扑结构　　　　图1-14　CERNET主干网拓扑结构

网型拓扑结构有以下主要特点：

(1) 可靠性高。

(2) 结构复杂，不易管理和维护。

(3) 线路成本高。

(4) 适用于大型广域网。

因为有多条路径，所以可以选择最佳路径，减少时延，改善流量分配，提高网络性能，但路径选择比较复杂。

混合型结构是由以上几种拓扑结构混合而成的，如环星型结构，它是令牌环网和 FDDI 网常用的结构；再如总线型和星型的混合结构等。

1.3　计算机网络体系结构

在过去的 20 多年中，广域网爆炸式地增长。由于各种机构越来越认识到网络技术能大大提高生产效率、节约成本，因此纷纷开始接入互联网，扩大了网络规模的同时也促进了网络技术快速发展和网络快速增长。由于许多网络使用了不同的硬件和软件，结果大部分网络不能兼容，而且很难在不同的网络之间进行通信。例如，IBM 公司发布自己的 SNA 系统网络体系结构和 DEC 公司发布自己的 DNA 数字网络体系结构。

随着局域网和广域网规模不断扩大，不同设备互联成为同样重要的事情。为了解决网络之间的不能兼容和不能通信的问题，国际标准化组织(ISO)提出了网络互联参考模型的方案。该组织意识到需要建立网络模型，以帮助厂商生产出可互操作的网络产品。20 世纪 80 年代早期，ISO 即开始致力于制定一套普遍适用的规范集合，以使得全球范围的计算机平台可以进行开放式的通信。ISO 在 1979 年开始创建了一个有助于开发和理解计算机的通信模型，即开放系统互联参考模型 OSI，于 1984 年正式发布。OSI 参考模型将网络结构划分为 7 层，即物理层、数据链路层、网络层、传输层、会话层、表示层和应用层。每一层均有自己的一套功能集，并与紧邻的上层和下层交互作用。在顶层，应用层与用户使用的软件(如字处理程序或电子表格程序)进行交互。在 OSI 参考模型的底端是携带信号的网络电缆和连接器。总地说来，在顶端与底端之间的每一层均能确保数据以一种可读、无错、排序正确的格式被发送。

1.3.1　网络协议

协议是用来描述进程之间信息交换数据时的规则术语。在计算机网络中，两个相互通信的实体处在不同的地理位置，其上的两个进程相互通信，需要通过交换信息来协调它们的动作和达到同步，而信息的交换必须按照预先共同约定好的过程进行。例如，网络中一个微机用户和一个大型主机的操作员进行通信，由于这两个数据终端所用字符集不同，因此操作员所输入的命令彼此不认识。为了能进行通信，规定每个终端都要将各自字符集中的字符先变换为标准字符集的字符后，才进入网络传送，到达目的终端之后，再变换为该终端字符集的字符。当然，对于不相容终端，除了需变换字符集字符外，其他特性，如显示格式、行长、行数、屏幕滚动方式等也需作相应的变换。这样的协议通常称为虚拟终端协议。又如，通信双方常常需要约定何时开始通信和如何通信，这也是一种协议。所以协议是通信双方为了实现通信所进行的约定或对话规则。

计算机网络的协议主要由语义、语法和交换规则三部分组成，即协议三要素：

语义：规定通信双方彼此"讲什么"，即确定协议元素的类型，如规定通信双方要发出什么控制信息、执行的动作和返回的应答。

语法：规定通信双方彼此"如何讲"，即确定协议元素的格式，如数据和控制信息的格式。

交换规则：规定信息交流的次序。

1.3.2　开放系统互联参考模型

国际标准化组织制定的模型，称为开放系统互联(Open System Interconnection，OSI)参考模型。OSI 参考模型是一个逻辑结构，并非一个具体的计算机设备或网络，但是任何两个遵守协议标准的系统都可以互联通信，这正是"开放"的实际意义。

OSI 七层参考模型是一个比较抽象的概念，本节将会帮助用户完成 OSI 参考模型的学习。

计算机系统间的通信是一个复杂的过程。为了减少协议设计和调试过程的复杂性，ISO/OSI 参考模型采用了分层的方法。

所谓分层是一种构造技术，允许开放系统网络用分层次的方式进行逻辑组合。

整个通信子系统划分为若干层，每层执行一种明确定义的功能，并由较低层执行附加的功能，为较高层提供服务。

1.3.3　OSI/RM 各层概述

OSI 参考模型的逻辑结构如图 1-15 所示，它由 7 个协议层组成，即物理层、数据链路层、网络层、传输层、会话层、表示层及应用层，低 3 层(1~3)是依赖网络的，涉及到将两台通信计算机连接在一起所使用的数据通信网的相关协议，实现通信子网功能。高 3 层(5~7)是面向应用的，涉及到允许两个终端用户应用进程交互作用的协议，通常是由本地操作系统提供的一套服务，实现资源子网功能。中间的传输层为面向应用的上 3 层遮蔽了与网络有关的下 3 层的详细操作。从实质上讲，传输层建立在由下 3 层提供服务的基础上，为面向应用的高层提供网络无关的信息交换服务。基于 OSI 的通信模型结构如图 1-16 所示。

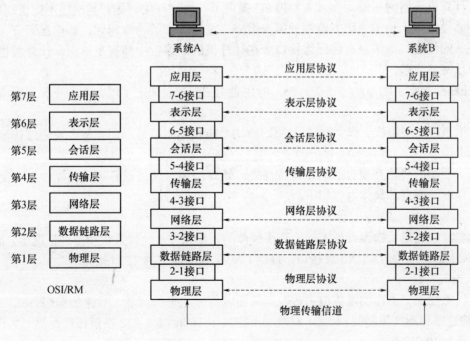

图1-15　OSI参考模型分层

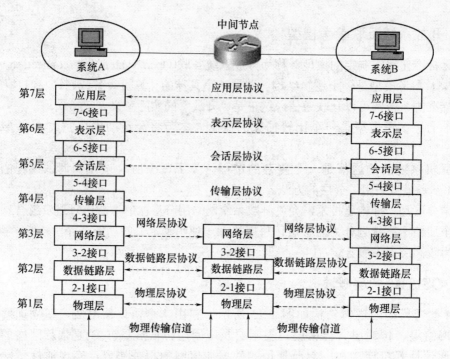

图1-16 基于OSI的通信模型结构

1. 物理层

物理层是 OSI 参考模型的最低层或第一层，主要完成相邻节点之间的比特流的传输。同时本层还定义了一些有关网络的物理特性，包括物理联网媒介，如电缆连线和连接器。物理层的协议产生并检测电压以便发送和接收携带数据的信号。在桌面 PC 上插入网络接口卡，就建立了计算机连网的基础。换言之，为 PC 提供了一个物理层。尽管物理层不提供纠错服务，但它能够设定数据传输速率并监测数据出错率。网络存在的物理问题，如电线断开，将影响物理层。同样地，如果没有将网络接口卡在计算机的电路板中插得足够深，计算机也将在物理层出现网络问题。

IEEE 已制定了物理层协议的标准，特别是 IEEE 802 规定了以太网和令牌环网应如何处理数据。

术语"第一层协议"和"物理层协议"，均是指描述电信号如何被放大及通过传输介质传输的标准。

除了不同的传输介质自身的物理特性外，物理层还对通信设备和传输媒体之间使用的接口作了详细的规定，具体内容如下：

1）机械特性

机械特性规定了物理设备连接所需接插件的规格尺寸、针脚数量和排列情况等。如：EIA RS-232C 标准规定的 D 型 25 针接口，ITU-T X.21 标准规定的 15 针接口等。

2）电气特性

电气特性规定了在物理信道上传输比特流时信号电平的高低、数据的编码方式、阻抗大小、传输速率和距离限制等。比如：双绞线不能大于 100m，RS-232 接口传输距离不大于 15m，最大速率为 19.2Kb/s。

3) 功能特性

功能特性定义了各个信号线的确切含义，即各个信号线的功能。比如：双绞线每根都有自己的作用。

4) 规程特性

规程特性定义了利用信号线进行比特流传输的一组操作规程，是指在物理连接的建立、维护和交换信息时数据通集以及设备之间交换数据顺序。

2. 数据链路层

数据链路层在物理层和网络层之间提供可靠通信，建立相邻节点之间的数据链路，传送按一定格式组织起来的位组合，即数据帧。帧的格式如图 1-17 所示。本层为网络层提供可靠的信息传送机制，将数据组成适合于正确传输的帧形式。加在帧中包含应答、流控制和差错控制等信息，以实现应答、差错控制、数据流控制和发送顺序控制，确保接收数据的顺序与原发送顺序相同等功能。

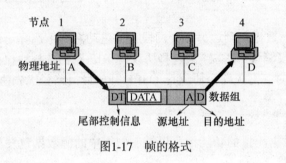

图1-17 帧的格式

3. 网络层

网络层，即 OSI 参考模型的第三层，其主要功能是将网络地址翻译成对应的物理地址，并决定如何将数据从发送方路由到接收方。注意：所谓路由就是将数据包从一个网段转发到另一个网段。

例如，一台计算机有一个网络地址 10.34.99.12(若它使用的是 TCP/IP 协议)和一个物理地址 0060973E97F3。以教室为例，这种编址方案就好像说"Jones 女士"和"具有社会保险号 123-45-6789 的美国公民"是一个人一样。即使在美国还有其他许多人也叫"Jones 女士"，但只有一人其社会保险号是 123-45-6789。在你的教室范围内，只有一个 Jones 女士，因此当叫"Jones 女士"时，回答的人一定不会搞错。网络层通过综合考虑发送优先权、网络拥塞程度、服务质量以及可选路由的花费来决定从一个网络中节点 A 到另一个网络中节点 B 的最佳路径。在网络中，"路由"是基于编址方案、使用模式以及可达性来指引数据的发送。第 3 章还将详细解释路由器及其功能。网络层协议还能补偿数据发送、传输以及接收设备能力的不平衡性。为完成这一任务，网络层对数据包进行分段和重组。分段即是指当数据从一个能处理较大数据单元的网络段传送到仅能处理较小数据单元的网络段时，网络层减小数据单元的大小的过程。这个过程就如同将单词分割成若干可识别的音节，给正学习阅读的儿童使用一样。重组过程即是重构被分段的数据单元。类似地，当一个孩子理解了分开的音节时，他会将所有音节组成一个单词，也就是将部分重组成一个整体。注意：实现位于不同网络的源节点与目的节点之间的数据包传输，它和数据链路层的作用不同，数据链路层只是负责同一个网络中的相邻两节点之间链路管理及帧的传输等问题。

网络层还涉及以下几个概念：

1) 逻辑地址寻址

数据链路层的物理地址只是解决了在一个网内部的寻址问题,如果一个数据包从一个网络跨越到另一个网络时,就需要使用网络层的逻辑地址。当传输层传递给网络层一个数据包时,网络层就在这个数据包的头部加入控制信息,其中就包含了源节点和目的节点的逻辑地址。

2) 路由功能

在网络层中如何将数据包从源节点传送到目的节点,首先,会查看路由表,选择一条合适的传输路径是至关重要的,尤其是从源节点到目的节点的通路存在多条路径时,就存在选择最佳路由的问题。路由选择就是根据一定的原则和算法在传输通路中选出一条通向目的节点的最佳路由。路由的方式分为两种:

(1) 静态路由。从源到目的地的路径是由管理员手工指定好的。这样如果路由收到一条发往静态路由指定的目的地时,路由器会直接转发,不用路由器通过路由算法来计算,这样可以提高性能。

(2) 动态路由。转发数据包到达另一个网段是通过动态路由选择协议来进行计算而得出的一条通往目的地的最佳路径。动态路由选择协议有 RIP(路由选择协议)、IGRP(内部网关路由协议)、EIGRP(增强型内部网关路由协议)、OSPF(开放最短路径优先协议)、BGP(边界网关协议)等。

3) 流量控制

网络层具有控制数据流量的功能,可以控制网络中的源数据包发往目的节点的数据流量控制。

4) 拥塞控制

在通信子网内,由于出现过量的数据包而引起网络性能下降的现象称为拥塞。为了避免拥塞现象出现,要采用能防止拥塞的一系列方法对子网进行拥塞控制。拥塞控制主要解决的问题是如何获取网络中发生的拥塞的信息,从而利用这些信息进行控制,以避免由于拥塞而出现数据包的丢失以及严重拥塞而产生网络死锁的现象。

4. 传输层

传输层主要负责确保数据可靠、顺序、无差错地从 A 点传输到 B 点(A、B 点可能在也可能不在相同的网段上)。因为如果没有传输层,数据将不能被接收方验证或解释,所以,传输层常被认为是 OSI 参考模型中最重要的功能层之一。传输协议同时进行流量控制或者基于接收方可接收数据的快慢程度规定适当的发送速率。除此之外,传输层按照网络能处理的最大尺寸将较长的数据包进行强制分割。例如,以太网无法接收大于 1500 字节的数据包。发送方节点的传输层将数据分割成较小的数据片,同时对每一数据片安排一序列号,以便数据到达接收方节点的传输层时,能以正确的顺序重组。该过程即被称为排序。我们再以教室为例来理解排序的过程。假设提出问题,"Jones 女士,低级的农业耕作技术是如何影响 Dust Bowl 的?"但是,Jones 女士接收到信息则是"低级农业耕作技术 Jones 女士?如何作用于 Dust Bowl?"在网络中,传输层发送一个 ACK(应答)信号以通知发送方数据已被正确接收。如果数据有错,传输层将请求发送方重新发送数据。同样,假如数据在一给定时间段未被应答,发送方的传输层也将认为发生了数据丢失从而重新发送它们。

工作在传输层的一种可靠的、面向连接的服务是 TCP/IP 协议集中的传输控制协议(Transmission Control Protocol,TCP),另一项传输层的服务是用户数据报协议(User Datagram

Protocl，UDP)它是一种不可靠、非面向连接的协议。

5. 会话层

会话层负责在网络中的两节点之间建立、维持、终止端与端之间的通信。术语"会话"指在两个实体之间建立数据交换的连接，常用于表示终端与主机之间的通信。所谓终端是指几乎不具有(如果有的话)自己的处理能力或硬盘,而只依靠主机提供应用程序和数据处理服务的一种设备。会话层的功能包括：建立通信链接,保持会话过程通信链接的畅通,同步两个节点之间的对话,决定通信是否被中断以及通信中断时决定从何处重新发送。你可能常常听到有人把会话层称作网络通信的"交通警察"。当通过拨号向你的 ISP(因特网服务提供商)请求连接到因特网时,ISP 服务器上的会话层向你的 PC 客户机上的会话层进行协商连接。若电话线偶然从墙上插孔脱落时,终端机上的会话层将检测到连接中断并重新发起连接。会话层通过决定节点通信的优先级和通信时间的长短来设置通信期限。就此而论,会话层如同一场辩论竞赛中的评判员。如果你是一个辩论队的成员,有 2 分钟的时间阐述你公开的观点,在 1 分 30 秒后,评判员将通知你还剩下 30 秒钟。假如你试图打断对方辩论成员的发言时,评判员将要求你等待,直到轮到你为止。最后,会话层监测会话参与者的身份以确保只有授权节点才可加入会话。

6. 表示层

表示层如同应用程序和网络之间的翻译官,在表示层,数据将按照网络能理解的方案进行格式化;这种格式化也因所使用网络的类型不同而不同。表示层管理数据的解密与加密,如系统口令的处理。如果在 Internet 上查询银行账户,使用的即是一种安全链接。账户数据在发送前被加密,在网络的另一端,表示层将对接收到的数据解密。除此之外,表示层协议还对图片和文件格式信息进行解码和编码。

7. 应用层

应用层是 OSI 七层模型的第 7 层也是最高层,它是计算机网络与最终用户间的接口,它包含了系统管理员管理网络服务所涉及的所有问题和基本功能。它是在第 6 层提供的数据传输和数据表示等各种服务的基础上,为网络用户或应用程序提供完成特定网络服务功能所需的各种应用层协议。简单一点儿描述应用层应该是,用户通过应用层的协议去完成用户想要完成的任务。例如：如果用户想上网,那么首先打开 IE 浏览器,在地址栏里输入想要冲浪的网址 http://www.cisco.com,如果可以上网的话自动会出现网页画面。网页本身没有在本地,那怎么可以浏览网页呢？这是因为有了应用层的协议 http(超文本传输协议)来帮助用户与远端的 Web 服务器进行链接且请求传输文件,这样用户就可以通过应用层的协议来完成用户要浏览网页的任务了。

常用的网络服务包括文件服务、电子邮件服务、打印服务、集成通信服务、目录服务、域名解析服务、网络管理、安全和路由互联服务等。如果想要完成类似这样的网络服务都必须通过应用层的协议来完成。

常用的应用层协议有：

HTTP:超文本传输协议;

FTP:文件传输协议;

TELNET:远程登录;

SNMP: 简单网络管理协议;

SMTP: 简单邮件传输协议;

DNS：域名解析协议。

1.3.4 TCP/IP 体系结构

前面已讲述了 OSI 参考模型的七层协议，但是在实际应用中完全遵从 OSI 参考模型的协议几乎没有。尽管如此，OSI 参考模型为人们考查其他协议各部分间的工作方式提供了框架和评估基础。下面学习 TCP/IP 网络协议也将以 OSI 参考模型为框架对其作进一步解释。TCP/IP 出现于 20 世纪 70 年代，80 年代被确定为因特网的通信协议。

TCP/IP 参考模型是将多个网络进行无缝连接的体系结构，其模型如图 1-18 所示，其中加入了与 OSI 参考模型的对照关系。

TCP/IP 协议		TCP/IP 结构	OSI/RM 结构
HTTP、TELNET、DNS、SMTP、FTP、POP、SNMP 等		应用层	应用层
			表示层
			会话层
TCP	UDP	传输层	传输层
IP		网际层	网络层
以太网、令牌环网、帧中继、ATM、X.25 等		网络接口层	数据链路层
			物理层

图1-18　OSI与TCP/IP参考模型之间关系

TCP/IP 是一组通信协议的代名词，是由一系列协议组成的协议簇。它本身指两个协议集：TCP(传输控制协议)和 IP(互联网络协议)。TCP/IP 最早是由美国国防高级研究计划局(DARPA)在其 ARPANET 上实现的，已有二十几年的运行经验。由于 TCP/IP 一开始用来连接异种机环境，再加上工业界很多公司都支持它，特别是在 UNIX 环境，TCP/IP 已成了其实现的一部分；由于 UNIX 的增长，推进了 TCP/IP 的普及；Internet 的迅速发展，使 TCP/IP 已成了事实上的网络互联标准。TCP/IP 协议隐藏了通信底层的细节，有利于提高效率。首先程序员与高级抽象协议打交道，不必把精力放在诸如硬件配置等细节问题上；使用高层抽象编制的程序独立于机器结构或网络硬件，可以使任意一对机器进行通信。

下面简单介绍 TCP/IP 协议的各层所提供的服务。

1. 网络接口层

TCP/IP 参考模型对 IP 层之下未加定义，只指出主机必须通过某种协议连接到网络，才能发送 IP 分组。该层协议未定义，随不同主机、不同网络而不同，因此主机到网络层又称为网络接口层。它是 TCP / IP 模型的最低层，负责接收从 IP 层交来的 IP 数据报并将 IP 数据报通过低层物理网络发送出去，或者从低层物理网络上接收物理帧，抽出 IP 数据报，交给 IP 层。网络接口有两种类型。第一种是设备驱动程序，如局域网的网络接口；第二种是含自身数据链路协议的复杂子系统。TCP/IP 未定义数据链路层，是因为在 TCP/IP 最初的设计中已经使其可以使用包括以太网、令牌环网、FDDI 网、ISDN 和 X.25 在内的多种数据链路层协议。TCP/IP 可使用于多种传输介质。例如，在以太网中，TCP/IP 可支持同轴电缆、双绞线和光纤。TCP/IP 在 X.25 上的应用可以支持微波传输或电话线路。

2. 网际层

互联网网际层的主要功能是负责相邻节点之间的数据传送。它的主要功能包括三个方面。第一，处理来自传输层的分组发送请求：将分组装入 IP 数据报，填充报头，选择去往目的节点的路径，然后将数据报发往适当的网络接口。第二，处理输入数据报：首先检查数据报的合法性，然后进行路由选择，假如该数据报已送达目的节点(本机)，则去掉报头，将 IP 报文的数据部分交给相应的传输层协议；假如该数据报尚未到达目的节点，则转发该数据报。第三，处理 ICMP 报文：即处理网络的路由选择、流量控制和拥塞控制等问题。TCP/IP 网络模型的网际层在功能上非常类似于 OSI 参考模型中的网络层。

网际层是网络互联的基础，提供了无连接的分组交换服务，它是对大多数分组交换网所提供服务的抽象。其任务是允许主机将分组放到网上，让每个分组独立地送达目的地。分组到达的顺序可能不同于分组发送的顺序，由高层协议负责对分组重新进行排序。与避免拥挤一样，分组的路径选择是本层的主要工作。

由于在 IP 层提供数据报服务，常将报文分组称为 IP 数据报。

3. 传输层

TCP/IP 参考模型中传输层的作用与 OSI 参考模型中传输层的作用是一样的，即在源节点和目的节点的两个进程实体之间提供可靠的端到端的数据传输。为保证数据传输的可靠性，传输层协议规定接收端必须发回确认，并且假定分组丢失，必须重新发送。传输层还要解决不同应用程序的标识问题，因为在一般的通用计算机中，常常是多个应用程序同时访问互联网。为区别各个应用程序，传输层在每一个分组中增加识别信源和信宿应用程序的标记。另外，传输层的每一个分组均附带校验码，以便接收节点检查接收到的分组的正确性。

TCP/IP 模型提供了两个传输层协议：传输控制协议 TCP 和用户数据报协议 UDP。

TCP 协议是一个可靠的面向连接的传输层协议，它将某节点的数据以字节流形式无差错地投递到互联网的任何一台机器上。发送方的 TCP 将用户交来的字节流划分成独立的报文并交给互联网层进行发送，而接收方的 TCP 将接收的报文重新装配交给接收用户。TCP 同时处理有关流量控制的问题，以防止快速的发送方淹没慢速的接收方。

用户数据报协议 UDP 是一个不可靠的、无连接的传输层协议，UDP 协议将可靠性问题交给应用程序解决。UDP 协议主要面向请求/应答式的交易型应用，一次交易往往只有一来一回两次报文交换，假如为此而建立连接和撤销连接，开销是相当大的，这种情况下使用 UDP 就非常有效。另外，UDP 协议也应用于那些对可靠性要求不高，但要求网络的延迟较小的场合，如话音和视频数据的传送。

4. 应用层

TCP/IP 参考模型中没有会话层与表示层。OSI 参考模型的实践发现，大部分的应用程序不涉及这两层，故 TCP/IP 参考模型不予考虑。在传输层之上就是应用层，它包含了所有高层协议。早期高层协议有虚拟终端协议(Telnet)，文件传输协议(FTP)，电子邮件传输协议(SMTP)。Telnet 允许用户登录到远程机器并在其上工作。文件传输协议 FTP 提供了有效地将数据从一台机器传送到另一台机器的机制。早期的电子邮件仅仅是文件传送，后来为它开发了专门的协议 SMTP。在应用层又加入了许多其他协议，如域名服务(DNS)用于将主机名映射到它们的网络地址，HTTP 是用于搜索 WWW 上超文本的协议等。

习 题 1

1. 什么是计算机网络？计算机网络由哪几部分组成？

2. 计算机网络的发展分为哪几个阶段?每个阶段有什么特点？

3. 局域网、城域网与广域网的主要特征是什么？

4. 计算机网络的主要功能是什么？

5. 常用计算机网络的拓扑结构有哪几种？

6. 比较计算机网络的几种主要的拓扑结构的特点和适用场合。

7. 通信子网与资源子网分别由哪些主要部分组成？

8. 网络协议及网络协议的组成要素是什么？

9. OSI 网络体系结构划分为几层？

10. 物理层的机械特性、电气特性、功能特性和规程特性都定义了哪些内容？

11. OSI 参考模型的作用和意义是什么？

12. 说明 TCP/IP 参考模型与 OSI 的主要区别。

13. TCP/IP 参考模型网络接口层为什么没有重新定义协议？

14. 简述 OSI 参考模型与 TCP/IP 参考模型的相同点及不同点。

15. TCP/IP 参考模型在传输层同时设计了 TCP 和 UDP 两个协议，说明这两个协议的特点和适用的场合。

第 2 章　数据通信基础知识

2.1　数据通信的基本概念

在某一个层次概念上来说，计算机网络中传送的内容都是"数据"。从广义上说，"数据"是指在传输时可用离散的数字信号(0 和 1)逐一准确表示的文字、符号、数码等。几乎一切最终能以离散的数字信号表示、可被送到计算机进行处理的信息都可包括在内。从狭义上说，"数据"就是由计算机输入、输出和处理的一种信息编码(或消息表示)形式。

2.1.1　基本概念

1. 数据

数据(Data)是传递(携带)信息的实体，信息(Information)则是数据的内容或解释。

2. 信息

信息(Information)是人们想要得到的数据，是按照一定要求以一定格式组织起来的数据，凡经过加工处理或换算到人们想要得到的数据，即可称为信息。表示信息的形式可以是数值、文字、图形、声音、图像以及动画等，这些表示媒体归根到底都是数据的一种形式。

3. 信号

信号(Signal)是数据的具体的物理表现，是为传播消息而用来表达消息的一种载体(例如一种随时间变化的波形)。在电(光、声)通信中，消息的自然形式必须将它转换成电(光、声)信号形式后才能进行传递和识别。

所谓"模拟信号"是一种随时间连续变化的量值波形，并以单向传输。

"数字信号"则是那些不连续变化的离散量值波形，并以双向传输，如图 2-1 所示。使用模/数转换装置可以将模拟信号变换成数字信号。

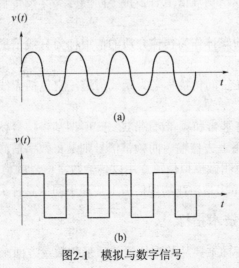

图2-1　模拟与数字信号

4. 数据处理

数据处理(Data Processing)是把数据加工处理成为所需要的信息的过程。数据处理通常是数据的计算机处理，如将一组原始数据输入计算机以一定的数学模型计算所需的结果。

5. 通信

按照传统的理解，通信(Communication)就是信息的传输与交换。通信中所采用的信息传送方式是多种多样的，然而不论采用何种通信方式，对一个通信系统来说，它都必须具备三个基本要素：信源、信息传输介质和信宿。其中，信源是信息产生和出现的发源地；信息传输介质是信息传输过程中承载信息的媒体；信宿是接收信息的目的地。通信的目的是为了在信源点与信宿点之间通过传递消息的形式来交流信息。

6. 数据通信

简单地说，数据通信(Data Communication)就是以传送数据为业务的通信，即特指传递数据类消息的通信方式。它只涉及机器之间的"纯数据"通信，而不涉及到数据的类型、含义、表示和应用等方面。数据通信包括用模拟传输制式实现的"模拟的数据通信"和用数字传输制式实现的"数字的数据通信"。

7. 数据通信网

数据通信网(Data Communication Network)就是数据通信系统的网络形态。它是广域计算机通信网或计算机网络的基础通信设施的代名词，例如，以太网、公用数据网、ISDN、ATM网等，它们都可以称为数据通信网，其主要作用是为各种信息网络提供"通信子网"资源。

8. 计算机通信

只要是介入与计算机相互通信的系统，即是计算机通信(Computer Communications)系统，由多台计算机(包括主机系统、用计算机实现的通信处理机)，节点交换机，线路或终端集中器(集线器和其他智能设备)互联构成的通信网络，就可称为计算机通信网。计算机通信网更加强调计算机与计算机之间在功能和服务上更为完备的通信过程。

2.1.2 通信信道的分类

信道是指传输信息的通路。在计算机网络中有物理信道和逻辑信道之分。物理信道是指用来传送信号或数据的物理通路，网络中两个节点之间的物理通路称为通信链路。物理信道由传输介质及有关设备组成。物理信道有多种不同的分类。按传输介质不同可分为有线信道和无线信道两类。

有线信道：使用有形的媒体作为传输介质的信道称为有线信道，它包括双绞线、同轴电缆、光缆及电话线等。

无线信道：以电磁波在空间传播称之为无线信道，它包括无线电、微波、红外线和卫星通信信道等。

信道上传送的信号还有基带和频带(宽带)之分。所谓基带信号就是将由不同电压表示的数字信号 1 或 0 直接送到线路上去传输。而频带信号则是将数字信号调制后形成的模拟信号。故用以传输模拟信号的信道叫做模拟信道，用以传输数字信号的信道叫做数字信道。

逻辑信道(Logical Channel)是指在物理信道上传递不同信息种类构成的信道。

2.1.3 数据通信的主要技术指标

数据通信系统的技术指标主要从数据传输的质量和数量方面来体现。质量指信息传输的可靠性，一般用误码率来衡量。而数量指标包括两方面：一是信道的传输能力，用信道容量来衡量；另一方面指信道上传输信息的快慢程度，相应的指标是数据传输速率。

1. 数据传输速率

数据传输速率有两种度量单位："波特率"和"比特率"。

1) 波特率

波特率又称为波形速率或码元速率，指数据通信系统中，线路上每秒传送的波形个数，单位是"波特"(band)。

2) 比特率

比特率又称为信息速率，反映一个数据通信系统每秒所传输的二进制位数，单位是每秒比特(位)，以 b/s 或 bps 表示。

注意：这里是小 b，b＝bit 代表是数据传输的容量，而一般在存储数据的时候使用的是大B，B 指的是 byte。

2. 误码率

误码率是衡量通信系统线路质量的一个重要参数。它的定义为：二进制符号在传输系统中被传错的概率，近似等于被传错的二进制符号数与所传二进制符号总数的比值。计算机网络通信系统中，要求误码率低于 10^{-9}。

3. 信道带宽

信道带宽(Bandwidth)是指信道所能传送的信号的频率宽度，也就是可传送信号的最高频率与最低频率之差。例如，一条传输线可以接受从 300 Hz 到 3000 Hz 的频率，则在这条传输线上传送频率的带宽就是 2700 Hz。信道的带宽由传输介质、接口部件、传输协议以及传输信息的特性等因素所决定。它在一定程度上体现了信道的传输性能，是衡量传输系统的一个重要指标。信道的容量、传输速率和抗干扰性等均与带宽有密切的联系。通常，信道的带宽大，信道的容量也大，其传输速率相应也高。

4. 信道容量

信道容量是衡量一个信道传输数字信号的重要参数，信道容量是指单位时间内信道上所能传输数据的最大容量，单位是 b/s。

信道容量和传输速率之间应满足以下关系：一般情况下，信道容量＞传输速率。

2.2 数据通信技术

2.2.1 并行和串行通信

并行通信是指数据以成组的方式在多个并行信道上同时进行传输，一般情况下并行传输中一次传送 8 个比特，如图 2-2 所示。并行通信的优点是速度快，但发送端与接收端之间有若干条线路，费用高，仅适合于近距离和高速率的通信。并行通信在计算机内部总线以及并行口通信中已得到广泛的应用。

串行通信是指数据以串行方式在一条信道上传输，如图 2-3 所示。由于计算机内部都采用串行通信，因此，数据在发送之前，要将计算机中的字符进行并/串转换，在接收端再通过串/行变换，还原成计算机的字符结构，这样才能实现串行通信。串行通信的优点是收、发双方只需要一条传输信道，易于实现，成本低。串行通信通过计算机的串行口得到广泛的应用，

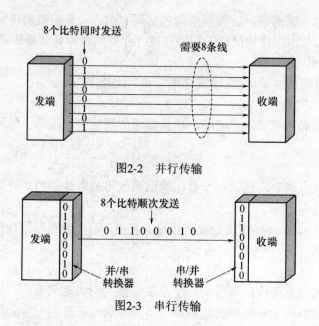

图2-2　并行传输

图2-3　串行传输

而且在远程通信中一般采用串行通信方式。

2.2.2　数据传输的同步技术

在数据通信中，通信双方收发数据序列必须在时间上取得一致，这样才能保证接收的数据与发送的数据一致，这就是数据通信中的同步。如果不采用数据传输的同步技术，则有可能产生数据传输的误差。在计算机网络中，实现数据传输的同步技术有以下两种方法：同步通信和异步通信。

1．同步通信

同步通信就是使接收端接收的每一位数据块或一组字符都要和发送端准确地保持同步，在时间轴上，每个数据码字占据等长的固定时间间隔，码字之间一般不得留有空隙，前后码字接连传送，中间没有间断时间。收发双方不仅保持着码元(位)同步关系，而且保持着码字(群)同步关系。如果在某一期间确实无数据可发，则需用某一种无意义码字或位同步序列进行填充，以便始终保持不变的数据串格式和同步关系。否则，在下一串数据发送之前，必须发送同步序列(一般是在开始使用同步字符 SYN "01101000" 表示或一个同步字节 "01111110" 表示，并且在结束时使用同步字符或同步字节)，以完成数据的同步传输过程，如图 2-4 所示。

图2-4　同步通信传输

2．异步通信

所谓异步传输又称起止式传输，即指发送者和接收者之间不需要合作。也就是说，发送者可以在任何时候发送数据，只要被发送的数据已经是可以发送的状态的话。接收者则只要数据到达，就可以接收数据。它在每一个被传输的字符的前、后各增加一位起始位、一位停止位，用起始位和停止位来指示被传输字符的开始和结束，在接收端，去除起、止位，中间就是被传输的字符。这种传输技术由于增加了很多附加的起、止信号，因此传输效率不高，异步通信传输方式如图2-5所示。

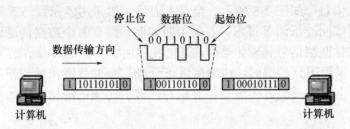

图2-5 异步通信传输

在数据传输的同步技术中，一般串行通信广泛采用的同步方式有同步通信和异步通信两种；而并行通信则一般都是同步通信。

2.2.3 数据通信的方向

通信线路可由一个或多个信道组成，根据信道在某一时间信息传输的方向，可以是单工、半双工和全双工三种通信方式。

1. 单工通信

所谓单工(Simplex)通信是指传送的信息始终是一个方向的通信，对于单工通信，发送端把信息发往接收端，根据信息流向即可决定一端是发送端，而另一端就是接收端，如图 2-6所示。单工通信的信道一般是二线制。也就是说，单工通信存在两个信道，即传输数据用的主信道和监测信号用的监测信道。比如：听广播和看电视就是单工通信的例子，信息只能从广播电台和电视台发射并传输到各家庭接收，而不能从用户传输到电台或电视台。

图2-6 单工通信

2. 半双工通信

所谓半双工(Half Duplex)通信是指信息流可以在两个方向传输，但同一时刻只限于一个方向传输，如图 2-7 所示。对于半双工通信，通信的双方都具备发送和接收装置，即每一端可以是发送端也可以是接收端，信息流是轮流使用发送和接收装置的。对于监测信号可由两种方法传输，一种是在应答时转换传输信道；另一种方式是把主信道和监测信道分开设立，另设一个容量较小的窄带传输。

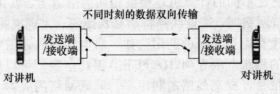

图2-7 半双工通信

信道供传输监测信号使用。比如：对讲机的通信就是半双工通信。

3. 全双工通信

所谓全双工(Full Duplex)通信是指同时可以作双向的通信，即通信的一方在发送信息的同时也能接收信息，如图2-8所示。全双工通信一般采用多条线路或频分法来实现，也可采用时分复用或回波抵消等技术。若采用四线制，则有两个数据信道进行数据传输，有两个监测信道进行监测信号传输，这样，通信线路两端的发送和接收装置就能够同时发送和接收信息；若采用频分信道时，传输信道可分成高频群信道和低频群信道，这时使用的是二线制。这种全双工通信方式适合计算机与计算机之间的通信。比如：两个人正在面对面的交谈。

图2-8 全双工通信

2.3 信号的传输方式

2.3.1 基带传输

基带传输在传输数据时会占用整个信道，采用的是数字信号，双向传输。就数字信号而言，它是一个离散的矩形波，"0"代表低电平，"1"代表高电平。一般来说，要将信源的数字信号经过编码，变换为可以传输。基带传输系统安装简单、成本低，主要用于总线拓扑结构的局域网，在2.5km的范围内，可以达到10Mb/s的传输速率。

2.3.2 宽带传输

宽带传输一般采用75Ω的CATV电视同轴电缆或光纤作为传输媒体，带宽为300MHz。使用时通常将整个带宽划分为若干个子频带，分别用这些子频带来传送音频信号、视频信号以及数字信号。宽带同轴电缆原是用来传输电视信号的，当用它来传输数字信号时，需要利用电缆调制解调器(Cable Modem)把数字信号变换成频率为几十兆赫兹到几百兆赫兹的模拟信号。可利用宽带传输系统来实现声音、文字和图像的一体化传输，这也是通常所说的"三网合一"，即语音网、数据网和电视网合一。另外，使用Cable Modem上网就是基于宽带传输系统实现的。

2.4 信道多路复用技术

信道复用的目的是让不同的计算机连接到相同的信道上，以共享信道资源，如图2-9所示。当建设一个通信网络时，铺设线路特别是长距离、大规模的铺设线路是很昂贵的，而现有的传输介质又没有得到充分的利用。如一对电话线的通信频带一般在100kHz以上，而一路电话信号的频带一般在4kHz以下。因此，我们可以用来共享技术，在一条传输介质上传输多个信号，提高线路的利用率，降低网络的成本。这种共享技术就是多路复用技术。

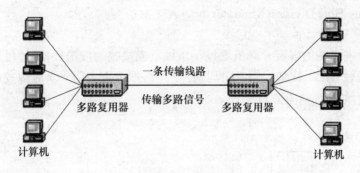

图2-9　信道多路复用

信道多路复用一般采用频分多路复用(FDM)和时分多路复用(TDM)两种技术。

2.4.1　频分多路复用

如果传输介质的可用带宽超过要传输信号所要求的总带宽的话，可以采用频分多路复用技术。几个信号输入一个多路复用器中，由这个多路复用器将每一个信号调制到不同的频率，并且分配给每一个信号。以它的载波频率为中心的一定带宽，称为通道。为了避免干扰，用频谱中未使用的部分作为保护带来隔开每一个通道。在接收端，由相应的设备来恢复成原来的信号，如图 2-10 所示。例如，有线电视台使用频分多路复用技术，将很多频道的信号通过一条线路传输，用户可以选择收看其中的任何一个频道。

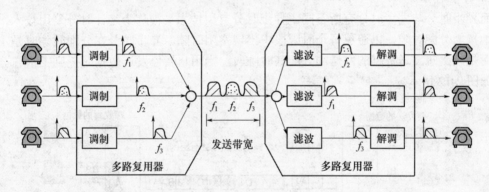

图2-10　频分多路复用

采用频分多路复用技术时，输入到多路复用器的信号既可以是数字信号，也可以是模拟信号。

2.4.2　时分多路复用

如果传输介质可达到的数据传输率超过要传的数字信号的总的数据传输率时，可以采用时分多路复用技术。几个低速设备产生的信号输入一个多路复用器，保存在相应的缓冲器中(通常缓冲器为一个字符大小)，按照一定的周期顺序扫描每一个缓冲器，可以将这些信号顺序传输在高速线路上。在接收端，由相应设备分离这些数据，恢复成原来的信号。采用时分多路复用时，输入到多路复用器的信号一般是数字信号。

时分多路复用又分为同步时分(Synchronous Time Division Multiplexing，STDM)和异步时

分(Asysnchronous Time Division Multiplexing，ATDM)

1) 同步时分

同步时分指发送端的多台计算机通过一条线路向接收端发送数据时进行分时处理，它们以固定的时隙进行分配，比如：第一个周期，4个终端分别占用一个时隙发送 A、B、C、D，则 ABCD 就是一个帧，如图 2-11 所示。

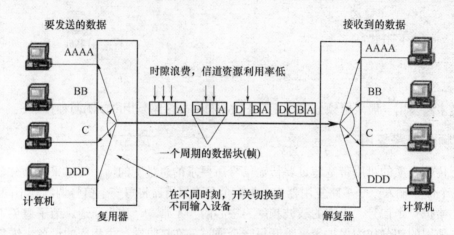

图2-11　同步时分多路复用

2) 异步时分

而异步时分与同步时分有所不同，异步时分复用技术又被称为统计时分复用技术，它能动态地按需分配时隙，以避免每个时隙段中出现空闲时隙。异步时分在分配时隙时是不固定的，而是只给想发送数据的发送端分配其时隙段，当用户暂停发送数据时，则不给它分配时隙，如图 2-12 所示。

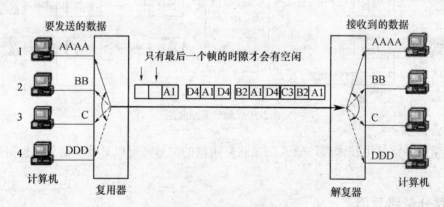

图2-12　异步时分多路复用

2.5　数据交换技术

最初的数据通信是在物理上两端直接相连的设备间进行的，随着通信设备的增多、设备间距离的扩大，这种每个设备都直连的方式是不现实的。两个设备间的通信需要一些中间节点来过渡，我们称这些中间节点为交换设备。这些交换设备并不需要处理经过它的数据的内容，只是简单地把数据从一个交换设备传到下一个交换设备，直到数据到达目的地。这些交换设备以某种方式互相连接成一个通信网络，从某个交换设备进入通信网络的数据通过从交换设备到交换设备的转接、交换被送达目的地。

通常使用三种交换技术：电路交换、报文交换和分组交换。

2.5.1 电路交换

电路交换(Circuit Switching)技术即在通信两端设备间，通过一个一个交换设备中线路的连接，实际建立了一条专用的物理线路，在该连接被拆除前，这两端的设备单独占用该线路进行数据传输。

电话系统采用了电路交换技术。通过一个一个交换机中的输入线与输出线的物理连接，在呼叫电话和接收电话间建立了一条物理线路。通话双方可以一直占有这条线路通话。通话结束后，这些交换机中的输入线与输出线断开，物理线路被切断，如图 2-13 所示。

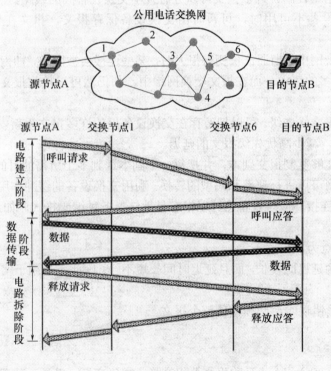

图2-13　电路交换

电路交换的优点为：

(1) 连接建立后，数据以固定传输率被传输，传输延迟小。

(2) 由于物理线路被单独占用，因此不可能发生冲突。

(3) 适用于实时大批量连续的数据传输。

电路交换的缺点为：

(1) 建立连接将跨多个设备或线缆，会需要花费很长的时间。

(2) 连接建立后，由于线路是专用的，即使空闲，也不能被其他设备使用，因而造成一定的浪费。

(3) 对通信双方而言，必须做到双方的收发速度、编码方法、信息格式和传输控制等一致才能完成通信。

2.5.2 报文交换

报文交换(Message Switching)技术是一种存储转发技术，它没有在通信两端设备间建立一条物理线路。发送设备将发送的信息作为一个整体(又被称为报文)，并附加上目的地地址，交给交换设备。交换设备接收该报文，暂时存储该报文，等到有合适的输出线路时把该报文转发给下一个交换设备。当路由器接收到报文以后会对报文进行处理，查看其目的地址路由器，用路由算法进行计算，算出到达目的地的最佳路径后，将报文送往下一跳路由器，经过若干个交换设备的存储、转发后，该报文到达目的地。报文交换技术适用于非实时的通信系统，如公共电报收发系统。

报文交换的优点为：

(1) 线路的利用率较高。许多报文可以分时共享交换设备间的线路。

(2) 当接收端设备不可用时，可暂时由交换设备保存报文，报文在传输时对大小没有限制。

(3) 在线路交换网中，当通信量变得很大时，某些连接会被阻塞，即网络在其负荷降下来之前，不再接收更多的请求。而在报文交换网络中，却仍然可以接收报文，只是传送延迟会增加。

(4) 能够建立报文优先级。可以把暂存在交换设备里的许多报文重新安排先后顺序，优先级高的报文先转发，减少高优先级报文的延迟。

(5) 交换设备能够复制报文副本，并把每一个副本送到多个所需的目的地。

(6) 报文交换网可以进行速率和码型的转换。利用交换设备的缓冲作用，可以解决不同数据传输率的设备的连接。交换设备也可以很容易地转换各种编码格式，如从 ASCII 码转换为 EBCDIC 码。

报文交换的缺点为：

(1) 数据的传输延迟比较长，而且延迟时间长短不一，因此不适用于实时或交互式的通信系统。

(2) 当报文传输错误时，必须重传整个报文。

2.5.3 分组交换

分组交换(Packet Switching)又称报文分组交换，或包交换，也是一种存储转发技术。在报文交换中，报文的长度不确定，交换设备的存储器容量大小如果按最长的报文计算，显然不经济。如果利用交换设备的外存容量，则内外存间交换数据会增加报文处理的时间。分组交换中，将报文分解成若干段，每一段报文加上交换时所需的地址、控制和差错校验信息，按规定的格式构成一个数据单位，通常被称为"报文分组"或"包"。

在分组交换网中，控制和管理通过网络的交换分组流，有两种方式：数据报(Datagram)和虚电路(Virtual Circuit)。

在数据报方式中，每个报文分组作为一个单独的信息单位来处理，每个报文分组又叫数据报。报文中的各个分组可以按照不同的路径、不同的顺序分别到达目的地，在接收端，再按原先的顺序将这些分组装配成一个完整的报文。如图 2-14 所示。

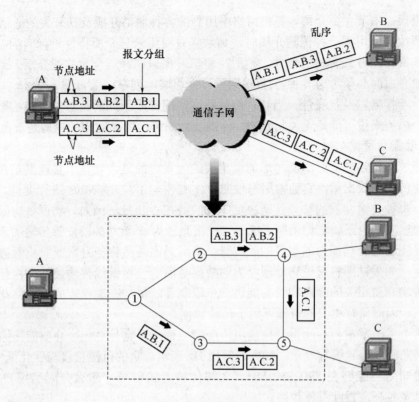

图2-14 虚电路交换

在虚电路方式中，发送分组前，首先必须在发送端和接收端之间建立一条路由。只是一条路由，而且是像电路交换那样的一条专用线路，报文分组在经过各个交换设备时仍然需要缓冲，并且需要等待排队输出。路由建立后，每个分组都由此路由到达目的地。

虚电路方式和数据报方式的区别为，数据报方式中，发送每个分组都要进行路由选样，每次选样的路由不尽相同。因此，各个分组不一定按照发送顺序到达目的地。而虚电路方式中，所有的分组的路由都是发送报文前建立的，各分组依发送顺序到达目的地。虚电路方式适用于大批量、长时间的数据交换。

与报文交换相比，在分组交换中，交换设备以分组作为存储、处理、转发的单位，这将节省缓冲存储器容量，提高缓冲存储器容量的利用率，从而降低了交换设备的费用，缩短了处理时间，加快了信息的传输。分组交换中，如果部分分组传输错误，只需要重传这些错误的分组，不必重传整个报文。

2.6 网络传输介质

2.6.1 传输介质特性

任何信息传输和共享都需要有传输介质，计算机网络也不例外。对于一般计算机网络用户来说，可能没有必要了解过多的细节，例如计算机之间依靠何种介质、以怎样的编码来传输信息等。但是，对于网络设计人员或网络开发者来说，了解网络底层的结构和工作原理则是必要的，因为他们必须掌握信息在不同介质中传输时的衰减速度和发生传输错误时如何去纠正这些错误。本节主要介绍计算机网络中用到的各种通信介质及其有关的通信特性。

当需要决定使用哪一种传输介质时，必须将联网需求与介质特性进行匹配。这一节描述了所有与数据传输方式有关的特性。稍后，将学习如何选择适合网络的介质。通常说来，选择数据传输介质时必须考虑5种特性(根据重要性粗略地列举)：吞吐量和带宽、成本、尺寸和可扩展性、连接器以及抗噪性。当然，每种联网情况都是不同的；对一个机构至关重要的特性对另一个机构来说可能是无关紧要的，你需要判断哪一方面对你的机构是最重要的。

1. 吞吐量和带宽

在选择一个传输介质时所要考虑的最重要的因素可能是吞吐量。吞吐量是在一给定时间段内介质能传输的数据量，它通常用每秒兆位(1 兆位=10^6 位)或 Mb/s 进行度量。吞吐量也被称为容量，每种传输介质的物理性质决定了它的潜在吞吐量。例如，物理规律限制了电沿着铜线传输的速度，也正如它们限制了能通过一根直径为 1 英寸的胶皮管传输的水量一样，假如试图引导超过它处理能力的水量的胶皮管，最后只能是溅你一身水或胶皮管破裂而停止传输水。同样，如果试图将超过它处理能力的数据量沿着一根铜线传输，结果将是数据丢失或出错。与传输介质相关的噪声和设备能进一步限制吞吐量，充满噪声的电路将花费更多的时间补偿噪声，因而只有更少的资源可用于传输数据。

带宽这个术语常常与吞吐量交换使用。严格地说，带宽是对一个介质能传输的最高频率和最低频率之间的差异进行度量；频率通常用 Hz 表示，它的范围直接与吞吐量相关。例如，若 FCC 通知用户能够在(870~880)MHz 之间传输无线信号，那么分配给用户的带宽将是10MHz。带宽越高，吞吐量就越高。

2. 成本

不同种类的传输介质牵涉的成本是难以准确描述的。它们不仅与环境中现存的硬件有关，而且还与所处的场所有关。下面的因素都可能影响采用某种类型介质的最后成本。安装成本：你能自己安装介质吗？或你必须雇佣承包商做这件事吗？你是否需要拆墙或修建新的管道或机柜？你是否需要从一个服务提供商处租借线路。新的基础结构相对于复用已有基础结构的成本。你是否能使用已有的电线？在某些情况下安装所有新的 5 类 UTP，如果你能使用已有的 3 类 UTP，电线将可以不用付费。假如仅仅替换基础结构的一部分，它是否能轻易地与已有介质集成？维护和支持成本，假如复用一个已有介质基础结构常常需要修理或改进，则复用并不节省任何钱。同时，假如使用了一种不熟悉的介质类型，可能需要花费更多去雇佣一个技师维护它。因低传输速率而影响生产效率所付出的代价，如果你通过复用已有的低速的线路来省钱，你是否可能因为降低了生产率而遭受损失？换言之，你是否使你的员工在进行保存和打印报告或发送邮件时等待更长的时间？更换过时介质的成本：你是否选择了要被逐渐淘汰或需迅速替换的介质？你是否能发现某种价格合理的连接硬件与你几年前选择的介质相兼容？

3. 尺寸和可扩展性

三种规格决定了网络介质的尺寸和可扩展性：每段的最大节点数、最大段长度以及最大网络长度。在进行布线时，这些规格中的每一个都是基于介质的物理特性的。每段最大节点数与衰减有关，即与通过一给定距离信号损失的量有关。对一个网络段每增加一个设备都将略微增加信号的衰减。为了保证一个清晰的强信号，必须限制一个网络段中的节点数。

网络段的长度也应因衰减而受到限制。在传输一定的距离之后，一个信号可能因损失得太多以至于无法被正确解释。在这种损失发生之前，网络上的中继器必须重发和放大信号。

一个信号能够传输并仍能被正确解释的最大距离即为最大段长度。若超过这个长度，更易于发生数据损失。类似于每段最大节点数，最大段长度也因不同介质类型而不同。在一种理想的环境中，网络可以在发送方和接收方之间实时传输数据，不论两者之间相隔多远。可惜的是我们没有生活在一个理想的环境中。一个信号从它的发送到它的最后接收之间存在一个延迟。每个网络都受这个延迟的支配。例如，当用户在计算机上敲一个键将一个文件保存到网络上时，文件的数据在它到达服务器的硬盘时必须通过网络接口卡、网络中的一个集线器或是一个交换机或路由器、更多的电缆以及服务器的网络接口卡。虽然电子传输迅速，它们仍然不得不经过传输这一过程。这个过程在你敲键的那一刻和服务器接收数据的那一刻之间必然存在一个短暂的延迟，这种延迟被称为时延。如同存在一个连通设备，比如一路由器，接入设备的转换时间将影响时延，所使用的电缆的长度也将影响时延。但是，仅仅当一个接收节点正期望接收某种类型的数据时，如它已开始接收数据流的剩余部分，时延的影响将可能成为问题。假如该接收节点未能接收数据流的剩余部分，它将认为没有更多的数据输入，这将导致网络上的传输错误。同时，当连接多个网络段时，也将增加网络上的时延。为了限制时延并避免相关的错误，每种类型的介质都标定一个最大连接段数。

4. 连接器

连接器是连接电缆与网络设备的硬件。网络设备可以是一个文件服务器、工作站、交换机或打印机。每种网络介质都对应一种特定类型的连接器。所使用的连接器的种类将影响网络安装和维护的成本、网络增加段和节点的容易度，以及维护网络所需的专业技术知识，用于 UTP 电缆的连接器(看上去更像一个大的电话线连接器)在接入和替换时比用于同轴电缆的连接器的插入和替换要简单得多，UTP 电缆连接器同时也更廉价并可用于许多不同的介质设计。

5. 抗噪性

正如前面提到的，噪声能使数据信号变形。噪声影响一个信号的程度与传输介质有一定关系。某些类型的介质比其他介质更易于受噪声影响。无论是何种介质，都有两种类型的噪声会影响它们的数据传输：电磁干扰(EMI)和射频干扰(RFI)。EMI 和 RFI 都是从电子设备或传输电缆发出的波。发动机、电源、电视机、复制机、荧光灯以及其他的电源都能产生 EMI 和 RFI。RFI 也可由来自广播电台或电视塔的强广播信号产生。

对任何一种噪声，都能够采取措施限制它对网络的干扰。例如，可以远离强大的电磁源进行布线。如果环境仍然使网络易受影响，应选择一种能限制影响信号的噪声量的传输。电缆可以通过屏蔽、加厚或抗噪算法获得抗噪性。假如屏蔽的介质仍然不能避免干扰，可以使用金属管道或管线以抑制噪声并进一步保护电缆。

2.6.2 传输介质的分类

目前，计算机通信分为两种：有线通信和无线通信。有线通信是利用电缆、光缆或电话线来作为传输介质；无线通信是利用卫星、微波、红外线来作为传输介质。目前，在有线通信线路上使用的传输介质有同轴电缆、双绞线和光纤。无线传输介质有地面微波接力通信和卫星通信等。

2.6.3 有线传输介质

1. 同轴电缆

同轴电缆，英文简写为"Coax"。在 20 世纪 80 年代，它是 Ethernet 网络的基础，并且多年来是一种最流行的传输介质。同轴电缆(Coaxialcable)由一根空心的外圆柱导体及其所包围的单根导线组成,柱体铜导线用绝缘材料隔开,如图 2-15 所示。同轴电缆频率特性比双绞线好,能进行较高速率的传输。

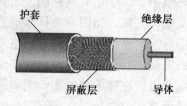

护套　　　　绝缘层

屏蔽层　　导体

图2-15　同轴电缆

1) 同轴电缆的应用

一般同轴电缆应用于总线型拓扑结构实现总线传送,并且在两端各加上 50Ω 的电阻,可以避免不必要的信号在信道中回环传送,但是同轴电缆应用的网络环境里若有一个节点损坏,则整个网络瘫痪。

2) 同轴电缆分类

同轴电缆按直径分为粗缆与细缆。一般来说,粗缆传输距离较远,而细缆由于功率损耗较大,一般只能用于传输距离为 500m 以内的数据。同轴电缆不可绞接,各部分是通过低损耗的 50Ω 连接器连接的。连接器在物理性能上与电缆相匹配。中间接头和耦合器用线管包住,以防不慎接地。同轴电缆一般安装在设备与设备之间,在每一个用户位置上都装备有一个连接器,为用户提供接口。

(1) 粗缆 Thicknet(10Base5):粗缆一般采用一种类似夹板的 Tap 装置进行安装,它利用 Tap 上的引导针穿透电缆的绝缘层,直接与导体相连。电缆两端头设有终端器,以削弱信号的反射作用。 由于它的屏蔽性能好,抗干扰能力强,因此多用于基带传输,Thicknet 传输数据的最大速率是 10Mb/s。粗缆采用 15 针的 AUI 接口与网络设备互联。由于 Thicknet 具有高的抗噪性,因而与其他类型的电缆相比,它允许数据传输更远的距离。它的最大段长度是 500m。或大约 1640ft。每段最大能够容纳 100 个节点。如果两点使用中继来连接时它的最大总网络长度为 2500m,为最小化站点之间的干扰的可能性,网络设备应分隔 2.5m。由于 Thicknet 的一些缺点使它很少用于现代网络中。首先,这种类型的电缆难以管理,它的坚硬性使它难于处理和安装。其次,由于高速数据传输不能运行在 Thicknet 上,它不允许网络改进。

(2) 细缆 Thinnet(10Base2):将细缆切断,两头装上 BNC 接头(BNC 接头是一种专门用来连接以太网细缆的设备)。Thinnet 也被称为 Thin Ethernet。在 20 世纪 80 年代,是用于 Ethernet 局域网的最流行的介质。Thinnet 很少用于现代网络中,但在 20 世纪 80 年代安装的网络中,或在一些较新的小型办公室或家庭办公室局域网中可能会发现 Thinnet。IEEE 将 Thinnet 命名为 10Base2 Ethernet,其中“10”代表了它的数据传输速度为 10Mb/s,“Base”代表了它使用基带传输,“2”代表了它的最大段长度为 185m(在贝尔实验室测试为 200m,但实际传输工作时最大只能传输 185m)。由于 Thinnet 黑色的外罩,它也被称为“black Ethernet”。Thinnet 电缆直径大约为 0.64cm,这使得它比 Thicknet 更加灵活,也更易于处理和安装。

Thinnet 传输数据的最大速度为 10Mb/s,它使用基带传输。Thinnet 允许每个网络段最长 185m,这个长度比 Thicknet 所能提供的要小,这是因为 Thinnet 抗噪性不如 Thicknet 强。同样的原因，使 Thinnet 每段最多仅能容纳 30 个节点，它的最大总网络长度为 925m。为最小化干扰，Thinnet 网络中的设备应至少分隔 0.5m。Thinnet 使用 BNC T 型连接器将电缆与网络设备相连，一个具有 3 个开放口的 BNC 连接器的"T"型底部连接到 Ethernet 的网络接口卡上，两边连接 Thinnet 电缆，以便允许信号进出网络接口卡。

BNC 管状连接器(仅有 2 个开放口)同轴电缆有两种基本类型：基带同轴电缆和宽带同轴电缆。目前基带常用的电缆，其屏蔽线是用铜做成的网状的，特征阻抗为 50Ω(如 RG-8，RG-58 等)；宽带同轴电缆的屏蔽层通常是用铝冲压成的，特征阻抗为 75Ω(如 RG-59 等)。

粗同轴电缆与细同轴电缆是指同轴电缆直径的大小。粗缆适用于比较大型的局部网络，它的标准距离长、可靠性高。由于安装时不需要切断电缆，因此可以根据需要灵活调整计算机的入网位置。但粗缆网络必须安装收发器和收发器电缆，安装难度大，所以总体造价高。相反，细缆安装则比较简单，造价低，但由于安装过程要切断电缆，两头须装上基本网络连接头(BNC)，然后接在 T 型连接器两端，所以当接头多时容易产生接触不良的隐患，这是目前以太网运行中的最常见的故障之一。为了保持同轴电缆的正确电气特性，电缆屏蔽层必须接地。同时两头要有终端器来削弱信号反射作用。

无论是粗缆还是细缆均为总线拓扑结构，即一根电缆上连接多部机器，这种拓扑适用于机器密集的环境。但是当一触点发生故障时，故障会串联影响到整根电缆上的所有机器，故障的诊断和修复都很麻烦，因此，同轴电缆将逐步被非屏蔽双统线或光缆取代。

2. 双绞线

双绞线(Twisted Pairwire，TP)是一种最常用的传输介质。双绞线由两根具有绝缘保护的铜导线组成。把两根绝缘的铜导线按一定密度互相绞在一起，可降低信号干扰的影响程度。每一根导线在传输中辐射出来的电波会被另一根线发出的电波抵消。双绞线一般由两根 22 号到 26 号绝缘铜导线相互缠绕而成。如果把一对或多对双绞线放在一条导管中，便成了双绞线电缆。与其他传输介质相比，双绞线在传输距离、信道宽度和数据速率等方面均受到一定的限制，但价格较为低廉。

1) 双绞线分类

目前双绞线可分为非屏蔽双绞线也称非屏蔽双绞线(unshie1ded Twisted Pairwire，UTP)，以及屏蔽双绞线也称八线头和四线头双绞线(Shileded Twisted Pairwire，STP)两种。屏蔽双绞线电缆的外层被铝箔包裹着。它的价格相对要贵一些。非屏蔽双绞线和屏蔽双绞线的物理形式如图 2-16 所示。

图2-16　屏蔽和非屏蔽双绞线

虽然双绞线主要是用来传输模拟声音信息的，但同样适用于数字信号的传输，特别适用于较短距离的信息传输。在传输期间，信号的衰减比较大，并且使其波形畸变。为了克服这一弱点，一般在线路上采用放大技术来再生波形。

采用双绞线的局部网络的带宽取决于所用导线的质量、每一根导线的精确长度及传输技术。只要精心选择和安装双绞线，就可以在短距离内达到几 MB/s 的可靠传输率。当距离很短，并且采用特殊的电子传输技术时，传输率可达 100Mb/s 甚至更高。用双绞线传输数据时距离通常是 100m。双绞线最适合用于局部网络内点对点之间的设备连接。但它很少用来作为广播方式传输的媒体。因为广播方式的总线通常需要相当长距离的非失真传输。

因使用双绞线传输信息时要向周围辐射，这很容易被窃听，所以要花费额外的代价加以屏蔽，以减小辐射(但不能完全消除)。而且双绞线电缆一般具有较高的电容性，这可能会使信号失真，故双绞线电缆不太适合高速率的数据传输。之所以选用双绞线作为传输媒体，是因为其实用性较好、价格较低，比较适用于应用系统。

2) 双绞线的类型分类

1991 年，两个标准组织，即 TIA(电信工业协会)和 EIA(电子工业协会)联合开发了 TIA/EIA 568 标准，在 TIA/EIA 568 标准中完成了对双绞线的规范说明。之后，两个组织一直继续在为新的以及被修改的传输介质修订国际标准。它们的标准目前覆盖的内容包括电缆介质、设计以及安装规范，TIA/EIA 568 标准将双绞线电线分割成若干类，包括 1、2、3、4 或 5 类，不久又出现了 6 类，所有这些电缆都必须符合 TIA/EIA 568 标准，局域网经常使用 3 类或 5 类电缆。

1 类线(CAT 1)：一种包括 2 个电线对的 UTP 形式。1 类适用于话音通信，而不适用于数据通信。它每秒最多只能传输 20 千位(Kb/s)的数据。

2 类线(CAT 2)：一种包括 4 个电线对的 UTP 形式。数据传输速率可以达到 4Mb/s。但由于大部分系统需要更高的吞吐量，2 类很少用于现代网络中。

3 类线(CAT 3)：一种包括 4 个电线对的 UTP 形式。在带宽为 16MHz 时，数据传输速度最高可达 10Mb/s。3 类一般用于 10Mb/s 的 Ethernet 或 4Mb/s 的 Token Ring。现代网络布线中 5 类已代替了 3 类。

4 类线(CAT 4)：一种包括 4 个电线对的 UTP 形式。它能支持高达 10Mb/s 的吞吐量，CAT 4 可用于 16Mb/s 的 Token Ring 或 10Mb/s 的 Ethernet 网络中。它可确保信号带宽高达 20MHz，与 CAT 1、CAT 2 或 CAT 3 相比，它能提供更多的保护以防止串扰和衰减。

5 类线(CAT 5)：用于新网安装及更新到快速 Ethernet 的最流行的 UTP 形式。CAT 5 包括 4 个电线对，支持 100Mb/s 吞吐量和 100Mb/s 信号速率。除 100Mb/s Ethernet 之外，CAT 5 电缆还支持其他的快速联网技术。

超 CAT 5：为 CAT 5 电缆的更高级别的版本。它包括高质量的铜线，能提供一个高的缠绕率，并使用先进的方法以减少串扰。增强 CAT 5 能支持高达 200MHz 的信号速率，是常规 CAT 5 容量的 2 倍。

6 类线(CAT 6)：包括 4 对电线对的双绞线电缆。每对电线被箔绝缘体包裹，另一层箔绝缘体包裹在所有电线对的外面，同时一层防火塑料封套包裹在第二层箔层外面。箔绝缘体对串扰提供了较好的阻抗，从而使得 CAT 6 能支持的吞吐量是常规 CAT 5 吞吐量的 6 倍，由于 CAT 6 是一种新技术且大部分网络技术不能利用它的最高容量，因此很少用于当今的网络中。

3) 双绞线的连接标准

EIA/TIA 对双绞线的连接制定了标准，使用数据通信更加规范而且在以后的布线实施过程非常简单。EIA/TIA 将双绞线连接标准分为两类：EIA/TIA568A 和 EIA/TIA568B 标准。EIA/TIA568B 的连线标准是：白橙、橙、白绿、蓝、白蓝、绿、白棕、棕; EIA/TIA568A 的标准是：白绿、绿、白橙、蓝、白蓝、橙、白棕、棕。一般双绞线使用时又分为：直连线和交叉线，双绞线的制作采用专业的网钳制作工具。

4) 双绞线的使用

同种设备互联使用交叉线，比如：PC 与 PC、集线器与集线器、交换机与交换机、路由器与路由器；不同种设备互联使用直连线，比如：主机与集线器、集线器与交换机。

3. 光纤

光导纤维(Optical Fiber)是一种传输光束的细微而柔韧的介质，通常由非常透明的石英玻璃拉成细丝，由纤芯和包层构成双层通信圆柱体。纤芯用来传导光波。包层有较低的折射率。当光线从高折射率的介质射向低折射率的介质时，其折射角将大于入射角。因此，如果折射角足够大，就会出现全反射，即光线碰到包层时就会折射回纤芯。这个过程不断重复，光也就沿着光纤传输下去。现代的生产工艺可以制造出超低损耗的光纤，即做到光线在纤芯中传输几千米而基本上没有什么损耗，这也是光纤通信得到飞速发展的最关键因素。

光纤传输原理：光纤在两点之间传输数据时，在发送端要具备光发机，在接收端要置有光接收机，如果要实现双向收、发，则双方都应具备光接收机和光发机。"光发机"主要是将计算机内部的数字信号转换成光纤可以接收的光信号，"光接收机"主要是将光纤上的光信号转换成计算机可以识别的数字信号。在光纤中，只要射到光纤表面的光线的入射角大于某一个临界角度，就可以产生全反射。因此，可以存在许多条不同角度入射的光线在一条光纤中传输，这种光纤就称为多模光纤。但是，若光纤的直径减小到只有一个光的波长，则光纤就像一根波导一样，可使得光线一直向前传播，而不会有多次反射，这样的光纤就称为单模光纤。

光纤的类型由模材料(玻璃或塑料纤维)及芯和外层尺寸决定，芯的尺寸大小决定光的传输质量。常用的光纤有：

8.3μm 芯、125μm 外层、单模。

62.5μm 芯、125μm 外层、多模。

50μm 芯、125μm 外层、多模。

100μm 芯、140μm 外层、多模。

光导纤维电缆由一捆纤维组成，简称光缆。光缆是数据传输中最有效的一种传输介质，它有以下几个优点：

(1) 频带宽(单模可达 3.3GHz)。

(2) 衰减较小，可以说在较长距离和范围内信号是一个常数。

(3) 不受电源冲击、电磁干扰的影响，电磁绝缘性能好。

(4) 细、质量轻。

(5) 无光泄漏，因而保密性好。

(6) 中继器的间隔较大，因此可以减少整个通道中中继器的数目，以降低成本。

根据贝尔实验室的测试，当数据的传输速率为 420Mb/s 且距离为 119km 无中继器时，其误码率为 10^{-8}，可见其传输质量很好。而同轴电缆和双绞线每隔几千米就需要接一个中继器。

光缆的上述优点是由其内在的物理特性所决定的：它传输的是光子，而光子不互相影响，不受外界电磁干扰，且本身也不向外辐射信号。

光缆也有缺点，首先，抽头困难是它固有的难题，因为割开的光缆需要再生和重发信号，光纤接口也比较昂贵；其次，由于光传输是单向的，要实现双向传输则需要有两根光纤或一根光纤上有两个频段。

2.6.4　无线传输介质

前面所讲述的三种介质都属于有线传输介质，但有线传输并不是在任何时候都能实现的。例如，通信线路要通过一些高山、岛屿或公司临时在一个场地做宣传而需要联网时，这样就很难施工。即使是在城市中，挖开马路敷设电缆也不是一件容易的事。当通信距离很远时，敷设电缆既昂贵又费时。而且，我们的社会正处于一个信息时代，人们无论何时何地都需有及时的信息，这就不可避免地要用到无线传输。

利用无线电短波进行数据通信是可行的。一般来说，短波的信号频率低于 100MHz，它主要靠电离层的反射来实现通信，而电离层的不稳定所产生的衰落现象和离层反射所产生的多径效应使得短波信道的通信质量较差。因此，当必须使用短波传输数据时，一般都是低速传输。只在采用复杂的调制解调技术后，才能使数据的传输速率达到几 Kb/s。

无线电微波通信在数据通信中占有重要地位。微波的频率范围为 300MHz～300GHz，但主要是使用(2~40)GHz 的频率范围。由于微波在空间主要是直线传播，且穿透电离层而进入宇宙空间，因此它不像短波那样可以经电离层反射传播到地面上很远的地方。这样，微波通信就有两种主要的形式：地面微波接力通信和卫星通信。

由于微波在空间是直线传播，而地球表面是个曲面，因此其传输距离受到限制，一般只有 50km 左右。但若采用 100m 的天线塔，则距离可增大至 100km。为了实现远距离通信，必须在一条无线电通信信道的两个终端之间建立若干中继站。中继站把前一站送来的信号经过放大后再送到下一站，故称为"接力"。

微波接力通信可传输电话、电报、图像等信息，其主要特点是：

(1) 微波波段频率很高，其频段范围也很宽，因此其通信信道的容量很大。

(2) 因为工业干扰和天气干扰的影响，其频谱成分比微波频率低得多，微波传输质量较高。

(3) 微波接力信道能够通过有线线路难于通过或不易架设的地区(如高山、水面等)，故有较大的机动灵活性，抗自然灾害的能力也较强，因而可靠性较高。

(4) 相邻站之间必须直视，不能有障碍物。

(5) 隐蔽性和保密性较差。

卫星通信是在地球站之间利用位于 36000km 高空的人造同步地球卫星作为中继器的一种微波接力通信。通信卫星发出的电磁波覆盖范围广，跨度可达 18000km，覆盖了球表面三分之一的面积，三个这样的通信卫星就可以覆盖地球上的全部通信区域，这样地球各地面站间就可以任意通信。

在卫星上可以安装多个转发装置，它按一种频率范围接收地面发来的信号，用另一频率范围向地面站发出，其数据传输率约为 50Mb/s。国际上常用的频段为 6/4GHz，即(3.7~4.2)GHz 和(5.925~6.425)GHz 分别作为远程通信卫星向地面发送(下行)地面站及向上发送(上行)的频段，其频宽都是 500MHz。由于这个频段已非常拥挤，因此也使用频率更高些的 14/12GHz 频段。每一路卫星信道的容量约等于 10 万条话频线路，可以将它看成大容量的电缆，且和发送站与接收站之间的距离无关。由于通信卫星是在太空的无人值守的微波通信中继站，因而其主要持点与地面微波通信类似，但有较长的传播延迟。

此外，也可使用红外线、毫米波或光波进行通信，但它们频率太高，波长太短，不能穿透固体物体，且很大程度上受天气的影响，因而只能在室内和近距离使用。

习 题 2

1. 什么是数据通信？数据通信有哪几种类型？
2. 数据通信系统的主要技术指标有哪些？
3. 什么是比特率、波特率、带宽和数据传输速率，它们之间有何异同？
4. 什么是基带传输？什么是宽带传输？
5. 网络中常用的有线传输介质有哪些？
6. 网络中常用的无线传输介质有哪些？
7. 无线传输介质与有线传输介质相比有何特点？在选择传输介质时应考虑哪些问题？
8. 光纤通信有哪些优点？
9. 简述传输介质的分类。
10. 数据通信时，按照信息传送的方向可分为几种方式？
11. 模拟数据的数字信号编码有几种方式？
12. 试比较串行通信和并行通信的优缺点，各适用于什么场合？
13. 试比较同步通信和异步通信的优缺点，各适用于什么场合？
14. 什么是频分多路复用技术？什么是时分多路复用技术？
15. 有几种数据交换方式？各有什么特点？
16. 分组交换包括哪两种交换方式？各有什么特点？
17. 数据通信中产生热噪声的因素主要包括哪些？
18. 常用的差错控制编码有哪些？
19. 循环冗余校验码有哪些特点？

第3章 常用网络设备

3.1 网 卡

网卡又称网络接口卡(Network Interface Card，NIC)或网络适配器，是计算机与网络的接口。网卡是局域网组网的核心连接设备，它能使工作站、服务器、打印机或其他节点通过网络介质接收并发送数据。它提供接入 LAN 的接口，每一台工作站和服务器都要使用一个网卡连入网络。

每块网卡都有唯一的物理地址，通常称为介质访问控制(Media Access Control，MAC)地址或称为物理地址。数据链路层传输的是数据帧，每个帧都有一个源和目标地址，对方是否接收这个数据帧只要看这个帧的 MAC 地址是否与自己的网卡地址相同就可以判断数据帧的接收与否。

世界上生产网卡的产商很多，每个网卡都赋予一个 MAC 地址，这个 MAC 地址是烧录在每个网卡的 Rom 芯片上。网卡地址中前 24 位是分配给厂商的，后 24 位是由厂商自己分配的，这样就保证每块网卡地址的唯一性。

网卡能够对信道中的信息进行侦听，并根据自身的 MAC 地址识别自己应该接收的信息，并能在信道信息流中寻找间隙，将信息送上信道。

1. 网卡的功能

在物理层上，网卡的作用是将设备连接到各种传输介质上，以此实现网络设备之间的通信。在数据链路层上(确切地说是MAC子层)，网卡的作用是规定了一个全世界唯一的地址——MAC地址，这个地址是用来控制数据在网络中传输的。同时网卡还规定了介质的访问控制方式。因此，网卡的主要功能是：

(1) 并行数据与串行信号之间的转换。

(2) 帧的封装与拆封。

(3) 编码与解码。

(4) 介质访问控制和数据缓存。

其功能涵盖了OSI的物理层和数据链路层的MAC子层，所以网卡通常被认为是第二层设备。

2. 网卡的分类

(1) 按总线类型分类：ISA、PCI、PCMCIA。

(2) 按接口类型分类：RJ-45、AUI、USB、无线接口、光纤接口。如图 3-1 所示。

(3) 按速率分类：10Mb/s、10/100Mb/s、100Mb/s、1000b/s。

(4) 按用途分类：普通网卡、无线网卡(图 3-2)、笔记本网卡。

3. 网卡的特点

(1) 工作于物理层和数据链路层，对高层协议是透明的。

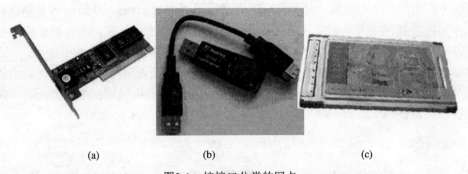

(a)   (b)   (c)

图3-1 按接口分类的网卡

(a) PCIRJ-45 接口网卡；(b) USB 袖珍网卡；(c) PCMCIA 笔记本网卡。

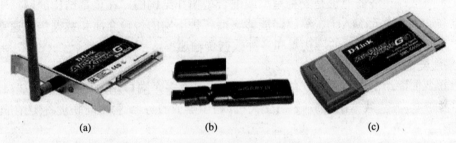

(a)   (b)   (c)

图3-2 无线网卡

(a) PCI 无线网卡；(b) USB 无线网卡；(c) PCMCIA 无线网卡。

(2) 设备安装简单，使用方便。

(3) 网卡驱动程序是运行在 OSI 模型的数据链路层上的。

(4) 同时设有RJ-45和BNC接口的网卡能把不同传输介质(如BaseT和Base2)的网络互联起来。

4. 网卡的应用

网卡是局域网中使用最广泛的网络接入设备。通过网卡，可将计算机与局域网中的通信介质相连，从而达到将计算机接入网络的目的。

3.2   中继器和集线器

3.2.1   中继器

中继器属于 OSI 参考模型中物理层的设备，因而没有必要解释它所传输的信号。例如，它们不能降低所传输的信号的质量，也不能提高传输的信号的质量，更不能纠正错误信号，因为中继器对接收过来的信号根本就不去读取其源和目标地址及判别数据是否出现错误。它只是转发信号，但同时它也转发了信号的噪声，从某种意义上讲，中继器对源端的信号进行放大再生，延长传输距离。所以说中继器不是智能设备。

中继器不仅功能有限，而且作用范围也有限。一个中继器只包含有一个输入端口和一个输出端口，所以它只能接收和转发数据流。此外，中继器只适用于总线拓扑结构的网络(总线型网络)。使用中继器的好处是扩展网络距离。

例如，假设需要把位于学校体育馆的一台个人计算机连接上网络。最近的数据接口在150m 开外。网络采用的是 10BaseT 以太网，而这种网络的线缆的最大传输距离是 100m。在这种情况下，利用一个中继器，最大传输距离就可以再增加 100m，从而很容易把体育馆内的那台工作站连接到网络上。但要注意，仍然存在总的最大传输距离。因为整个网络传输距离不能超过 500m，所以扩展线缆的传输距离时，不能依次连接 5 个以上的中继器。

中继器在使用时，它必须遵循 5-4-3 规范，这里"5"代表网段数，"4"代表中继器使用的最多个数，"3"代表在 5 个网段中只能有任意 3 个网段是可以连接节点的。剩下两个是不可以连接任何设备和节点的。

3.2.2 集线器

集线器是一个多端口的中继器。它与中继器一样都工作在物理层。它有一个端口与主干网相连，并有多个端口连接一组工作站。

在以太网中，集线器通常是支持星型或混合型拓扑结构的。在星型结构的网络中，集线器被称为多址访问单元(MAU)。集线器能够支持各种不同的传输介质和数据传输速率。有些集线器还支持多种传输介质的连接器和多种数据传输速率。

1. 集线器的功能

HUB具备前面讲的中继器的功能，同时因为它具有多个端口，随机选出某一端口的设备，并让它独占带宽，与集线器的上联设备(交换机、路由器或服务器等)或同联设备(连在同一HUB上)进行通信。

2. 集线器的分类

(1) 按通信特性分：有源集线器、无源集线器。

(2) 按带宽分：10Mb/s、10/100Mb/s、100Mb/s。

(3) 按端口个数分：5 口、8 口、16 口、24 口等。

(4) 按配置形式分：独立型、堆叠式、模块化集线器。

3. 集线器的特点

除了具备中继器的特点外，还有如下特点：

(1) 所有端口共享(竞争)带宽，每个端口的平均可用带宽为 HUB 的带宽除以端口数，是一个标准的共享式设备。

(2) 采用 HUB 互联的以太网称为共享式以太网。

(3) 共享式以太网物理拓扑结构是星型，但逻辑上仍为总线型拓扑结构，采用 CSMD/CD 介质访问控制方式。其总线是看不见的，因为集线器中的逻辑电路(好像装在一个盒子中)实现了总线的功能，所以也叫"星型总线(star-shaped bus)"或"盒中总线(bus-in-a-box)"。如图 3-3 所示。

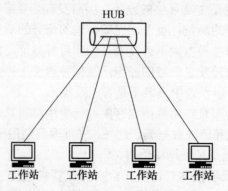

图3-3　HUB逻辑结构仍为总路线型

4. 集线器的应用

HUB 主要用于共享式以太网的组建，是解决从服务器到桌面的最经济方案。需要说明的是，HUB 不能真正地划分网络，用 HUB 互联的网络无论在物理上还是在逻辑上仍是一个网络，只不过能简单地用来扩展网络距离。目前 HUB 已被交换机取代。

3.3 网桥和交换机

3.3.1 网桥

网桥这种设备看上去有点像中继器。它具有单个的输入端口和输出端口。它与中继器的不同之处就在于它能够解析它收发的数据。网桥属于 OSI 参考模型的数据链路层的设备；数据链路层能够进行流量控制、纠错处理以及地址分配。网桥能够解析它所接收的帧，并能指导如何把数据传送到目的地。特别是它能够读取目标地址信息(MAC)，并决定是否向网络的其他段转发(重发)数据包，而且，如果数据包的目标地址与源地址位于同一段，就可以把它过滤掉。当节点通过网桥传输数据时，网桥就会根据已知的 MAC 地址和它们在网络中的位置建立过滤数据库(也就是人们熟知的转发表)。网桥利用过滤数据库来决定是转发数据包还是把它过滤掉。

1. 网桥的功能

1) 过滤和转发

(1) 过滤。当数据帧的源 MAC 地址与目标 MAC 地址处于网桥的同一个端口时，网桥将丢弃数据帧。

(2) 转发。当数据帧的目标 MAC 地址是一个已知的单播地址(MAC 地址表中有与之相关的条目)并且数据帧的源 MAC 地址与目标 MAC 地址处于网桥的不同端口时，网桥就会转发该数据帧。

2) 学习功能。

当网桥接收到一个信息包时，它查看信息包的源地址并将该地址与地址映射表中的各项内容进行对比，如果在其地址映射表中查不到，则网桥将新的源地址加到地址映射表中。

2. 网桥的分类

1) 按功能分

按功能可分为透明网桥和源路由网桥。

(1) 透明网桥。符合 IEEE 802.1d 标准，安装简单，不需要人工输入路由信息，但无法阻止广播风暴，如果两个子网之间存在多条路径，无法选择最佳路径。

(2) 源路由网桥。符合 IEEE 802.5 标准，可以选择最佳路径，但站点实现比较复杂，MAC 帧的格式有所改变，不是一种完全透明的方法。

本章所指的网桥为透明网桥。

2) 按网桥所处的位置分

按网桥所处的位置可分为内部网桥和外部网桥。

内部网桥由服务器兼任，它通过在服务器上插入 2 个以上的网卡，加上相应的软件就可作为网桥使用。外部网桥一般是专用的硬件设备。

3) 按网桥分布的地理范围分

按网桥分布的地理范围可分为本地网桥和远程网桥。

本地网桥用于连接两个相邻的局域网段；远程网桥用于连接远程网段，需成对使用，即在每个网段的一侧安装远程网桥，并通过传输介质(如电话线)进行连接。

3. 网桥的工作过程

透明网桥处理数据帧的过程可以分为学习、泛洪、过滤、转发和老化几个步骤，具体过程如下。

当数据帧进入网桥以后，网桥读取数据帧的帧头信息，将源 MAC 地址以及发出该帧的端口号记录到自己的 MAC 地址表中。如果 MAC 地址表中已经存放这个源地址，它就会刷新这个条目的老化计时器。同时，网桥检查帧头中的目标 MAC 地址，如果这个地址是一个广播地址、多播地址或者是未知的单播地址，网桥就将这个数据帧发送(泛洪)到发出这个数据帧的端口之外的所有端口。如果目标 MAC 地址处于 MAC 地址表中，网桥就将数据帧转发到相应的端口。当目标地址与源地址处于同一个端口时，网桥会丢弃这个数据帧。

在没有环路的网络中，网桥可以很好地工作，但若出现环路，由于网桥不能像路由器那样知道数据帧可经过多少次转发，因此会造成数据帧在环路内不断循环、增生，造成广播风暴。

4. 网桥的特点

(1) 在混杂模式下工作。

(2) 有一个将全局唯一地址映射到网桥端口的地址表。

(3) 根据所接收帧的目的地址做出转发决定。

(4) 根据所接收帧的源地址建立和更新地址表。

(5) 当遇到未知的目的地址时，向每个端口(除接收此帧的端口外)转发该帧。

网桥并未与网络直接连接，但它可能已经知道了不同的端口都连接了哪些工作站。这是因为，网桥在安装后，就促使网络对它所处理的每一个数据包进行解析，以发现其目标地址。一旦获得这些信息，它就会把目标节点的 MAC 地址和与其相关联的端口录入到过滤数据库中。时间一长，它就会发现网络中的所有节点，并为每个节点在数据库中建立记录。因为网桥不能解析高层数据，如网络层数据，所以它们不能分辨不同的协议。它以同样的速率和精确度转发 AppleTalk、TCP/IP、IPX/SPX 以及 NetBIOS 的帧。这样做也有很大的好处。由于并不关心数据所采用的协议，网桥的传输速率比传统的路由器更快，例如路由器关心所采用协议的信息(这将在后面的部分讲述)。另一方面，由于网桥实际上还是解析了每个数据包，所以它所花费的数据传输时间比中继器和集线器更长。网桥转发和过滤数据包的方法有几种。虽然讨论这些方法超出了本书的范围，用户还是应该知道最常见的几种。大多数以太网采用的方法是所谓的透明网桥方式。大多数令牌环网采用的方法是源路由网桥方式。能够连接以太网和令牌环网的方法被称为中介网桥方式。

20 世纪 80 年代早期，开发网桥是为了转发同类网络间传递的数据包。此后，网桥已经进化到了可以处理不同类型网络间传递的数据包。尽管更高级的路由器和交换机取代了很多网桥，但它们仍然非常适合某些场合。这包括：有些网络需要利用网桥过滤传向各种不同节点的数据以提高网络性能。这些节点因此而能用更少的时间和资源侦听数据，并且指不指定这些资源都无所谓。另外，网桥还可以检测出并丢弃出现问题的数据包，这些数据包可能会造成网络拥塞。最重要的是网桥能够突破原来的最大传输距离的限制，从而可以方便地扩充网络。

　　网桥可以隔离冲突域，但不能隔离广播域，也就是广播报信息可以直接跨越网桥传输到另一个物理网段。

　　独立式网桥流行于 20 世纪 80 年代和 90 年代早期，但随着先进的交换技术和路由技术的发展，网桥技术已经远远地落伍了。一般来说，随着交换机的使用，现在很难再见到把网桥作为一种独立设备的了。然而，理解网桥的概念对于我们理解交换机的工作原理是非常必要的。下一小节里将会学习关于交换机的更多的知识。

3.3.2　交换机

1. 基本概念

　　当初开发 LAN 网桥的基本目的是在距离和站的数量上对 LAN 进行延伸。随着能以线速操作的高端口密度网桥的出现，出现了新型的 LAN，即交换式 LAN。交换式 LAN 是传统共享带宽 LAN 的一种替代产品。从结构化布线环境中部署的产品来看，唯一明显的区别是，集线器是交换式的(网桥)，而不是共享式的(中继器)。然而，使用共享式 LAN 或交换式 LAN，网络的运行方式变化很大。另外，交换式 LAN 给用户提供了共享式不能使用的一些配置，而这些都是有代价的。这些年来，随着连接设备硬件技术的提高，已经很难再把集线器、交换机、路由器和网桥相互之间的界限划分得很清楚了。交换机这种设备可以把一个网络从逻辑上划分成几个较小的网段。不像属于 OSI 参考模型第一层的集线器。交换机属于 OSI 参考模型的数据链路层(第二层)设备，并且，它还能够解析出 MAC 地址信息。从这个意义上讲，交换机与网桥相似。但事实上，它相当于多个网桥。

　　交换机的所有端口都使用指定的带宽。事实证明了这种方式确实比网桥的性价比要高一些。交换机的每一个端口都扮演一个网桥的角色，而且每一个连接到交换机上的设备都可以享有它们自己的专用信道。图 3-4 示出了华为 3526E 交换机的面板，图 3-5 示出了模块化交换机。

图3-4　华为3526E交换机的面板

图3-5　模块化交换机

在共享式以太网 LAN 中，使用 CSMA/CD MAC 算法来仲裁共享信道的使用。如果两个或更多站的队列中同时有帧在等待发送，那么它们将发生冲突(Collision)。一组竞争信道访问的站称为冲突域。同一个冲突域中的站竞争信道，便导致了冲突和后退(Backoff)。不同冲突域的站不会竞争公共信道，所以它们不会产生冲突。

在交换式 LAN 中，交换机端口就是该端口上的冲突域终点。如果一个端口连接一个共享式 LAN，那么在该端口的所有站间将产生冲突，而该端口的站和交换机其他端口的站之间将不会产生冲突。如果每个端口只有一个端站，那么在任何一对端站间都不会有冲突。

因此，交换机隔离了每个端口的冲突域。

交换式集线器可以用于对传统共享式 LAN 分段(Segment)，以这种方式使用的交换机提供了一种折叠式主干网(Collapsed Backbone)。虽然用于折叠式主干网的交换机性能必须很高，但是使用的模型仍然是原始、传统的 LAN 分段模型。

另外，交换机可用于端站互联，每个网段仅连接一个端站，LAN 分段已经达到最大程度，称为微分段(Microsegmentation)。

微分段环境的特点如下：

(1) 端站之间没有冲突。每个端站都在它自己的冲突域内。然而，端站和交换机端口中的冲突域 MAC 之间仍可能有冲突。

(2) 可以使用全双工全部消除冲突。

(3) 每个端站有专用带宽，即一个微分段可以由单个站独占使用。

(4) 每个站的数据率不依赖于任何其他的站。连接到同一个交换机的设备可以运行在 10 Mb/s、100 Mb/s 或 1000 Mb/s，而这在使用共享式集线器的网络中是不可能的。当然，在一个交换式集线器上可以同时连接共享式 LAN 和单个站(微分段)，通过共享式 LAN 连接到交换机端口的站，具有共享式 LAN 的特点，直接连接到交换机的站则具有微分段的功能。

2. 交换机的交换模式

交换机可以分成不同的几类。一种是局域网交换机，适用于局域网。尽管以太网交换机比较常见，但局域网交换机还是可以设计成适合于以太网或令牌环网两种类型。局域网交换机还因它所采用的交换方式而异，分为快捷模式和存储转发模式。

1) 快捷模式

采用快捷模式的交换机会在接收完整数据包之前就读取帧头，并决定把数据转发往何处。曾经谈到过，帧的前 14 个字节数据就是帧头，它包含有目标的 MAC 地址。得到这些信息后，交换机就足以判断出哪个端口将会得到该帧，并可以开始传输该帧(不用缓存数据，也不用检查数据的正确性)。

如果帧出现问题怎么办？因为采用快捷模式的交换机不能在帧开始传输时读取帧的校验序列，因此，它也就不能利用校验序列来检验数据的完整性。但另一方面，采用快捷模式的交换机能够检测出数据残片或数据包的片段。当检测到小片数据时，交换机就会一直等到整片数据到后才开始传送。需要注意的一点是：数据残片只是各种数据残缺中的一种。采用快捷模式的交换机不能检测出有问题的数据包；事实上，传播遭到破坏的数据包能够增加网络的出错次数。采用快捷模式最大的好处就是它的传输速率较高。由于它不必停下来等待读取整个数据包，这种交换机转发数据比采用存储转发模式的交换机快得多(在下一节你将会发现这一点)。然而，如果交换机的数据传输发生拥塞，对于采用快捷模式的交换机而言，这种节省时间方式的优点也就失去了意义。在这种情况下，这种交换机必须像采用存储转发模式的交换机那样缓存(或暂时保持)数据。

采用快捷模式的交换机比较适合较小的工作组。在这种情况下，对传输速率要求较高，而连接的设备相对较少，这就使出错的可能性降至最低。

2) 存储转发模式

运行在存储转发模式下的交换机在发送信息前要把整帧数据读入内存并检查其正确性。尽管采用这种方式比采用快捷方式更花时间，但采用这种方式可以存储转发数据，从而可以保证准确性。由于运行在存储转发模式下的交换机不传播错误数据，因而更适合于大型局域网。相反，采用快捷模式的交换机即使接收到错误的数据也会照样转发。这样，如果这种交换机连接的部分发生大量的数据传输冲突，则会造成网络拥塞。在一个大型网络中，如果不能检测出错误就会造成严重的数据传输拥塞问题。

采用存储转发模式的交换机也可以在不同传输速率的网段间传输数据。例如，一个可以同时为 50 名学生提供服务的高速网络打印机，可以与交换机的一个 100Mb/s 端口相连，也可以允许所有学生的工作站利用同一台交换机的 10Mb/s 端口。在这种安排下，打印机就可以快速执行多任务处理。这一特征也使得采用存储转发模式的交换机非常适合有多种传输速率的环境。

3. 用交换机组建虚拟局域网

为了提高带宽的使用效率，交换机可以从逻辑上把一些端口归并为一个广播域，从而来组建虚拟局域网。广播域是构成 OSI 参考模型的第二层网段的端口的组合，而且，它必须与第三层设备连接，如路由器或第三层的交换机。这些端口不一定在同一个交换机内，甚至可能不在同一网段。虚拟局域网包括服务器、工作站、打印机或其他任何能连接交换机的设备。需要注意的是：使用虚拟局域网，一个很大的好处就是它可以连接不处于同一地理位置的用户，而且可以从一个大型局域网中组建一个较小的工作组。

上面我们提到过交换机连接的网络是同属于一个广播域的，为了提高工作效率我们应避免广播的发生会影响其他计算机工作，那么，怎样才能将交换机连接的网络划分成多个广播域呢？这时就需要我们对交换机连接的网络进行 VLAN 划分，默认情况下交换机连接的网络是同属于一个 VLAN，划分后的每个 VLAN 都是一个广播域，并且各 VLAN 之间是不能相互通信的，如果实现 VLAN 之间通信必须使用第三层设备路由器来完成。用交换机划分 VLAN 必须适当配置交换机才能组建起虚拟局域网。另外，为了标识每个逻辑局域网所属的端口，可以通过设定安全参数、是否过滤的指令(如交换机禁止转发某一网段的帧时)、对某些用户的行为进行限制以及网络管理这些选项来完成。很明显，交换机使用起来非常灵活。讨论虚拟局域网采用的执行方式超出了本书的范围，但如果要负责设计一个网络或安装交换机，就要求更深入地研究一下虚拟局域网。

3.4　路　由　器

路由器是一种多端口设备,它可以连接不同传输速率并运行于各种环境的局域网和广域网，也可以采用不同的协议。路由器属于 OSI 模型的第三层的设备。在前面章节曾经讲过，网络层指导从一个网段到另一个网段的数据传输，也能指导从一种网络向另一种网络的数据传输。过去，由于过多地注意第三层或更高层的数据，如协议或逻辑地址，路由器比交换机和网桥的速度慢。因此，不像网桥和第二层交换机，路由器是依赖于协议的。在它们使用某种协议转发数据前，它们必须要被设计或配置成能识别该协议。正如讨论网桥时所举的例子一样，传统的独立式局域网路由器正慢慢地被支持路由功能的第三层交换机所替代。但路由器这个概念还是非常重要的。独立式路由器是使用广域网技术连接远程用户的一种选择。

路由器既可以隔离冲突域，同时也可以隔离广播域。

1. 路由器的特征和功能

路由器的稳固性在于它的智能性。路由器不仅能追踪网络的某一节点，还能和交换机一样，选择出两节点间的最近、最快的传输路径。基于这个原因，还因为它们可以连接不同类型的网络，使得它们成为大型局域网和广域网中功能强大且非常重要的设备。例如，因特网就是依靠遍布全世界的几百万台路由器连接起来的。通常路由器进行数据包路由的协议有TCP/IP、IPX/SPX 和 AppleTalk 协议，另外，NetBEUI 协议是不可以跨越路由器进行数据包路由的。

典型的路由器内部都带有自己的处理器、内存、电源以及各种不同类型的网络连接接口，如：Console、ISDN、AUI、Serial 和 Ethernet 端口等。功能强大并能支持各种协议的路由器有好几种插槽埠，以用来容纳各种网络接口(RJ-45，BNC，FDDI，ISDN，等等)。具有多种插槽以支持不同接口卡或设备的路由器被称为堆叠式路由器。路由器使用起来非常灵活。尽管每一台路由器都可以被指定以执行不同的任务，但所有的路由器都可以完成下面的工作：连接不同的网络、解析第三层信息、连接从 A 点到 B 点的最优数据传输路径，并且，如果在主路径中断后还可以通过其他可用路径重新路由。

路由器的主要特点如下：

(1) 路由器可以互联不同的 MAC 协议、不同的传输介质、不同的拓扑结构和不同的传输速率的异种网，它有很强的异种网互联能力。

(2) 路由器也是用于广域网互联的存储转发设备，它有很强的广域网互联能力，被广泛地应用于 LAN-WAN-LAN 的网络互联环境。

(3) 路由器互联不同的逻辑子网，每一个子网都是一个独立的广播域，因此，路由器不在子网之间转发广播信息，具有很强的隔离广播信息的能力。

(4) 路由器具有流量控制、拥塞控制功能，能够对不同速率的网络进行速度匹配，以保证数据包的正确传输。

(5) 路由器工作在网络层，它与网络层协议有关。多协议路由器可以支持多种网络层协议(如：TCP/IP、IPX、DECNET 等)，转发多种网络层协议的数据包。

(6) 路由器检查网络层地址，转发网络层数据分组(Packet)。因此，路由器能够基于 IP 地址进行数据包过滤，路由器使用访问控制列表(Access Control List，ACL)控制各种协议封装的数据包，同样也会对 TCP、UDP 协议的端口号进行数据过滤。

(7) 对大型网络进行微段化，将分段后的网段用路由器连接起来。这样可以提高网络性能，提高网络带宽，而且便于网络的管理和维护。这也是共享式网络为解决带宽问题所经常采用的方法。

(8) 路由器不仅可以在中、小型局域网中应用，也适合在广域网和大型、复杂的互联网络环境中应用。

(9) 可以隔离冲突域和广播域。

由于它的可定制性，安装路由器并非易事。一般而言，技术人员或工程师必须对路由技术非常熟悉才能知道如何放置和设置路由器，方可发挥出其最好的效能。如果打算设计一个专用网络或配置路由器，就应该对路由器技术研究得更深入一些。

2. 路由器的分类

1) 本地路由器

所谓本地路由器指的是只在一个有限的区域网内部，没有跨越远程连接。

2) 远程路由器

无论是本地路由器还是远程路由器，路由器的本质没有变，只不过远程路由器指的是路由器连接的网段是分布在不同区域的远程网络。

本地路由器和远程路由器如图 3-6 所示。

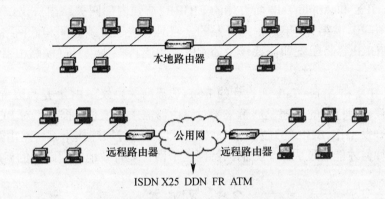

图3-6　本地路由器与远程路由器

3. 路由协议

对于路由器而言，要找出最优的数据传输路径是一件比较有意义却很复杂的工作。最优路径有可能会有赖于节点间的转发次数、当前的网络运行状态、不可用的连接、数据传输速率和拓扑结构。为了找出最优路径，各个路由器间要通过路由协议来相互通信。需要区别的一点是：路由协议与可路由的协议不是等同的。如 TCP/IP 和 IPX/SPX，尽管它们可能处于可路由的协议的顶端。路由协议只用于收集关于网络当前状态的数据并负责寻找最优传输路径。根据这些数据，路由器就可以创建路由表来用于以后的数据包转发。除了寻找最优路径的能力之外，路由协议还可以用收敛时间——路由器在网络发生变化或断线时寻找出最优传输路径所耗费的时间来表征。带宽开销——运行中的网络为支持路由协议所需要的带宽，也是一个较显著的特征。尽管并不需要精确地知道路由协议的工作原理，用户还是应该对最常见的路由协议有所了解：RIP、OSPF、EIGRP 和 BGP(还有更多的其他路由协议，但它们使用得并不广泛)。此外还有 IGRP 路由选择协议，它是 Cisco 公司设备专用协议，其他非 Cisco 设备不能使用这样的协议。对这 4 种常见的路由协议描述如下。

(1) 为 IP 和 IPX 设计的 RIP(路由信息协议)：RIP 是一种最早的路由协议，但现在仍然被广泛使用，这是由于它在选择两点间的最优路径时只考虑节点间的中继次数的缘故。例如，它不考虑网络的拥塞状况和连接速率这些因素。使用 RIP 的路由器每 30 秒向其他路由器广播一次自己的路由表。这种广播会造成很大的数据传输量，特别是网络中存在有大量的路由器时。如果路由表改变了，新的信息要传输到网络中较远的地方，可能就会花费几分钟的时间，所以 RIP 的收敛时间是非常长的。而且，RIP 还限制中继次数不能超过 16 跳(经过 16 台路由器设备)。所以，在一个大型网络中，如果数据要被中继 16 跳以上，它就不能再传输了。而且，与其他类型的路由协议相比，RIP 还要慢一些，安全性也差一些。

(2) 为 IP 设计的 OSPF(开放的最短路径优先)：这种路由协议弥补了 RIP 的一些缺陷，并能与 RIP 在同一网络中共存。OSPF 在选择最优路径时使用了一种更灵活的算法。最优路径这个术语是指从一个节点到另一个节点效率最高的路径。在理想的网络环境中，两点间的最优路径就是直接连接两点的路径。如果要传输的数据量过大，或数据在传输过程中损耗过大，数据不能沿最直接的路径传输，路由器就要另外选择出一条还要通过其他路由器但效率最高的路径。这种方案就要求路由器带有更多的内存和功能更强大的中央处理器。这样，用户就不会感觉到占用的带宽降到了最低，而收敛时间也很短。OSPF 是继 RIP 之后第二种使用得最多的协议。

(3) 为 IP、IPX 和 Apple Talk 而设计的 EIGRP (增强内部网关路由协议)：此路由协议是由 Cisco 公司在 20 世纪 80 年代中期开发的。它具有快速收敛时间和低网络开销等特点。它比 OSPF、EIGRP 容易配置和需要较少的 CPU，也支持多协议且限制路由器之间多余的网络流量。

(4) 为 IP、IPX 和 Apple Talk 而设计的 BGP(边界网关协议)：BGP 是为因特网主十网设计的一种路由协议。因特网的飞速发展带来了对路由器需求的增长，推动了对 BGP 这种最复杂的路由协议的开发工作。BGP 的开发人员面对的不仅是它能够连接十万台路由器的美好前景，他们还要面对如何才能通过成千上万的因特网主干网合理有效地实现路由的问题。

3.5 网 关

网关不能完全归为一种网络硬件。用概括性的术语来讲，它们应该是能够连接不同网络的软件和硬件的结合产品。特别地，它们可以使用不同的格式、通信协议或结构连接起两个系统。网关实际上通过重新封装信息以使它们能被另一个系统读取。为了完成这项任务，网关必须能运行在 OSI 参考模型的几个层上。网关必须同应用通信建立和管理会话，传输已经编码的数据，并解析逻辑和物理地址数据。

网关可以设在服务器、微机或大型机上。由于网关具有强大的功能并且大多情况下都和应用有关，它们比路由器的价格要贵一些。另外，由于网关的传输更复杂，它们传输数据的速度要比网桥或路由器低一些。正是由于网关较慢，它们有造成网络堵塞的可能。然而，在某些场合，只有网关能胜任工作。

常见的网关包括以下几种。

电子邮件网关：通过这种网关可以从一种类型的系统向另一种类型的系统传输数据。例如，电子邮件网关允许使用 Eudora 电子邮件的人与使用 Group Wise 电子邮件的人相互通信。

IBM 主机网关：通过这种网关，可以在一台个人计算机与 IBM 大型机之间建立和管理通信。

因特网网关：这种网关允许并管理局域网和因特网间的接入。因特网网关可以限制某些局域网用户访问因特网。反之亦然。

局域网网关：通过这种网关，运行不同协议或运行于 OSI 参考模型不同层上的局域网网段间可以相互通信。路由器甚至只用一台服务器都可以充当局域网网关。局域网网关也包括远程访问服务器。它允许远程用户通过拨号方式接入局域网。

3.6 无线互联设备

前面讲述的网络互联设备都是通过有线介质进行互联的。但有时受到地理、基础通信设施等条件的限制,可能无法通过有线介质进行互联,比如笔记本电脑用户要求移动上网,此时无线网络互联是解决问题的最好办法。无线网络可以为终端用户提供高效可靠的网络连接,并可实现与有线系统相同的高性能,同时它又具有无线系统所特有的灵活性、可移动性和成本低等优点。由于无线网络可以与现有的有线网络互相兼容,用户可以利用它来构建一个纯粹的无线局域网结构,并将它加入到现有的局域网中,或者在现有的有线网络中利用它来实现无线网络的延伸。

无线网络跟有线网络在硬件上并没有太大的差别,无线网络在硬件组成方面同样需要无线访问接入点(如无线路由器)、传输介质(如无线电波或红外线)、接收器(如无线网卡)。

无线访问接入点是基本模式的中心设备,主要负责无线信号的分发及各无线终端的互联。无线中心接入点可以是无线访问接入点 AP(Access Point),也可以是无线路由器。

1. 无线访问接入点(Wireless AP)

无线访问接入点主要在它覆盖范围内提供无线工作站与有线局域网的相互通信。其实,无线访问接入点就相当于有线网络中的集线器(Hub)或交换机(Switch),它能够把各个无线客户端连接起来,客户端所使用的是无线网卡,它只是把无线客户端连接起来,但是不能通过它共享上网。如图 3-7 所示。

图3-7   无线访问接入点

2. 无线网卡

传统的网卡基本上需要可见的物理传输介质来传输信号,而无线网卡彻底抛弃了以往联网必须进行网络布线的麻烦,具有使用灵活、方便等优点。无线网卡同样有 PCI、PCMCIA 、USB 类型的区分。

目前无线网卡采用 802.11 无线网络协议,分别为 802.11a、802.11b、802.11g。无线网卡一般工作在 2.4GHz 或 5GHz 的频带上,它们的工作频率和传输速率如表 3-1 所示。

表3-1   无线网卡的工作频率和传输速率

网络协议	频率/GHz	传输速率/(Mb/s)
802.11a	5	54
802.11b	2.4	11
802.11g	2.4	11~54

3. 无线路由器

无线路由是由 AP 与宽带路由器构成的。借助无线路由器,能实现家庭无线网络中的 Internet 连接共享,实现 ADSL 和宽带的无线共享接入。另外,无线路由器可以将与它相连的无线和有线终端分配到一个子网里,这样便于子网内的各种设备交换数据。换句话说,它除了具有 AP 的功能外,还能通过它让所有的无线客户端共享上网。如图 3-8 所示。

图3-8   无线路由器

4. 无线天线

无线网络设备如无线网卡、无线路由器等自身都带有无线天线,同时还有单独的无线天线。因为无线设备本身的天线都有一定距离的限制,当超出这个限制的距离,就要通过这些外接天线来增强无线信号,达到延伸传输距离的目的。一般包括定向和全向天线两类。

定向天线只对某个特定方向传来的信号灵敏,并且发射信号时也是集中在某个特定的方向上。

全向天线可以接收来自各个角度的信号和向各个角度辐射信号。

无线网络由于具有"只要在无线信号覆盖的范围内,可随意改变无线访问接入点及无线终端;同时要新加入无线终端,只需要单独安装无线接收设备(无线网卡)"的特点,使其在许多领域应用广泛。

3.7   调制解调器

1. 基本概念

Modem 是 MOdulator/DEModulator(调制器/解调器)的缩写。它是在发送端通过调制将数字信号转换为模拟信号，而在接收端通过解调再将模拟信号转换为数字信号的一种装置。

Modem，其实是 Modulator(调制器)与 Demodulator(解调器)的简称，中文称为调制解调器。跟 Modem 的谐音，昵称之为"猫"。

所谓调制，就是把数字信号转换成电话线上传输的模拟信号；解调，即把模拟信号转换成数字信号。合称调制解调器。

2. 分类

一般来说，根据 Modem 的形态和安装方式，可以大致分为以下 4 类：

(1) 外置式 Modem。外置式 Modem 放置于机箱外，通过串行通信口与主机连接，如图3-9 所示。这种 Modem 方便灵巧、易于安装，闪烁的指示灯便于监视 Modem 的工作状况。但外置式 Modem 需要使用额外的电源与电缆。

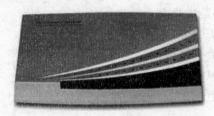

图3-9　外置式Modem

(2) 内置式 Modem。内置式 Modem 在安装时需要拆开机箱，并且要对中断和 COM 口进行设置，安装较为繁琐。这种 Modem 要占用主板上的扩展槽，但无需额外的电源与电缆，且价格比外置式 Modem 要便宜一些。

(3) PCMCIA 插卡式 Modem。插卡式 Modem 主要用于笔记本电脑，体积纤巧。配合移动电话，可方便地实现移动办公。

(4) 机架式 Modem。机架式 Modem 相当于把一组 Modem 集中于一个箱体或外壳里，并由统一的电源进行供电。机架式 Modem 主要用于 Internet/Intranet、电信局、校园网、金融机构等网络的中心机房。

除以上 4 种常见的 Modem 外，现在还有 ISDN 调制解调器和一种称为 Cable Modem 的调制解调器，另外还有一种 ADSL 调制解调器。Cable Modem 利用有线电视的电缆进行信号传送，不但具有调制解调功能，还集路由器、集线器、桥接器于一身，理论传输速度可达 10Mb/s以上。通过 Cable Modem 上网，每个用户都有独立的 IP 地址，相当于拥有了一条个人专线。目前，深圳有线电视台天威网络公司已推出这种基于有线电视网的 Internet 接入服务，接入速率为 2Mb/s～10Mb/s。

3. 用途

计算机内的信息由"0"和"1"组成数字信号，而在电话线上传递的却只能是模拟电信号。于是，当两台计算机要通过电话线进行数据传输时，就需要一个设备负责数模的转换。这个数模转换器就是 Modem。计算机在发送数据时，先由 Modem 把数字信号转换为相应的模拟信号，这个过程称为"调制"。经过调制的信号通过电话载波传送到另一台计算机之前，也要经由接收方的 Modem 负责把模拟信号还原为计算机能识别的数字信号，这个过程称为"解调"。正是通过这样一个"调制"与"解调"的数模转换过程，从而实现了两台计算机之间的远程通信。

习 题 3

1. 网络接口卡的功能是什么？它是如何分类的？
2. 网络互联的层次是如何划分的？每一层的代表设备是什么？
3. 什么是冲突域和广播域？
4. 简述什么是广播风暴及导致广播风暴的原因。
5. 网桥有哪些功能？
6. 网桥与中继器的区别是什么？
7. 集线器和交换机有什么不同？
8. 交换机的交换模式有哪几种？
9. 什么是 VLAN，它有哪些优点？
10. 每个 VLAN 都是一个广播域吗？
11. 交换机的主要性能参数有哪些？
12. 交换机能否避免广播风暴？为什么？
13. 简述高层交换机的特点。
14. 路由器有哪些功能？
15. 路由器能否避免广播风暴？为什么？
16. 常用的路由协议有哪些？
17. 路由器的主要性能参数有哪些？
18. 路由器和交换机有什么不同？
19. 什么是网关？有几种类型？
20. 常用的无线网络设备有哪些？
21. 什么是调制？什么是解调？

第4章 局域网技术

4.1 局域网概述

局域网(Local Area Network，LAN)是计算机网络的一种，它既具有一般计算机网络的特点，又具有自己独有的特征。局域网是在一个较小的范围(一个办公室、一幢楼、一家企业、一个校园等)内，利用通信线路将众多计算机(一般为微型计算机)及外设连接起来，实现数据通信和资源共享的一种网络。局域网的研究始于20世纪70年代，以太网(Ethetnet)是其典型代表。目前，世界上有成千上万个局域网在运行着，其部署数量远远超过广域网。对局域网的学习研究是网络科目中的重要内容。

4.1.1 局域网的定义

局域网是一种小范围内(一般为几千米)以实现共享、数据传递和彼此通信为基本目的，由计算机、网络连接设备和通信线路，按照某种网络结构连接而成的，配有相应软件的计算机网络。此处的"连接"不仅仅是硬件的连接，一般还需要一些基本软件与硬件相互配合，才能使连接起来的计算机具有控制、处理和通信的能力。局域网中的计算机，可以根据需要随时接入网络，使用网络中的服务和资源。在离开网络之后，还可以保持原有单机的各种功能。

4.1.2 局域网的主要特点与功能

1. 局域网的特点

(1) 为一个单位所拥有，且地理范围和站点数目均有限。

(2) 所有的站共享较高的总带宽(即较高的数据传输速率)。

(3) 较低的时延和误码率。

(4) 各站为平等关系而不是主从关系。

(5) 能进行广播(一站向其他所有站发送)或组播(一站向多个站发送)。

局域网具有以下优点：

(1) 能方便地共享昂贵的外部设备、主机以及软件、数据，从一个终端可访问全网。

(2) 便于系统的扩展和逐渐地演变。

(3) 提高了系统的可靠性、可用性和残存性。

(4) 响应速度较快。

(5) 各设备的位置可灵活调整和改变，有利于数据处理和办公自动化。

局域网也引起了以下一些问题：

(1) 当不同厂家的设备一起联到网上时，它们未必能够进行数据交换。

(2) 数据的安全与保密需要采取专门的措施。

(3) 由于每个小单位很容易增加联在网络上的计算机设备，从总体来看，一个局域网的总的设备往往超过总的需求，这就造成了浪费。

2. 局域网的功能

局域网的主要功能与计算机网络的基本功能类似。通常局域网可以提供以下主要功能：

1) 资源共享

资源共享主要指系统中的软件、硬件以及数据和信息等资源的共享。

(1) 软件资源共享。

(2) 硬件资源共享。

(3) 数据资源共享。为了实现集中处理、分析和享用分布在网络上各计算机用户的数据，可以建立分布式数据库，也可以建立网络内的大型共享数据库。

2) 通信交往

通信交往主要指各种形式的数据、文件等的传输。现代局域网所具有的最主要的功能就是数据和文件的传输，它是实现办公自动化的主要途径。其主要形式有：

(1) 电子邮件。局域网、Internet、Intranet 上的电子邮件服务系统可以提供局域网内和Internet 上的电子邮件服务，它使得无纸办公成为可能。

(2) 视频会议。使用网络，可以召开在线初步会议。如召开教学工作会议，所有的会议参加者可以通过网络面对面地发表意见，节约了人力和物力。

4.1.3 局域网的基本组成

局域网由资源子网和通信子网构成。资源子网包括分布在各个节点的服务器、工作站等计算机，以及网络操作系统等软件资源；通信子网包括传输介质、网卡、通信连接设备与通信协议软件。

1) 硬件组成

局域网是一种分布范围较小的计算机网络。现代局域网一般采用基于服务器的网络类型，因此从其硬件逻辑上看，可以分为服务器、工作站(网络客户机)、网卡、网络传输介质和网络通信连接设备等几部分。

(1) 服务器(Server)。服务器是为局域网提供共享资源的基本设备。常见的局域网服务器有文件服务器、打印服务器和邮件服务器等，分别向用户提供共享的文件(如数据库和应用程序)、打印机和远程通信服务等。服务器多数由高档微型机来承担，在其上运行网络操作系统。

在同一局域网中，可根据需要安装一个或多个服务器；一台服务器上可安装多块网卡，同时为多个"网段"服务。

(2) 工作站(Workstation)。工作站是网络用户进入局域网的节点，通常由 PC 机来担任。

(3) 网卡(Net Interface Card，NIC)。网卡又称网络适配器或网络接口卡。

网卡作为局域网中最基本的部件之一，一般插在计算机主板插槽中。网卡的工作原理就是整理计算机发往网线上的数据并将数据分解为适当大小的数据包之后向网络上发送出去。

从本质上说，网卡可以看成是局域网中的通信处理机，其主要任务是从计算机接收(发送)数据，接收(发送)的数据包加上"目的地址"后形成"数据帧"，然后把帧内的每个二进制位转化为适于传输介质传送的光、电或电磁波(无线)信号。

服务器一般采用千兆以太网网卡，这种网卡多用于服务器与交换机之间的连接，以提高整体系统的响应速率。而 10M、100M 和 10M/100M 网卡则属人们经常购买且常用的网络设备。

(4) 传输介质(Transmission Media)。包括同轴电缆、双绞线、光缆、无线电波。

(5) 通信连接设备。通信连接设备主要有集线器、交换机和路由器等。

2) 网络软件

局域网的软件通常包括网络操作系统、网络协议及网络管理应用软件等。

(1) 网络操作系统。操作系统是用户与局域网之间的接口，通常安装在服务器上。它除了具有 CPU 管理、存储管理、设备管理和文件管理等资源管理能力外，还具有实现网络通信、帮助用户使用网络共享资源、支持网络管理等功能。常见的网络类型有：

① Novell 网络。

② Window NT 网络。

③ UNIX 网络。

④ Linux 网络。

(2) 网络协议。局域网中常用以下 3 种通信协议。

① NetBEUI 协议。这是一种体积小、效率高、速度快的通信协议。在微软公司的主流产品中，在 Windows9X 和 Windows2000 中，NetBEUI 已成为固有的缺省协议。NetBEUI 是专门为几台到百余台计算机所组成的单网段小型局域网而设计的，不具有跨网段工作的功能，即 NetBEUI 不具备路由功能。如果一个服务器上安装多块网卡，或采用路由器等设备进行两个局域网的互联时，不能使用 NetBEUI 协议。否则，在不同网卡(每一块网卡连接一个网段)相连的设备之间，以及不同的局域网之间将无法进行通信。虽然 NetBEUI 存在许多不尽人意的地方，但它也具有其他协议所不具备的优点。在 3 种常用的通信协议中，NetBEUI 占用内存最少，在网络中基本不需要配置。

NetBEUI 中包含一个网络接口标准 NetBIOS，是 IBM 公司在 1983 年开发的用于实现计算机间相互通信的标准。其后，IBM 公司发现 NetBIOS 存在着许多缺陷，于 1985 年对其进行了改进，推出了 NetBEUI 通信协议。随即，微软公司将 NetBEUI 作为其客户机/服务器网络系统的基本通信协议，并进一步进行了扩充和完善。最有代表性的是在 NetBEUI 中增加了叫做 SMB(服务器消息块)的组成部分。因此，NetBEUI 协议也被人们称为 SMB 协议。

② IPX/SPX 及其兼容协议。这是 Novell 公司的通信协议集。与 NetBEUI 的明显区别是：IPX/SPX 比较庞大，在复杂环境下有很强的适应性。因为 IPX/SPX 在开始就考虑了多网段的问题，具有强大的路由功能，适合大型网络使用。当用户端接入 NetWare 服务器时，IPX/SPX 及其兼容协议是最好的选择。但在非 Novell 网络环境中，一般不使用 IPX/SPX。

在 IPX/SPX 协议中，IPX 是 NetWare 最底层的协议，它只负责数据在网络中的移动，并不保证数据是否传输成功，也不提供纠错服务。IPX 在负责数据传送时，如果接收节点在同一网段内，就直接按该节点的 ID 将数据传给它；如果接收节点是远程的，数据将交给 NetWare 服务器或路由器中的网络 ID，继续数据的下一步传输。SPX 在整个协议中负责对所传输的数据进行无差错处理，所以 IPX/SPX 也叫做 Novell 的协议集。

Windows2000/2003 中提供了两个 IPX/SPX 的兼容协议，NWLink SPX/SPX 兼容协议和 NWLink NetBIOS，两者统称为 NWLink 通信协议。NWLink 协议是 Novell 公司 IPX/SPX 协议在微软公司网络中的实现，它在继承 IPX/SPX 协议优点的同时，更加适应微软公司的操作系统和网络环境；NWLink NetBIOS 协议不但可在 NetWare 服务器与 Windows2000/2003 之间传递信息，而且能够实现 Windows2000/2003、Windows9X 相互之间任意通信。

③ TCP/IP(传输控制协议/网际协议)。这是目前最常用的一种通信协议，它是计算机世界里的一个通用协议，是互联网的基础协议。

TCP/IP 具有很高的灵活性，支持任意规模的网络，几乎可连接所有的服务器和工作站，但同时设置也较复杂，NetBEUI 和 IPX/SPX 在使用时不需要进行配置，而 TCP/IP 协议在使用时首先要进行相应的设置，每个节点至少需要一个 IP 地址、子网掩码、默认网关和主机名。不过，在 Windows2000/2003 中提供了一个称为动态主机配置协议(DHCP)的工具，它可自动为客户机分配连入网络时所需的信息，减轻了联网工作的负担，避免出错。IPX/SPX 及其兼容协议与 TCP/IP 之间存在着一些差别。TCP/IP 的地址是分级的，而 IPX/SPX 协议中的 IPX 使用的是一种广播协议。

Windows9X 的用户不但可以使用 TCP/IP 组建对等网，而且可以方便地接入其他服务器。值得注意的是，如果 Windows9X 工作站只安装了 TCP/IP 协议，它是不能直接加入 Windows2000/2003 域的。虽然该工作站可通过运行在 Windows2000/2003 服务器上的代理服务器来访问互联网，但却不能通过它登录 Windows2000/2003 服务器的域。如果让只安装 TCP/IP 协议的 Windows9X 用户加入到 Windows2000/2003 域，那么必须在 Windows9X 上安装 NetBEUI 协议。

④ 网络管理及应用软件。

管理及应用软件有：

CiscoWorks2000，是 Cisco 公司的网络管理产品系列，它将路由器和交换机管理功能与 Web 的最新技术结合在一起。这样，它不仅利用了现有工具和设备中内置的管理数据资源，同时为快速变化的企业网络提供新的网络管理工具。

微软 SMS(Systems Management Server)，从一开始就定位在对大型网络的系统管理，旨在减少系统管理员繁琐的重复劳动。

IBM Tivoli NetView，检测 TCP/IP 网络、显示网络拓扑结构、关联和管理事件和 SNMP 陷阱、监控网络运行状况并收集性能数据，Tivoli NetView 满足了大型网络管理人员的需要，用以管理关键任务环境。

HP OpenView，用来管理服务器的应用程序、硬件设备、网络配置和状态，进行系统性能、业务以及程序维护，还能进行存储管理。

4.1.4 局域网的工作模式

工作模式表明了网络内部各个节点的相互关系。

1. 对等型局域网

对等型(Peer to Peer)局域网又称对等网，是最简单的网络，如图 4-1 所示。

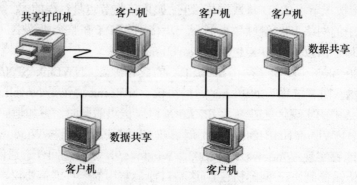

图4-1　对等型局域网

特点：网内所有节点一律平等。

优点：成本较低。

缺点：负载较重时，速度将明显下降，而且缺乏对资源的集中管理，安全性较低。适合小规模的办公室或家庭局域网内使用。

2. 服务器型局域网

服务器型(Server-Centric)局域网也称客户机/服务器模式(Client/Server)局域网。在基于服务器的网络中，通常有一台或一台以上的服务器专门用来做软、硬件资源的共享服务。服务器应该选用稳定可靠、有好的性能和大的硬盘空间的计算机，如图4-2所示。

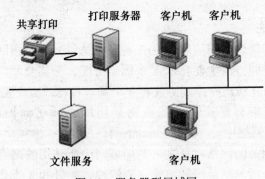

图4-2　服务器型局域网

特点：网内节点地位不同，分工不同。服务器提供资源，工作站使用资源。

优点：对资源进行集中管理，安全性较高。

缺点：成本较高，所有工作站的注册登录和资源访问操作，均受服务器控制。如果网络中用户(计算机)多于10个，就应该考虑使用服务器型局域网。

主流工作模式如下：

(1) 资源共享(resource-sharing)模式："瘦服务器"模式。

(2) 客户机/服务器(C/S或B/S)模式。

4.1.5　局域网的关键技术

决定局域网特征的关键技术有三项主要内容：连接各种设备的拓扑结构、数据传输形式及介质访问控制方法。这三种技术在很大程度上决定了传输介质、传输数据的类型、网络的响应时间、吞吐量、负载特性、利用率以及适用场合等各种网络特征。

1. 拓扑结构

局域网具有几种典型的拓扑结构：星型(Star)、环型(Ring)、总线型、树型(Bus/Tree)等。星型拓扑结构中集中控制方式较少采用，而分布式星型结构在现代的局域网中应用较多，特别是近年来集线器(Hub)和交换机 (Switch)在局域网中的大量使用，使得星型以太网和多级星型结构的以太网获得了非常广泛的应用。环型拓扑结构在局域网中曾被广泛使用过，它采用了一种分布式控制机制，具有结构对称性好、传输速率较高等特点，令牌环网(Token Ring, TR)和FDDI (Fiber Distributed Data Inferface)均是环型拓扑结构的典型例子。总线型网，各站接连在总线上。总线型拓扑结构可以实行集中控制，但较多的是采用分布控制。总线型拓扑的重要结构特征是可采用广播式多路访问方法，其典型代表是以太网。总线型结构曾经是局域网中采用最多的一种拓扑形式，其优点是可靠性高，扩充方便。树型结构在分布式局域网中较流行的是完全二叉树，这种结构扩充性能好，寻址方便，较适用于多监测点的实时控制和管理系统。另外还有将星型、环型、总线型各种基本拓扑结构交互布置构成的混合型拓扑结构。

2. 传输形式

局域网的传输形式有两种：基带传输和宽带传输。基带传输是指把数字脉冲信号直接在传输介质上传输，而宽带传输是指把数字脉冲信号经调制后再在传输介质上传输。基带传输使用的典型传输介质有双绞线、基带同轴电缆和光纤，宽带传输所使用的典型介质有宽带同轴电缆和无线电波等。局域网中主要的传输形式为基带传输，宽带传输主要是用在无线局域网中。

3. 介质访问控制方法

介质访问控制方法即信道访问控制方法(简称访问方法)，它是指网络中的多个站点如何共享通信媒体。介质访问控制方法主要有 5 类：固定分配、按需分配、适应分配、探询访问和随机访问。设计一个好的介质访问控制协议有 3 个基本目标：协议要简单，通道利用率要高，对网络上各站点的用户应公平合理。局域网采用的介质访问控制方法有 CSMA/CD、CSMA/CA、(常用于无线网络中)、Token Passing 等。

与这三项技术密切相关的网络特征之一是局域网中所使用的网络传输介质。在局域网中使用最广泛的网络传输介质包括：同轴电缆、双绞线、光纤和无线介质。同轴电缆是一种传统的传输介质，它既可用于基带系统又可用于宽带系统，在传统局域网中应用较广泛，但随着双绞线介质的广泛使用，同轴电缆正在逐步退出市场。双绞线由于其廉价介质，质量轻，安装密度高，最高传输速率可以达到 1000Mb/s，在局域网中被广泛使用。光纤是局域网中最有前途的一种传输介质，它的传输速率可以达到 1000Mb/s 以上，误码率极低(小于 10^{-9})，传输延迟可忽略不计。光纤具有良好的抗干扰性和安全性，不受任何强电磁场的影响，也不会泄露信息，它不仅被广泛应用于广域网，并且也适用于局域网。此外，在某些特殊的应用场合，由于机动性要求或不便采用上述有线介质，局域网也可采用微波、卫星、红外等无线媒体来进行数据传输，目前获得广泛应用的无线局域网(WLAN)是其典型例子。

4.2　局域网体系结构

前面的章节我们已经学习了 OSI 参考模型，它是具有一般性的网络模型结构，作为一种标准框架为构建网络提供了一个参照系。但局域网作为一种特殊的网络，有它自身的技术特点。另外由于局域网实现方法的多样性，所以它并不完全套用 OSI 体系结构。国际上通用的局域网标准由 IEEE 802 委员会制定。IEEE 802 委员会根据局域网适用的传输介质、网络拓扑结构、性能及实现难易等因素，为 LAN 制定了一系列标准，称为 IEEE 802 标准，已被 ISO 采纳为国际标准，称为 ISO 标准。

4.2.1　IEEE 802 参考模型

局域网参考模型是以 IEEE 802(电气和电子工程师协会)标准的工作文件为基础，局域网不存在路由选择问题，因此局域网可以不要网络层。局域网的数据链路层划分为介质接入控制或介质访问控制(Medium Access Control，MAC)子层和逻辑链路控制(Logical Link Control，LLC)两个子层，而网络的服务访问点 SAP 则在 LLC 子层与高层的交界面上。如图 4-3 所示。

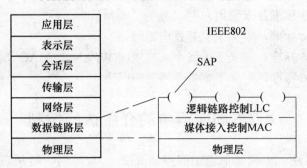

图4-3　IEEE 802参考模型

与接入各种传输介质有关的问题都放在 MAC 子层。MAC 子层还负责在物理层的基础上进行无差错的通信。

1．MAC 子层的主要功能是：

(1) 上层交下来的数据封装成帧进行发送(接收时进行相反的过程，将帧拆卸)。

(2) 实现和维护 MAC 协议。

(3) 比特差错检测。

(4) 寻址。

数据链路层中与介质接入无关的部分都集中在逻辑链路控制 LLC 子层。

2．LLC 子层的主要功能是：

(1) 建立和释放数据链路层的逻辑连接。

(2) 提供与高层的接口。

(3) 差错控制。

(4) 给帧加上序号。

局域网对 LLC 子层是透明的。

4.2.2　IEEE 802 系列标准

IEEE 802 委员会为局域网制定了一系列标准，它们统称为 IEEE 802 标准。IEEE 802 标准包括：

(1) IEEE 802.1 标准，定义了局域网体系结构、网络互联以及网络管理和性能测试。

(2) IEEE 802.2 标准，定义了逻辑链路控制 LLC 子层功能与服务。

(3) IEEE 802.3 标准，定义了 CSMA/CD 总线介质访问控制子层与物理层规范。

(4) IEEE 802.4 标准，定义了令牌总线(Token Bus)介质访问控制子层与物理层规范。

(5) IEEE 802.5 标准，定义了令牌环(Token Ring)介质访问控制子层与物理层规范。

(6) IEEE 802.6 标准，定义了城域网 MAN 介质访问控制子层与物理层规范。

(7) IEEE 802.7 标准，定义了宽带网络技术。

(8) IEEE 802.8 标准，定义了光纤传输技术。

(9) IEEE 802.9 标准，定义了综合语音与数据局域网(IVD LAN)技术。

(10) IEEE 802.10 标准，定义了可互操作的局域网安全性规范(SILS)。

(11) IEEE 802.11 标准，定义了无线局域网技术。

(12) IEEE 802.12 标准，定义了优先度要求的访问控制方法。

(13) IEEE 802.13 标准，未使用。

(14) IEEE 802.14 标准，定义了交互式电视网。

(15) IEEE 802.15 标准，定义了无线个人局域网(WPAN)的 MAC 子层和物理层规范。

(16) IEEE 802.16 标准，定义了宽带无线访问网络。

4.3　局域网中的介质访问控制

介质访问控制方法，也就是信道访问控制方法。局域网一般是广播型网络，网上各个节点共享信道，一个节点发出的数据，其他节点都能收到。在广播型网络中，所有节点都可以平等地通过信道发送信息，但是任何一个信道，在一个时间内只能为一个节点提供服务，这便出现了信道的竞争。人们研究的传输介质访问控制方式，就是为了合理地解决信道的分配问题。信道访问控制方式与局域网拓扑结构、工作过程以及网络性能等均有密切关系。

IEEE 802 规定了局域网中最常用的介质访问控制方法：IEEE 802 载波监听多路访问/冲突检测(CSMA/CD)、IEEE 802.5 令牌环(Token Ring)、IEEE 802.4 令牌总线(Token Bus)。

4.3.1　带冲突检测的载波侦听多路访问

总线型 LAN 中，所有的节点都直接连到同一条物理信道上，并在该信道中发送和接收数据，因此对信道的访问是以多路访问方式进行的。任一节点检测到该数据帧的目的地址(MAC 地址)为本节点地址时，就继续接收该帧中包含的数据，同时给源节点返回一个响应。当有两个或更多的节点在同一时间都发送了数据，在信道上就造成了帧的重叠，导致冲突出现。为了克服这种冲突，在总线 LAN 中常采用 CSMA/CD 协议，即带有冲突检测的载波侦听多路访问协议，它是一种随机争用型的介质访问控制方法。

CSMA/CD 协议起源于 ALOHA 协议，是 Xerox(施乐)公司吸取了 ALOHA 技术的思想而研制出的一种采用随机访问技术的竞争型媒体访问控制方法，后来成为 IEEE 802 标准之一，即 MAC 的 IEEE 802 标准。

CSMA/CD 协议的工作过程为：由于整个系统不时采用集中式的控制方式，且总线上每个节点发送信息要自行控制，所以各个节点在发送信息之前，首先要侦听总线上是否有信息在媒体上传送，若有，则其他各节点不发送信息，以免破坏传送，若侦听到总线上没有信息传送，则可以发送信息到总线上。当一个节点占用总线发送信息后，要一边发送一边检测总线，看是否有冲突产生。发送节点检测到冲突产生后，就立即停止发送信息，并发送强化冲突信息号，然后采用某种算法等待一段时间后再重新侦听线路，准备重新发送该信息。对 CSMA/CD 协议的工作过程通常可以概括为"先听后发、边听边发、冲突停发、随机重发"。

冲突产生的原因可能是在同一时刻两个节点同时侦听到线路"空闲"，又同时发送信息所以产生了冲突，使数据发送失败；也可能是一个节点刚刚发送信息，还没有传送到目的节点，而另一个节点检测到线路空闲，将数据发送到总线上，导致冲突的产生。

CSMA/CD 一般应用于总线型网络或用于信道使用半双工的网络环境，对于使用全双工的网络环境无需采用这种介质访问控制技术。

4.3.2 令牌环访问控制

Token Ring 是令牌传递环(Token Passing Rlng)的简写。令牌环网是将各节点连接成一个环型拓扑结构，也就是将所有联网的计算机、终端和其他外围设备等都通过环接口连接到环路上去。所有的程序、文件、数据和命令等均是通过环接口送上环路或由环接口取走的。因为只有一条环形通道，数据只能沿着环路单方向流动，因此，不存在路径选择问题。令牌环访问控制方法如下： 令牌(Token)可以理解为一种"通行证"，哪一个节点获取了它，就有权向环路发送数据。在令牌帧格式中，令牌(Token)是一个 8 位的二进制数。令牌帧的其他部分是用 F 标志的帧开始和帧结束，循环冗余检验码 CRC，控制字段 C(例如，用 C 可以规定优先级等)。当环型网中无任何节点要发送数据时，令牌帧将在环上以一定方向沿着环传送。当节点 A 想要发送数据时，它首先要等待令牌的到来，并检测该令牌是否为空闲状态。若是空闲状态，需要将"空闲"改为"忙碌"(Busy)状态，例如二进制代码表示为"00000000"。同时构成一个信息帧，即将"数据"(Data)与"忙碌"的 Token 附在一起发送出去。当"忙碌"的 Token 沿着环型网经过每一个节点时，每个节点首先会先检查数据单元中的目的地址。如果目的地址与本节点地址相符，则由本节点将数据接收下来，进行拷贝操作，并以应答报文的形式做出回答，然后再传送给下一个节点。当"忙碌"的 Token 与数据单元回到原来发送节点时，该节点将会除去数据单元，并将"忙碌"的 Token 改为"空闲"状态。接着检查目的节点送来的应答信息，如果为 ACK(确认)，说明目的节点接收正确，已完成了一次数据传送。否则，需要等待再得到令牌时进行重发。从上述运行过程可以看出，由于只有原发送节点才有权将令牌的"忙碌"改为"空闲"状态。因此，在令牌环路上只能有一条数据在传送。

4.3.3 令牌总线访问控制

令牌总线访问控制是在物理总线上建立一个逻辑环。从物理连接上看，它是总线结构的局域网，但逻辑上，它是环型拓扑结构。连接到总线上的所有节点组成一个逻辑环，每个节点被赋予一个顺序的逻辑位置。和令牌环一样，节点只有取得令牌才能发送帧，令牌在逻辑环上依次传递，在正常运行时，当某个节点发送完数据后，就要将令牌传送给下一个节点。

从逻辑上看，令牌从一个节点传送到下一个节点，使节点能获取令牌发送数据；从物理角度看，节点是将数据广播到总线上，总线上所有的节点都可以监测到数据，并对数据进行识别，但只有目的节点才可以接收处理数据。令牌总线访问控制也提供了对节点的优先级别服务。

令牌总线与令牌环有很多相似的特点，比如：适宜重负载的网络中，数据传送时间确定以及适合实时性的数据传输的。但网络管理较为复杂，网络必须有初始化的功能，以生成一个顺序访问的次序。另外，当网络中的令牌丢失，则会出现多个令牌将新节点加入到环中以及从环中删除不工作的节点等，这些附加功能又大大增加了令牌总线访问控制的复杂性。

4.4 以 太 网

4.4.1 以太网及其分类

1. Ethernet 以太网

以太网，属网络低层协议，通常在 OSI 参考模型的物理层和数据链路层操作。它是总线型协议中最常见的，数据速率为 10Mb/s(兆比特/秒)的同轴电缆系统。该系统相对比较便宜且容易安装，直接利用每个工作站网卡上的 BNC-T 型连接器，就可以将电缆从一个工作站连接到另一个工作站，完成网络传输控制任务。

2. 以太网的分类

1) 标准以太网(10Base2)

通信介质：同轴电缆。

数据传输速率：10Mb/s。

10Base2：10 表示带宽为 10Mb/s，Base 表示传输的信号为数字信号，2 表示传输距离为 200m

2) 百兆以太网(100BaseT)

也叫快速以太网(Fast Ethernet)，最大优点是简单、实用、价格便宜并易于普及，深受广大用户的欢迎。由于它是传统 10M 以太网技术的扩展，速率为传统以太网(10BaseT)的 10 倍，但价格只是传统以太网的 3～4 倍。快速以太网使用光纤时传输距离可达 2km。

值得注意的是快速以太网产品的价格是其他任何技术难以相比的。综上所述，快速以太网是中、小型网络的最佳方式。

100BaseT：T 表示 5 类 UTP(非屏蔽双绞线)。

3) 千兆以太网(1000BaseT)

千兆位以太网(Gigabit Ethernet)传输速率为每秒 1000 兆位(即 1Gb/s)。最初应用于大型校园网，能把现有的 10Mb/s 以太网和 100Mb/s 快速以太网连接起来。

千兆位以太网是超高速主干网的另一种选择方案。在数据、话音、视频等实时业务方面它虽然不能提供真正意义上的服务质量(QoS)，但千兆位以太网频带宽度较高，能克服原以太网的一些弱点，提供服务保证等。

4) 万兆以太网

在数据传输上进行提高，达到 10Gb/s。

4.4.2 以太网组网技术

1. 10M 以太网组网技术

1) 10Base5 组网技术

10Base5 是 IEEE 802.3 中最早定义的以太网标准，也叫粗缆以太网，因使用比较粗的同轴电缆而得名。10Base5 的拓扑结构为总线型，采用基带传输的方式，无中继器的情况下最远的传输距离可以达到 500m。在粗缆以太网中，我们可以通过中继设备将网络分为几网段。为了减少冲突，保证网络性能，IEEE 802.3 规定了"5-4-3"原则：即最多使用 4 个转发器连接 5 个网段，其中只有 3 个网段可以连接节点，其余的网段仅用于距离的延伸。此外，粗缆以太网中，相邻收发器间的最小距离为 2.5m，每网段最多支持 100 个节点。因此，10Base5 网络的最大长度为 2.5km，网络节点最多为 300 个。粗缆以太网的物理连接器包括：同轴电缆、网卡、收发器以及收发器(AUI)电缆。

2) 10Base2 组网技术

10Base2 以太网也叫细缆以太网，因其价格比较低廉故又被称为"廉价网"。10Base2 与 10Base5 具有相同的传输速率，同为总线型局域网。细缆以太网的特点是价格便宜且安装比较简单，但是传输距离比较短。在不带中继器的情况下网段的最远距离为 185m。细缆以太网的连接部件包括网卡、细同轴电缆和 BNC-T 型连接器。在这种组网技术中，收发器电路被集成到网卡中，收发器接头也被 BNC-T 型连接器取代，从而可以将站点直接连接到电缆上，取消了收发器电缆。除了遵循"5-4-3"原则外，10Base2 还规定：两个相邻 BNC-T 型接头之间的最小距离为 0.5m，每网段最多支持 30 个节点。因此，10Base2 网络的最大长度为 925m，网络节点最多为 90 个。

3) 10BaseT 组网技术

继 10Base5 和 10Base2 后，20 世纪 80 年代后期又出现了 10BaseT。10BaseT 又称双绞线以太网，是一种传输介质采用非屏蔽双绞线(UTP)的星型局域网。10BaseT 的传输速率为 10Mb/s，站点到集线器(HUB)的最大距离为 100m。10Base-T 将所有的网络操作都集中到 HUB 中，以取代单一的收发器。每个节点都装有一块带 RJ-45 接口的网卡，通过一根 8 芯的 UTP 连接到 HUB，连接插头为 RJ-45 插头。双绞线的灵活性以及 RJ-45 插头的易用性，使得 10BaseT 成为 IEEE 802.3 中最易于安装和改装的局域网。

HUB 将收到的所有帧向每个站点发送，只有帧上标明的接收站点才接收相应的帧。所以，从这种意义上来讲，以 HUB 为中心的星型网络，其逻辑拓扑结构为总线型。

2. 高速以太网组网技术

1) 高速以太网的概念

随着计算机在图形处理、CAD 设计和实时视频技术等方面的应用不断增多，人们对局域网的传输速率提出了越来越高的要求，高速以太网应运而生。传输速率在 100Mb/s 或 100Mb/s 以上的以太网称为高速以太网。

2) 100M 以太网组网技术

IEEE 于 1995 年通过了 100Mb/s 快速以太网的 100BaseT 标准，并正式命名为 IEEE 802.3u 标准，作为对 IEEE 802.3 标准的补充。在物理层，高速以太网采用同 10Base-T 一样的星型拓扑结构，但包含 3 种介质选项：100Base-TX、100Base-FX 和 100Base-T4。与传统以太网相比，高速以太网的帧格式没有变化，介质访问控制方式也是一样的。不同的是，传输速率提高 10 倍，冲突域则减小 10 倍。

(1) 100Base-TX。100Base-TX 使用的传输介质是两对非屏蔽 5 类双绞线，一对电缆用作从节点到 HUB 的传输信道，另一对则用作从 HUB 到节点的传输信道，节点和 HUB 之间的距离最大为 100m。

(2) 100Base-FX。100Base-FX 使用的传输介质是两根光纤，一根用作从节点到 HUB 的传输信道，另一根则用作从 HUB 到节点的传输信道，节点和 HUB 之间的最大距离可达 2000m。信号的编码方式同 100Base-TX，即 4B/5B。

(3) 100Base-T4。100Base-T4 机制的设计初衷就想避免重新布线的麻烦。它使用了 4 对 3 类非屏蔽双绞线作为传输介质。这种双绞线就是我们常用的电话线，其中两对是可以双向传输的，另外两对只能单向传输。也就是说，不论在哪个方向上都有三对电缆可以传输数据。

3) 1000M 以太网组网技术

千兆以太网又称吉比特以太网(Gigabit Ethernet)，使用原有以太网的帧结构、帧长及 CSMA/CD 介质访问控制方法，编码方式为 8B/10B，即将一组 8 位的二进制码编码成一组 10 位的二进制码。

千兆网使用的传输介质主要是光纤(1000Base-LX 和 1000Base-SX)，当然也可以使用双绞线(1000Base-CX 和 1000Base-T)。组网时，千兆网通常连接核心服务器和高速局域网交换机，以作为高速以太网的主干网。

4) 10G 以太网

2000 年初 IEEE 802.3 委员会发布了 10Gb/s 的以太网标准 802.3ae。10Gb/s 以太网也称为 10 吉比特以太网。10 吉比特以太网仍然使用 IEEE 802.3 以太网 MAC 协议，其帧格式和大小也符合 802.3 标准。但是与以往的以太网标准相比，还有一些显著不同的地方，如：只支持双工模式，而不支持单工模式；使用的介质只能是光纤；不满足 CSMA/CD；使用 64B/66B 和 8B/10B 两种编码方式等。10 吉比特以太网还有一个重要的改进，即它具有支持局域网和广域网接口，且其有效距离可达 40km。其有效作用距离的增大为 10 吉比特以太网在广域网中的应用打下了基础。

4.5 无线局域网

1. 无线局域网的概念和特点

无线局域网(Wireless Local-Area Network，WLAN)是计算机网络与无线通信技术相结合的产物。通俗点儿说，无线局域网就是在不采用传统电缆线的同时，提供传统有线局域网的所有功能，网络所需的基础设施不需要再埋在地下或隐藏在墙里，网络能够随着用户的需要移动或变化。

无线局域网技术具有传统局域网无法比拟的灵活性。无线局域网的通信范围不受环境条件的限制，网络的传输范围大大拓宽，最大传输距离可达到几十千米。在有线局域网中，两个站点的距离在使用铜缆时被限制在 500m，即使采用单模光纤也只能达到 3000m，而无线局域网中两个站点间的距离目前可达到 50km，距离数千米的建筑物中的网络可以集成为同一个局域网。此外，无线局域网的抗干扰性强、网络保密性好。对于有线局域网中的诸多安全问题，在无线局域网中基本上可以避免。而且相对于有线网络，无线局域网的组建、配置和维护较为容易，一般计算机工作人员都可以胜任网络的管理工作。

无线局域网可以使网上的计算机具有可移动性，能快速、方便地实现以有线方式不易实现的某些特定场合(需要临时组网的场合、网络互联需要跨越布线很麻烦的公共场合、网络中站点需要随时移动的场合)的联网需求。但无线网络与有线网络是一种互补关系，它们之间不存在谁替代谁的问题。计算机无线联网常见的形式有：

(1) 把便携式计算机以无线方式连入一个计算机网络中，作为网络中的一个节点，使之具有网上工作站所具有的同样的功能，获得网上的所有的服务。

(2) 把两个或多个有线局域网通过无线方式互联起来。

(3) 用全无线方式构成一个局域网。

(4) 在有线局域网中安装无线接入设备构成以固定设施为基础的无线局域网。当多个无线接入设备覆盖的区域彼此互相接壤时，以无线方式入网的计算机将具有可移动性，在不同区域之间移动的同时还能持续地与网络保持连接。

2. 无线局域网的传输介质

无线局域网的基础还是传统的有线局域网，是有线局域网的扩展和替换。它只是在有线局域网的基础上通过无线 HUB、无线访问节点(AP)、无线网桥、无线网卡等设备使无线通信得以实现。与有线网络一样，无线局域网同样也需要传输介质。只是无线局域网采用的传输介质不是双绞线或者光纤，而是红外线(IR)或者无线电波(RF)，以后者使用居多。

1) 红外线

红外线局域网采用小于 1μm 波长的红外线作为传输介质，有较强的方向性，由于它采用低于可见光的部分频谱作为传输介质，使用不受无线电管理部门的限制。红外信号要求视距传输，并且窃听困难，对邻近区域的类似系统也不会产生干扰。在实际应用中，由于红外线具有很高的背景噪声，受日光、环境照明等影响较大，一般要求的发射功率较高，而采用现行技术，特别是 LED，很难获得高的比特速率(>10Mb/s)，尽管如此，红外无线 LAN 仍是目前"100Mb/s 以上、性能价格比高的网络"唯一可行的选择。

2) 无线电波

采用无线电波作为无线局域网的传输介质是目前应用最多的，这主要是因为无线电波的覆盖范围较广，应用较广泛。使用扩频方式通信时，特别是直接序列扩频调制方法因发射功率低于自然的背景噪声，具有很强的 IEEE 802.11 的抗干扰抗噪声能力、抗衰落能力。这一方面使通信非常安全，基本避免了通信信号的偷听和窃取，具有很高的可用性。另一方面无线局域网使用的频段主要是 S 频段(2.4GHz~2.4835GHz)，这个频段也叫 ISM(Industry Science Medical)，即工业科学医疗频段，该频段在美国不受 FCC(美国联邦通信委员会)的限制，属于工业自由辐射频段，不会对人体健康造成伤害。所以无线电波成为无线局域网最常用的无线传输介质。

3. 无线局域网的主要标准

最早的无线局域网标准是 1977 年 IEEE 发布的，这是无线局域网领域内的第一个国际上被认可的标准。1999 年 9 月 IEEE 又公布了标准的补充标准 IEEE 802.11a 和 IEEE 802.11b。最新的 IEEE 802.11g 补充标准于 2003 年 6 月由 IEEE 正式公布。作为无线接入技术区别于有线接入的特点之一是标准不统一，不同的标准有不同的应用。目前比较流行的有 802.11 标准、蓝牙(Bluetooth)标准以及家庭网络(HomeRF)标准。

1) 802.11 标准

IEEE 802.11 无线局域网标准的制定是无线网络技术发展的一个里程碑。IEEE 802.11 标准除了介绍无线局域网的优点及各种不同性能外，还使得各种不同厂商的无线产品得以互联。另外，标准使核心设备执行单芯片解决方案，降低了无线局域网的造价。IEEE 802.11 标准的颁布，使得无线局域网在各种有移动要求的环境中被广泛接受。它是无线局域网目前最常用的传输协议，各个公司都有基于该标准的无线网卡产品。不过由于 IEEE 802.11 速率最高只能达到 2Mb/s，在传输速率上不能满足人们的需要，因此，IEEE 小组又相继推出了 IEEE 802.11b 和 IEEE 802.11a 两个新标准。IEEE 802.11b 标准采用一种新的调制技术，使得传输速率能根据环境变化，速率最大可达到 11 Mb/s，满足了日常的传输要求。而 802.11a 标准的传输更惊人，传输速率可达 25Mb/s，完全能满足话音、数据、图像等业务的需要。

2) 蓝牙

蓝牙(IEEE 802.15)是一项最新标准，对于 802.11 来说，它的出现不是为了竞争而是相互补充。"蓝牙"是一种极其先进的大容量近距离无线数字通信的技术标准，其目标是实现最高数据传输速率 1Mb/s(有效传输速率为 721Kb/s)、最大传输距离为 10cm~10m，通过增加发射功率可达到 100m。蓝牙比 802.11 更具移动性，比如，802.11 限制在办公室和校园内，而蓝牙却能把一个设备连接到 LAN(局域网)和 WAN(广域网)，甚至支持全球漫游。此外，蓝牙成本低、体积小，可用于更多的设备。"蓝牙"最大的优势还在于，在更新网络时，如果搭配"蓝牙"架构进行，使用整体网路的成本肯定比铺设线缆低。

3) 家庭网络

HomeRF 主要为家庭网络设计，是 IEEE 802.11 与 DECT(数字无绳电话标准)的结合，旨在降低语音数据成本。HomeRF 也采用了扩频技术，工作在 2.4GHz 频带，能同步支持 4 条高质量语音信道。但目前 HomeRF 的传输速率只有(1～2)Mb/s，FCC 建议增加到 10Mb/s。

下面重点介绍一下 IEEE 802.11。

4. 无线局域网标准 IEEE 802.11

无线局域网标准 IEEE 802.11 由于传输速率比较低，所以没有得到广泛应用。目前使用最广泛的是价格低廉、速率较高的 IEEE 802.11b 产品。而 IEEE 802.11a 虽然速率快，但价格昂贵，推广有一定难度。最新公布的 IEEE 802.11g 标准具有与 IEEE 802.11a 相似的高速外，其最大的特点就是能与目前已经普及的 IEEE 802.11b 标准具有良好的兼容性，也就是说，在一个局域网中，IEEE 802.11g 标准的产品与 IEEE 802.11b 标准的产品能够混用，因此，具有极大的市场潜力。

IEEE 802.11 标准为无线局域网定义了物理层和 MAC 子层的技术规范，且使用了 IEEE 802.3 中定义的标准 LLC 子层。在网络层及以上各层，系统可以使用任何标准的协议组。

1) IEEE 802.11WLAN 的拓扑结构

IEEE 802.11 标准支持两种类型的无线网络拓扑，即有基础设施拓扑和无基础设施拓扑。所谓的基础设施是指用户已经建立起来的有线局域网和/或无线基站。

(1) 基本服务集(Basic Service Set，BSS)和无线局域网的设备类型。构成无线局域网的基本构件是 BSS。BSS 是一个地理区域，它与移动电话系统中的蜂窝结构很类似。在这个区域中，遵循同一或兼容标准的无线站点能够互相进行通信。BSS 的服务区域范围和形状取决于它所使用的无线介质的类型和使用介质时所处的环境。当一个站点在 BSS 的服务区内移动时，它能够与此 BSS 中的其他站点通信。一个无线局域网可以包括多个 BSS，各个 BSS 之间可以互相离得很远，以便提供特定的区域中的无线网络连接。它们也可以重叠在一起，以便提供大范围的无线连接。BSS 有两种类型的设备。一种是无线站点，它通常是一台配置了无线网卡的计算机。另一类设备称为无线访问点(Access Point，AP)，它是无线局域网中的无线基站。无线接入点通常包括一个无线网络接口(IEEE 802.11 接口)和一个有线网络接口(IEEE 802.3 接口)。

(2) 无基础设施的无线局域网。无基础设施的无线局域网又称为临时结构网络或特定结构网络(Ad Hoc Networking)。这是因为无线站点之间的连接都是临时的、随意的、不断变化的，它们在互相能到达的范围内动态地建立并配置它们之间的通信链路。这种拓扑结构最适合临时搭建的网络场合。无基础设施的无线局域网的基本服务集 BSS 是由相互进入对方数据传输范围的两个或多个移动无线站点或者其他移动设备组成，当两个设备相互接近并进入对方的有效工作范围时，它们的工作范围之间的重叠部分就成为 BSS。

(3) 有基础设施的无线局域网。有基础设施的无线局域网至少包含一个无线访问点 AP。在无线访问点 AP 的作用范围内移动的任何移动站点都被纳入其 BSS 中。

用户还可以将无线访问点 AP 用电缆连接到有线局域网中，以便允许 BSS 中的移动站点与有线局域网中的设备进行通信。有线局域网中可以安装多个无线访问点 AP，从而构成多个邻接的 BSS。

2) IEEE 802.11 物理层

IEEE 802.11 标准定义了三种物理层介质：跳频扩展频谱 FHSS、直接序列扩展频谱 DSSS 和红外线。

(1) FHSS 通信原理是发送方使用快速随机跳动的载波频率来传送信号，接收方则按同样的频率跳动规则接收信号。在 IEEE 802.11 的工作频带内包括了 83 个 1MHz 带宽的信道。IEEE 802.11 规定 FHSS 使用其中的 79 个信道，即频率可在这个频率之间随机跳动。

(2) DSSS 通信的原理是发送的数字信号由一个具有更高位率的称为片码的伪随机位流进行调制，使信号扩展到更宽的频带上。同样接收端也必须用相同的伪随机流进行解调才能恢复出原始信号。

(3) 红外线物理层波长为(850～950)nm 的红外线进行传输。红外线可以是直接视距通信，也可以是漫射或反射方式通信。由于红外线有较强的方向性，且易受太阳光的干扰，故红外线通信一般仅限于房间使用，不适合用于移动设备。

3) IEEE 802.11 数据链路层

在 IEEE 802.11 标准中，数据链路层中的 LLC 子层与 IEEE 802.3 完全相同，所不同的仅是 MAC 子层。IEEE 802.11 的 MAC 子层采用 CSMA/CA(载波检测多路访问/冲突避免)协议和可选的 RTS/CTS 协议进行无线介质的共享访问。

(1) CSMA/CA 协议。CSMA/CA 协议的关键在于冲突避免(Collision Avoidance，CA)，它与 CSMA/CD 中的冲突检测有本质上的区别。CSMA/CA 不是在发送过程中去监听是否发生了冲突，而是事先就要设法避免冲突的发生。采用这种方法的原因是由于无线信道的特殊性质而使得在无线网络中检测信道是否存在冲突比较困难。

CSMA/CA 协议中发送过程的"载波检测多路访问"部分是在两个层次上进行的，一个是物理层次，另一个是虚拟层次。物理层次上的载波检测机制与 IEEE 802.3 以太网使用的载波侦听基本相同。虚拟层次上的载波检测是通过接收到其他站点要占用介质的通告而主动推迟本站的发送来实现的，其效果相当于检测到信道忙而延迟发送，因此称为"虚拟"载波检测。

(2) 帧分割/组装。因为无线信道的误码率比较高，所以传送的帧很容易出错，而出错后必须重传。帧越长，重传所需的开销也越大。若减小帧尺寸，即使重传，也只是重传一个短帧，开销相对小得多。因此，IEEE 802.11MAC 子层提供了帧分割的可选功能。

(3) 多信道漫游。多信道漫游是指允许移动站点在多个 AP 之间进行漫游。在无线局域网中，每个无线接入点 AP 使用的频道都要预先设置好，而移动站点具有自动频道识别功能。移动站点可以在移动过程中动态地调谐到距离自己最近的 AP 所使用的频道上，这个过程称之为扫描。

(4) 安全保密。IEEE 802.11 定义了可选的 MAC 子层的加密机制，即具有 40 位密钥的等效有线网络加密 WEP(Wired Equivalent Protection)，为无线局域网提供了与有线网络相同级别的安全保护。除了 WEP 安全机制外，在软件上，IEEE 802.11 标准还采用了域名控制、访问权限控制和过滤等多重安全机制，并提供了可选的 128 位共享密钥 RC4 加密算法。

5. 无线局域网的发展前景

作为一个新产品，与有线网络相比，无线局域网也有很多不足。无线局域网还不能完全脱离有线网络，它只是有线网络的补充，而不是替换。首先，无线局域网产品比较昂贵，增加了组网的成本；其次，传输速率还不能实现有线局域网的高带宽，目前市场上一般的无线网络带宽还达不到 54Mb/s。无线局域网以空气为介质信号在空气中传输，难免要受到外部其他电信号的干扰，给无线局域网通信的稳定性造成了很大的影响。

近年来，无线局域网产品逐渐走向成熟，适用于无线局域网产品的价格也正逐渐下降，相应软件也逐渐成熟。此外，无线局域网已能够通过与广域网相结合的形式提供移动 Internet 的多媒体业务。无疑，无线局域网将以它的高速传输能力和灵活性发挥重要作用。

4.6 网络操作系统

4.6.1 基本概念

1. 操作系统的概念

操作系统(OS)是计算机系统中的核心系统软件，其他软件均建立在操作系统的基础上，并在操作系统的统一管理和支持下运行。它是计算机软件、硬件资源的管理者，是用户使用系统软件、硬件的接口。OS 具备处理机(进程)管理、存储管理、设备管理、文件管理和作业管理五大管理功能。

2. 网络操作系统的概念

网络操作系统(Network Operation System，NOS)是向联网计算机提供网络通信和资源共享功能的操作系统，是负责管理网络资源和方便网络用户使用的软件的集合。网络操作系统是在网络环境下，用户与网络资源之间的接口，用以实现对网络资源的管理、控制和使用。

3. 网络操作系统的基本任务

屏蔽本地资源与网络资源的差异性，为用户提供各种基本网络服务功能，完成网络共享系统资源的管理，并提供网络系统的安全性服务，用统一的方法管理各主机之间的通信和共享资源的利用。

4.6.2 网络操作系统的功能及特性

1. 网络操作系统的功能

网络操作系统除了具有一般操作系统五大管理功能外，还具有如下功能：

1) 网络通信

这是网络最基本的功能，其任务是在源主机和目标主机之间，实现无差错的数据传输。这些功能通常由链路层、网络层和传输层硬件，以及网络操作系统等网络软件共同完成。

2) 共享资源管理

采有有效的方法统一管理网络中的共享资源(硬件和软件)，协调各用户对共享资源的使用，使用户在访问远程共享资源时能像访问本地资源一样方便。

3) 网络管理

最基本的是安全管理，主要反映在通过"存取控制"来确保数据的安全性，通过"容错技术"来保证系统故障时数据的安全性。此外，还包括对网络设备故障进行检测，对使用情况进行统计，以及为提高网络性能和记账而提供必要的信息。

4) 网络服务

直接面向用户提供多种服务，例如电子邮件服务，文件传输、存取和管理服务，共享硬件服务以及共享打印服务。

5) 互操作

互操作就是把若干相像或不同的设备和网络互联，用户可以透明地访问各服务点、主机，以实现更大范围的用户通信和资源共享。

6) 支持多用户环境

网络操作系统具有多用户系统特性，能够支持多个用户协同工作，并能给其应用程序和数据文件提供保护功能。

2. 网络操作系统的特性

1) 采用客户/服务器模式

客户/服务器(Client/Server)把应用划分为客户端和服务器端，客户端把服务请求提交给服务器，服务器负责处理请求，并把处理的结果返回至客户端。

2) 抢先式多任务

网络操作系统一般采用微内核类型结构设计，微内核始终保持对系统的控制，并给应用程序分配时间段使其运行，在指定的时间结束时，微内核抢先运行进程并将控制移交给下一个进程。

3) 支持多种文件系统

网络操作系统还支持多文件系统，以实现对系统升级的平滑过渡和良好的兼容性。

4) 高可靠性

网络操作系统是运行在网络核心设备(如服务器)上的指挥管理网络的软件，它必须具有高可靠性，保证系统可以 365 天 24 小时不间断工作，并提供完整的服务。

5) 高安全性

网络操作系统的安全性非常重要，它控制用户访问，保证系统的安全性和提供可靠的保密方式，具备较高的安全和存取控制能力，具体表现在以下几个方面。

(1) 用户账号安全性。

(2) 时间限制。

(3) 站点限制。

(4) 磁盘空间限制。

(5) 传输介质安全性。

(6) 加密。

(7) 审计。

6) Internet 支持

各品牌网络操作系统都集成了许多标准化应用，例如 Web 服务、FTP 服务、网络管理服务等等的支持，甚至 E-mail(如 Linux 的 Sendmail)也集成在操作系统中。

NOS 除具备上述特性之外，还具有开放性、一致性和透明性等特性。

4.6.3 网络操作系统的组成

NOS 几乎占据了 OSI 的所有层，其中网络驱动程序与网络主要硬件(分布于物理层和数据链路层)进行通信，驱动网络运行。如在局域网中网络驱动程序介于网络接口卡(NIC)与网络协议软件之间，起着中间联系作用。网络协议软件是在整个网络范围内传送数据单元所必需的通信协议软件，主要分布于 OSI 的第 2 至第 7 层。应用程序接口操作软件用于应用软件与网络协议软件的通信，支持 NOS 实现高层服务。从分层的角度讲，NOS 主要包括以下三大部分。

1. 网络驱动程序

就局域网标准(IEEE 802 标准)而言，网络接口板生产厂商必须提供 NIC 对应的驱动程序，以确保各种 NIC 都采用国际标准协议。网络驱动程序屏蔽了 NIC 接收和发送数据单元的复杂处理过程。

2. 网络协议软件

由于网络协议软件几乎分布在网络的所有层，因此它直接关系到网络操作系统的性能。如高速网络协议的软件会实现 NOS 的高速处理。

3. 应用程序接口(API)软件

应用层提供多种应用协议和服务，其中应用服务与应用程序之间的接口软件完成本地系统与网络环境的联系。这种软件也属于 NOS。

4.6.4　典型的网络操作系统简介

目前局域网中主要使用以下几类网络操作系统。

1. Windows NT/2000/2003

它是由全球著名的软件开发商——Microsoft(微软)公司开发的。微软公司的 Windows 系统不仅在个人操作系统中占有绝对优势，它在网络操作系统中也具有非常强劲的力量。这类操作系统在整个局域网中是最常见的，而且正向高端服务器领域进军。在局域网中，微软的网络操作系统主要有：Windows NT4.0 Server、Windows2000 Server/Advance Server，以及最新的 Windows2003/ Advance Server 等，工作站系统可以采用任一 Windows 或非 Windows 操作系统，包括个人操作系统，如 Windows 9x/ME/XP 等。

2. NetWare

NetWare 操作系统虽然远不如早几年那么风光，在局域网中早已失去了当年雄霸一方的气势，但是 NetWare 操作系统仍以对网络硬件的要求较低(工作站只要是 286 机就可以了)而受到一些设备比较落后的中、小型企业，特别是学校的青睐。主要版本有 V3.11、V3.12、V4.10、V4.11 及 V5.0 等中英文版本，NetWare 服务器对无盘站和游戏的支持较好，常用于教学网和游戏厅。目前这种操作系统在市场上已经用得不多了。

3. UNIX 系统

目前常用的 UNIX 系统版本主要有：UNIX SUR4.0、HP-UX11.0，SUN 的 Solaris8.0 等。它支持网络文件系统服务，提供数据等应用，功能强大，由 AT&T 和 SCO 公司推出。这种网络操作系统稳定，安全性能非常好，但由于它多数是以命令方式来进行操作的，不容易掌握，特别是初级用户。正因如此，小型局域网基本不使用 UNIX 作为网络操作系统，UNIX 一般用于大型的网站或大型的企、事业局域网中。UNIX 网络操作系统历史悠久，其良好的网络管理功能已为广大网络用户所接受，拥有丰富的应用软件的支持。目前 UNIX 网络操作系统的版本有：AT&T 和 SCO 的 UNIXSVR3.2、SVR4.0 和 SVR4.2 等。UNIX 本是针对小型机主机环境开发的操作系统，是一种集中式分时多用户体系结构。

4. Linux

这是一种新型的网络操作系统，它的最大特点就是源代码开放，可以免费得到许多应用程序。目前也有中文版本的 Linux，如 REDHAT(红帽子)，红旗 Linux 等。在国内得到了用户充分的肯定，主要体现在它的安全性和稳定性方面，它与 UNIX 有许多类似之处。Linux 近年来发展迅速，其前景可观，但目前这类操作系统仍主要应用于中、高档服务器中。

4.6.5 网络操作系统的选择

上面介绍的几种典型的网络操作系统中，UNIX 虽然功能较强，稳定性和安全性好，但只能兼容某些型号的工作站或专用机型，因此，通常只用于金融、电信等系统的核心网络中。Linux 的特性与 UNIX 操作系统非常相似，现在支持 Linux 的系统软件和应用程序越来越多，所以发展潜力相当大。NetWare 和 UNIX 对计算机系统的硬件要求不高，但大多数用户对它的操作不太熟悉。Windows NT/2000 Server 的稳定性和安全性都不如 UNIX、NetWare 和 Linux，而且 Windows2000 Server 对系统要求较高，占用系统资源也很多，但是它最大的优点是用户界面友好。

这几种操作系统各具特色，具体使用时也涉及许多技术问题，如网络的拓扑结构、计算模型、网络服务器的支持、硬件资源的占用情况、容错能力、网络的管理和安全性等因素。所以选择操作系统时需要考虑以下几个方面：

1. 硬件的兼容性

硬件的兼容性是指能支持的网络硬件设备。例如，Windows NT 对硬件的支持不如 NetWare。但 Windows2000 Server 对网络硬件的支持相当好。

2. 可靠性

相比而言，WindowsNT/2000 Server 可靠性较低，其稳定性和安全性都不如 UNIX、NetWare。对于一些保密性要求不高的中小型网络，可以选择 Windows2000 Server，它使用简单，维护也较为容易。

3. 安全性

网络的安全性是确保用户正常使用网络的前提，选择时，应当考虑各种操作系统所提供的安全性能。例如，NetWare5.0 和 Windows2000 Server 都可以给用户提供多级安全保证，如身份的识别、登录验证、资源访问控制和跟踪审计等。

4. 网络规模

各种网络操作系统对客户数都有限制，选择时要考虑网络的规模，并为以后的扩充留有充分的余地。例如，Windows2000 Professional 组建对等网络时，所连接的用户数不能超过10 个。

5. 对应用程序和程序设计语言等支持

一般市场占有率较高的操作系统，所支持的应用程序也较多。例如 Windows2000 Server 具有大量的应用软件的支持，所以逐步取代了 NetWare。

6. 网络管理功能

NetWare5.0 和 Windows2000 都具有良好的菜单系统和强大的管理功能，还具有界面友好、使用方便的开发平台。

一般来说，对于安全性和稳定性要求较高的大型网络，应当选择 UNIX。由于 Windows2000 具有 Windows9X 的操作界面，简单易用，管理方便，功能也日益强大，几乎支持所有的大众化软件，并且支持多处理器(CPU)，因此在系统稳定性和安全性要求不高的中小型网络中，它一直是人们的首选。尤其在办公网络、校园网和企业网等中小型 Intranet 中，使用相当普遍。

总地来说，对特定计算环境的支持使得每一个操作系统都有适合于自己的工作场合，这就是系统对特定计算环境的支持。因此，对于不同的网络应用，需要我们有目的地选择合适的网络操作系统。

习 题 4

1. 局域网的主要特点是什么？
2. 局域网中常用的传输介质有哪几种？如何选择？
3. 局域网中为何设置介质访问控制子层？
4. 简述局域网的关键技术。
5. 简述局域网的基本组成。
6. 什么是介质访问控制方法？常用的介质访问控制方法有几种？
7. 何谓冲突？在 CSMA/CD 中，如何解决冲突？
8. 在令牌传递网中存在冲突吗？为什么？
9. 简述令牌环网的工作原理。
10. 简述令牌总线网的工作原理。
11. 什么是无线局域网？它有哪些优点？
12. 什么是网络操作系统？它的主要特点是什么？
13. 网络操作系统包含哪些功能？
14. 网络操作系统的组成有哪些？
15. 常用的网络操作系统有哪些？它们各自的优缺点是什么？
16. 如何合理地选择网络操作系统？

第 5 章 Internet 基础知识

5.1 Internet 概述

5.1.1 Internet 的产生与发展

1. 什么是 Internet

Internet(又称因特网、国际互联网)是一组全球信息资源的总汇。有一种粗略的说法，认为 Internet 是由许多小的网络(子网)互联而成的一个逻辑网，每个子网中连接着若干台计算机(主机)。Internet 以相互交流信息资源为目的，基于一些共同的协议，并通过许多路由器和公共互联网建成，它是一个信息资源和资源共享的集合。Internet 是当今世界上最大的、最具影响力的国际性计算机综合网络。

2. Internet 的产生和发展

Internet 起源于 20 世纪 60 年代美国国防部高级计划局(Defense Advanced Research Project Agency，DARPA)于 1969 年组建的著名的计算机网络 ARPA 网。ARPA 网的巨大成功极大地促进了网络互联技术的发展，到 1979 年初，基本完成了 TCP/IP 体系结构和协议规范的研究，1980 年开始在 ARPANET 上全面使用 TCP/IP 协议，建立了以 ARPA 网为主干网的早期的 Internet。

1985 年，美国国家基金会(National Science Foundation，NSF)投入巨额资金，在美国全国建立了 6 个计算机中心和主干网 NSFnet，以连接全美的区域性网络。这些区域性网络连接各大学校园网、研究机构网和企业网等，使 NSFnet 在 20 世纪 80 年代后期逐渐取代 ARPANET 成为 Internet 的主干网。与此同时，一些国家和地区也相继建立了本国的 Internet 主干网，并通过接入 Internet 主干网而成为 Internet 的一部分，使 Internet 变成了名副其实的国际计算机网络。

20 世纪 90 年代初，随着 WWW(World Wide Web)的出现，Internet 变得更为灵巧和方便，吸引了大批商业机构、非盈利组织和个人加入到 Internet 中，Internet 进入了高速发展阶段。1992 年，美国 IBM、MCI、MERIT 三家公司联合组建了一个高级网络服务公司(ANS)，建立了一个新的网络 ANSnet，并迅速与 NSFnet 的全部主干网点接通，成为了目前新的 Internet 主干网。它与 NSFnet 不同，NSFnet 是由国家出资建立的，而 ANSnet 则是 ANS 公司所有。1994 年 NSF 宣布终止对 NSFnet 的支持，并交由民营公司经营维护，这标志着 Internet 进入了商业化时代。随即 Internet 呈燎原之势，遍及全球，从而构成了一个由分布在世界各地的、数以万计的各种规模的计算机网络相互联接而成的全球性的互联网络。

5.1.2 Internet 的特点

1. 开放性

Internet 是一个开放的网络，可以自由连接，而且没有时间和空间的限制，没有地理上的距离概念，任何人都可随时随地地加入 Internet，只要遵循规定的网络协议。在网络上，信息的流动自由，用户的言论自由，用户的使用自由。只要成了 Internet 中的一员，就可以与全球范围内 Internet 上的任意一台机器通信了，具有任意的增长空间。因特网的成员可以自由地"接入"和"退出"因特网，没有任何限制。开放性使 Internet 成为了一个无所不在的网络，覆盖到了世界各地，覆盖了各行各业，当然开放性有时会带来一定的安全隐患。

2．共享性

Internet 上的资源是共享的，所有用户都可以分享 Internet 上的资源。网络用户在网络上可以随意调阅别人的网页或拜访电子广告牌，从中寻找自己需要的信息和资料。有的网页连接共享型数据库，可供查询的资料更多。Internet 是一个包罗万象的网络，Internet 上的应用种类繁多，蕴含的内容异常丰富，包括天文地理、政治时事、人文喜好等，具有无穷的资源。

3．平等性

Internet 上是"不分等级"的，一台计算机与其他任何一台一样具有同等权利，没有哪一个人比其他人更好。在网络中，没有所谓的最高权力机构，网络中的每个用户都是平等的，只要你入网便是用户，便可以自由驰骋在 Internet 的自由王国中。

4．低廉性

一方面用户支付的通讯费和网络使用费非常低廉，这也大大增加了网络的吸引力。更重要的是 Internet 上绝大部分信息和资源是免费的。此外通过 Internet 可以快速高效地查到所需资源，大大节省了时间、交通等方面的成本。

5．交互性

交互性是指 Internet 上的信息具有双向传递能力。网络的交互性是通过 3 个方面实现的。其一是通过网页实现实时的人机对话，这是通过在程序中预先设定访问路线超文本链接，用户选择特定的图文标志后可以瞬间跳跃到感兴趣的内容或别的内容的网页上，得到需要了解的内容(比如搜索引擎)。其二是通过电子公告牌或电子邮件实现异步的人机对话。其三是通过即时通信软件(如聊天工具)实现实时交互。Internet 作为平等自由的信息的沟通平台，信息的流动和交互是双向式的，信息沟通双方可以平等地与另一方进行交互，而不管对方是大还是小，是弱还是强。

6．虚拟性

网络社会是一个"虚拟社会"，网络中的许多信息是不真实的。"虚拟社会"和现实社会是有很大差别的。在网络世界里，只能是对现实压力问题起到一个排解、麻醉、逃避的作用，过度沉溺于媒介提供的表层信息和通俗娱乐中，就会不知不觉地失去社会行动力。因此，一部分有理性的网民开始减少对虚拟网络论坛、网络游戏、聊天室的依赖。人们更希望生活中所依赖的网络更加真实。

7．全球性

Internet 从一开始进行商业化运作，就表现出了无国界性。信息流动是自由的、无限制的。因此，Internet 从一诞生就是全球性的产物，当然全球化并不排除本地化。

5.1.3　Internet 在中国

1986 年国家"七五"项目：OSI 标准的制定和验证；由清华大学、复旦大学、上海交通大学、东南大学等 9 所科研院所参加，遵循 OSI 标准，实现上海和北京的机器互联通信。1988年，中国科研网(CRN)启动；CRN 通过德国研究网(DFN)的网关与 Internet 连通，开通电子邮件和文件传输服务，成员单位包括清华大学、复旦大学和上海交大、东南大学以及一些科学院的研究单位等。1990 年 10 月，中国注册登记顶级域名 CN；因当时中国尚未正式接入因特网，因此在德国卡尔斯鲁厄大学运行 CN 域名服务器。1993 年 12 月，中关村地区教育/科研示范网络(CNFC)建成，覆盖北大、清华和中科院，高速互联网和超级计算中心。

1994 年 4 月，中国正式接入因特网；通过美国 Sprint 公司连入因特网的 64K 国际专线开通，实现了与因特网的全功能连接。1994 年 5 月 21 日，中国科学院计算机网络信息中心接管中国国家顶级域名(CN)。1997 年 6 月 3 日，中国互联网络信息中心(CNNIC)在北京成立，其主要任务是为我国境内的互联网络用户提供域名注册、IP 地址分配、自治系统号分配等注册服务；提供网络技术资料，使用网络的政策、法规，用户入网的方法、用户培训资料等信息服务；提供网络通信目录、WWW 主页目录、网上各种信息库的目录等数据库服务。

1994 年至 1996 年先后建成中国的四大网络，即有资格设置独立国际信息出口的 Internet 服务机构，它们是：

(1) 中国教育与科研网。中国教育与科研网(China Education and Research Network，CERNET)是由政府资金启动的全国范围教育与学术网络。1994 年，在教育部的主持下，由清华大学、北京大学、北京邮电大学等十所高等院校共同建设，已于 1995 年底提前一年完成的"中国教育和科研计算机网 CERNET 示范工程"，是一个包括全国主干网、地区网和校园网在内的三级层次结构的计算机网络。

(2) 中国科技网。中国科技网(CSTNET)的前身是中国国家计算机与网络设施 NCFC(常称为"中关村教育研究示范网络")和中国科学院网。它主要为中科院在全国的研究所和其他相关研究机构提供科学数据库和超级计算资源。

CSTNET 同时是中国最高互联网络管理机构 CNNIC(中国互联网信息中心)的管理者。

(3) 中国公用计算机互联网。中国公用计算机互联网(CHINANET)是中国电信经营和管理的中国公用 Internet 网。1995 年 6 月正式向公众提供业务。在 1995 年秋至 1997 年初完成第二期建设工程。目前，已建成一个覆盖全国的 CHINANET 骨干网，骨干网节点之间采用 CHINADDN 提供的数字专线，遍布内地的 31 个骨干网节点全部开通。同时加快 CHINANET 接入网(省网)的建设，目前使用电话线上网，大多通过该网接入。

(4) 中国金桥信息网。中国金桥信息网(CHINAGBN)简称金桥网，是国家公用经济信息通信网，由吉通通信有限责任公司负责建设、运营和管理。中国金桥信息网面向政府、企业事业单位和社会公众提供数据通信和信息服务。金桥网不但可以增强国家宏观经济调控能力和推进国民经济信息化建设速度，同时也为企事业单位及个人用户在市场经济体制中求得迅速发展提供了必要的条件。

进入 21 世纪后，Internet 在我国迅猛发展。2009 年 5 月，据 CNNIC 统计的一个数字显示，中国网民数量达到 3.2 亿(其中有 1.176 亿手机上网网民)，仍保持全球第一地位，中文网站数量已经达到 287.8 万。

5.1.4 Internet 的相关组织机构

Internet 的标准特点，是自发而非政府干预的，称为请求评价(Request For Comments，RFC)。实际上没有任何组织、企业或政府能够拥有 Internet，但是它也有一些独立的管理机构，每个机构都有自己特定的职责。

1. Internet 协会

Internet 协会(Internet Society，ISOC)创建于 1992 年，是一个最权威的"Internet 全球协调与使用的国际化组织"，由 Internet 专业人员和专家组成，其重要任务是与其他组织合作，共同完成 Internet 标准与协议的制定。

2. Internet 体系结构委员会

Internet 体系结构委员会(Internet Architecture Board，IAB)创建于 1992 年 6 月，是 ISOC 的技术咨询机构。IAB 监督 Internet 协议体系结构和发展，提供创建 Internet 标准的步骤，管理 Internet 标准化(草案)RFC 文档系列，管理各种已分配的 Internet 地址号码。

3. Internet 网络信息中心

Internet 网络信息中心(Internet Network Information Center，InterNIC)负责 Internet 域名注册和域名数据库的管理。

4. Internet 赋号管理局

Internet 赋号管理局(Internet Assigned Numbers Authority，IANA)的工作是按照 IP 协议，组织监督 IP 地址的分配，确保每一个域都是唯一的。

5. WWW 联盟

WWW 联盟是独立于其他 Internet 组织而存在的，是一个国际性的工业联盟。它和其他组织一起致力于与 Web 有关的协议的制定。

5.2 Internet 的主要服务

随着 Internet 的高速发展，Internet 上所提供的服务可以说是包罗万象，其中多数服务是免费提供的。目前，在 Internet 上主要提供的服务包括：WWW(World Wide Web)服务、电子邮件(E-mail)服务、文件传送(FTP)服务、远程登录(Telnet)服务、域名服务(DNS)、文档查询(Archie Server)服务、网络新闻(Networks News)服务、专题论坛(Usenet)、搜寻(Gopher)服务、WAIS(广义信息服务)、电子刊物、网上交易、电子商务、金融服务等。随着 Internet 商业化趋势的发展，它所能提供的服务将会进一步增长。本节只介绍其中应用最为广泛的服务：WWW、电子邮件、文件传送和域名服务。

5.2.1 WWW 服务

1. 什么是 WWW

WWW(World Wide Web)，简称 Web，也称万维网、3W 或 W3，是全球网络资源。Web 最初是欧洲核子物理研究中心 CERN 开发的，是近年来 Internet 取得的最为激动人心的成就。WWW 是目前 Internet 上最方便和最受欢迎的多媒体信息服务类型。WWW 是一种组织和管理信息浏览或交互式信息检索的系统，它的影响力已远远超出了专业技术的范畴，进入了广告、新闻、销售、电子商务等信息服务诸多领域，是 Internet 发展中的一个革命性的里程碑。Web 最主要的两项功能是读超文本(Hypertext)文件和访问 Internet 资源。

2. WWW 工作模式

WWW 服务采用客户机/服务器工作模式，由 WWW 客户端软件(浏览器)、Web 服务器和 WWW 协议组成。WWW 的信息资源以页面(也称为网页、Web 页)的形式存储在 Web 服务器中，用户通过客户端的浏览器，向 Web 服务器(通常也称为 WWW 站点或 Web 站点)发出请求，服务器将用户请求的网页返回给客户端，浏览器接收到网页后对其进行解释，最终将一个图、文、声并茂的画面呈现给用户。WWW 工作模式如图 5-1 所示。

图5-1　WWW工作模式

3. 相关概念

1) 超链接

超链接(Hyperlink)是指从一个网页指向一个目标的连接关系，这个目标可以是另一个网页，也可以是相同网页上的不同位置，还可以是一个图片，一个电子邮件地址，一个文件，甚至是一个应用程序。而在一个网页中用来超链接的对象，可以是一段文本或者是一个图片。当浏览者单击已经链接的文字或图片后，链接目标将显示在浏览器上，并且根据目标的类型来打开或运行。超链接在本质上属于一个网页的一部分，它是一种允许我们同其他网页或站点之间进行链接的元素。各个网页链接在一起后，才能真正构成一个网站。

按照链接路径的不同，网页中超链接一般分为 3 种类型：内部链接、锚点链接和外部链接。

2) 超文本

超文本(Hypertext)是用超链接的方法，将各种不同空间的文字信息组织在一起的网状文本。超文本更是一种用户界面范式，用以显示文本及与文本之间相关的内容。超文本中的文字包含有可以链接到其他位置或者文档的链接，允许从当前阅读位置直接切换到超文本链接所指向的位置。超文本的格式有很多，目前最常使用的是超文本标记语言(Hyper Text Markup Language，HTML)及富文本格式 (Rich Text Format，RTF)。我们日常浏览的网页上的链接都属于超文本。

3) 超文本标记语言

超文本标记语言是目前网络上应用最为广泛的语言，也是构成网页文档的主要语言。设计 HTML 语言的目的是为了能把存放在不同计算机中的文本或图形方便地联系在一起，形成有机的整体，人们不用考虑具体信息是在当前计算机上还是在网络的其他计算机上。我们只需使用鼠标在某一文档中点取一个超链接，Internet 就会马上转到与此超链接相关的内容上去，而这些信息可能存放在网络的另一台计算机中。

HTML 文本是由 HTML 命令(标记)组成的描述性文本，HTML 命令可以说明文字、图形、动画、声音、表格、链接等。HTML 的结构包括头部(Head)、主体(Body)两大部分，其中头部描述浏览器所需的信息，而主体则包含所要说明的具体内容。HTML 是一种客户端执行程序。要显示的网页以 HTML 语言代码的形式下载到本地计算机，然后由浏览器解析执行，显示网页页面效果。同时，浏览器在解析执行 HTML 代码时，以顺序方式逐标记进行，从\<body\>标记开始，至\</body\>结束。

4) 超文本传输协议

超文本传输协议(Hypertext Transfer Protocol，HTTP)是客户端浏览器或其他程序与 Web 服务器之间的应用层通信协议。HTTP 协议规定了在浏览器和服务器之间的请求和响应的交互过程必须遵守的规则。所以 WWW 服务器有时也叫 HTTP 服务器。

客户机需要通过 HTTP 协议传输所要访问的 Internet 上的 Web 服务器上存放的超文本信息。HTTP 服务器的 80 的 TCP 端口始终处于监听状态，以便发现是否有浏览器向它发出建立链接的请求。一旦监听到链接建立请求，并建立了 TCP 连接后，浏览器就向服务器发出浏览某个页面的请求，服务器找到该网页后，就返回所请求的页面作为响应。通信结束，释放 TCP链接。

5) 统一资源定位符

统一资源定位符(Uniform Resource Locator，URL)，通俗地讲就是我们在浏览器的地址栏里输入的网站地址。当在浏览器的地址框中输入一个 URL 或是单击一个超级链接时，URL就确定了要浏览的地址。浏览器通过 HTTP，将 Web 服务器上站点的网页代码提取出来，并解释成相应的网页。

URL 由三个部分组成：协议、主机名(或 IP 地址)、路径及文件名。其中主机名是必不可少的，路径及文件名缺省时表示打开默认路径下的默认启动文档，协议名缺省时默认为 http。

例如：

www.sina.com

http://www.sina.com

ftp://pchome.net

http://baike.baidu.com/view/1496.htm

其中最后一个 URL 的含义如下：

(1) http://：代表超文本传输协议，服务器显示 Web 页，通常不用输入；

(2) baike：代表一个 Web 服务器(这里存放的是百度百科数据)；

(3) baidu.com/：装有网页的服务器的域名，或站点服务器的名称；

(4) view/：为该服务器上的子目录，就好像我们的文件夹；

(5) 1496.htm：index.htm 是文件夹中的一个 HTML 文件(该网页显示的是 URL 相关词条)。

4. WWW 服务的主要特点

(1) 以超文本方式组织网络多媒体信息，用户可以访问文本、语音、图形和视频信息。

(2) 用户可以在 Internet 范围内的任意网站之间查询、检索、浏览及发布信息，并实现对各种信息资源透明的访问。

(3) 提供生动、直观、统一的图形用户界面。

(4) WWW 服务的核心技术是：

① 超文本标记语言(HTML)。

② 超文本传输协议(HTTP)。

③ 超链接(Hyperlink)。

5.2.2　E-mail 服务

1. E-mail 的概念

电子邮件(Electronic mail，简称 E-mail)，也被昵称为"伊妹儿"，又称电子信箱、电子邮政，它是一种用电子手段提供信息交换的通信方式。

电子邮件服务是 Internet 应用最广的服务之一。通过网络的电子邮件系统，用户可以用非常低廉的价格(对于包月用户来说，其费用可以忽略不计)，以非常快速的方式与世界上任何一个角落的网络用户联系，这些电子邮件可以是文字、图像、声音等各种方式。这是任何传统的方式都无法相比的。正是由于电子邮件的使用简易、投递迅速、收费低廉，易于保存、全球畅通无阻，使得电子邮件被广泛地应用，它使人们的交流方式得到了极大的改变。另外，电子邮件还可以进行一对多的邮件传递，同一邮件可以一次发送给许多人。最重要的是，电子邮件是整个网络系统中直接面向人与人之间信息交流的系统，极大地满足了大量存在的人与人通信的需求。

2. 电子邮件的工作过程

在 Internet 上有许多处理电子邮件的计算机，称为邮件服务器。邮件服务器的功能就像一个邮局，邮件服务器包括接收邮件服务器和发送邮件服务器。

1) 接收邮件服务器

接收邮件服务器是将对方发给用户的电子邮件暂时寄存在服务器邮箱中，直到用户从服务器上将邮件取到自己计算机的硬盘上。

多数接收邮件服务器遵循邮局协议 POP3(Post Office Protocol)，所以被称为 POP3 服务器。

2) 发送邮件服务器

发送邮件服务器是让用户通过它们将用户写的电子邮件发送到收信人的接收邮件服务器中。

由于发送邮件服务器遵循简单邮件传输协议(Simple Message Transfer Protocol，SMTP)，因此被称为 SMTP 服务器。

每个邮件服务器在 Internet 上都有一个唯一的 IP 地址，例如 smtp.sina.com，pop.sina.com。发送和接收邮件服务器可以由一台计算机来完成。

3) 电子邮件的工作过程

在 Internet 网上，一封电子邮件的实际传递过程如下：

(1) 由发送方计算机(客户机)的邮件管理程序将邮件发送给自己的发送邮件服务器。

(2) 发送邮件服务器将邮件发送至对方的接收邮件服务器。

(3) 接收方计算机(客户机)从自己的接收邮件服务器接收(下载)邮件。

其过程如图 5-2 所示。

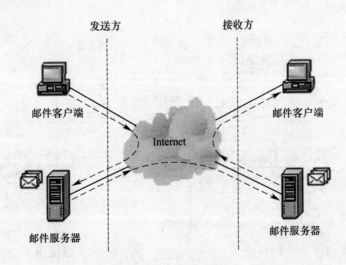

图5-2　电子邮件服务的工作过程

3. E-mail 地址

1) E-mail 地址的概念

在电子邮件发送前，每个用户必须要有一个电子邮箱。一个电子邮箱包括一个被动存储区，像传统的邮箱一样，只有电子邮箱的所有者才能检查或删除邮箱信息。每个电子邮箱有一个唯一的地址，即 E-mail 地址，如同日常通过邮局发信时收信人和发信人的地址一样。只有具有了 E-mail 地址，才能通过计算机网络收发电子邮件。

2) E-mail 地址的格式

E-mail 地址采用了基于 DNS 所用的分层的命名方法，其格式为：

    用户名@域名

用户名：也称帐号，就是用户在站点主机上使用的登录名。

@：表示英文"at"，即中文"在"的意思。

域名：通常为申请邮箱的网站的域名。

例如：qqccww123@sina.com，表示用户名 qqccww123 在新浪网上的电子邮件地址。

5.2.3 FTP 服务

1. 什么是 FTP

FTP(File Transfer Protocol)，是文件传输协议的简称。用于 Internet 上的控制文件的双向传输。即允许用户将本地计算机中的文件上载到远端的计算机中，也允许将远端计算机的文件下载到本地计算机中。同时，它也是一个应用程序(Application)。用户可以通过它把自己的 PC 机与世界各地所有运行 FTP 协议的服务器相连，访问服务器上的大量程序和信息。FTP 的主要功能是在两台联网的计算机之间传输文件。除此之外，FTP 还提供登录、目录查询、文件操作、命令执行及其他会话控制功能。

2. FTP 工作模式

FTP 服务采用客户机/服务器工作模式，用户端要在自己的本地计算机上安装 FTP 客户程序。FTP 客户程序有字符界面和图形界面两种。字符界面的 FTP(如命令提示符下的 FTP 命令)的命令复杂、繁多。图形界面的 FTP 客户程序(如 CuteFTP)，操作上要简洁方便得多。FTP 的工作原理并不复杂，如图 5-3 所示。

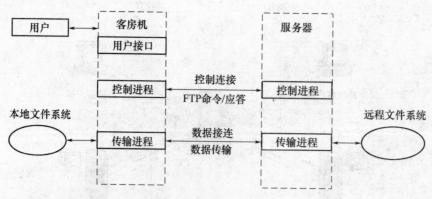

图5-3　FTP的工作原理

FTP 客户机是请求端，FTP 服务器为服务端。FTP 客户机根据用户需求发出文件传输请求，FTP 服务器响应请求，两者协同完成文件传输作业。一个 FTP 可以同时为多个客户端进程提供服务。FTP 服务器的 TCP 端口 21 始终处于监听状态，客户端发起通信，请求与服务器的端口 21 建立 TCP 连接，客户端的端口数为 1024～65535 之间的一个随机数。该连接用于发送和接收 FTP 控制信息，所以又称为控制连接。

FTP 服务是一种实时的联机服务，用户必须与远程 FTP 服务器建立连接和登录后，才能进行文件传输。因此，为了保护资源，客户程序在请求连接时，FTP 服务器会要求用户输入用户码和通行密码。如果用户自愿将资料提供给网络上公用，则应该开放一个公用的帐号。Internet 约定，FTP 的公用帐号是 anonymous，密码是用户的 E-mail 地址。Internet 中已经有上千个使用 anonymous 公开帐号的 FTP 服务器，为网络中数以千万计的客户提供文件共享服务。我们称 Internet 提供的这种服务为匿名(Anonymous)FTP 服务。

大多数最新的网页浏览器(如 IE)和文件管理器都能和 FTP 服务器建立连接。这使得在 FTP 上通过一个接口就可以操控远程文件，如同操控本地文件一样。这个功能通过给定一个 FTP 的 URL 实现，形如 ftp://<服务器地址>(例如，ftp://ftp.gimp.org)。是否提供密码是可选择的，如果有密码，则形如:@ftp://<login>:<password>@<ftpserveraddress>。大部分网页浏览器要求使用被动 FTP 模式，然而并不是所有的 FTP 服务器都支持被动模式。

文件复制通过 FTP，既能将文件从远地计算机复制到本地机上，也能将本地文件复制到远地计算机，前者叫下载(Down Load)，后者叫上载(Up Load)。

5.2.4　DNS 服务

1. 什么是 DNS

我们上网时可以在浏览器中输入网址，例如我们要上新浪网，可以在 IE 的地址栏中输入：www.sina.com.cn 这样的网址，其实这就是一个域名，而计算机网络上的计算机彼此之间只能用 IP 地址才能相互识别。只有通过域名解析系统解析找到了相对应的 IP 地址(其实，域名的最终指向是 IP)，才能上网。

在 Internet 上 IP 地址与域名之间是一对一(或者一对多)的，但是 IP 地址我们记不住或者很难记住，所以有了域名的说法，这样的域名会让我们容易地记住。域名虽然便于人们记忆，但因为机器之间只能互相认识 IP 地址，所以需要将二者进行转换，它们之间的转换工作称为域名解析。域名解析分为正向解析和反向解析。正向解析是将域名(主机名)解析成 IP 地址；反向解析是将 IP 地址解析成域名(主机名)。

域名解析需要由专门的域名解析服务器来完成，DNS(Domain Name Server)就是进行域名解析的服务器。该服务器中安装了 DNS 服务。

域名系统是由众多的 DNS 服务器组成的，它的主要功能是实现主机的命名、域名管理及域名解析。DNS 命名用于 Internet 等 TCP/IP 网络中，通过用户友好的名称查找计算机和服务。当用户在应用程序中输入 DNS 名称时，DNS 服务可以将此名称解析为与之相关的其他信息，如 IP 地址。

2. DNS 解析过程

DNS 解析具有两种查询方式：递归查询和迭代查询。

1) 递归查询

一个递归查询需要一个确定的响应，可以肯定或否定。当一个递归查询被送到客户机指定的 DNS 服务器中，该服务器必须返回确定或否定的查询结果。一个确定的响应返回 IP 地址；一个否定的响应返回"host no found"或类似的错误。

注：递归查询又称是有来有往的查询，来往次数一致。

2）迭代查询

迭代查询允许 DNS 服务器响应请求并在 DNS 查询方面做出最大的努力。如果该 DNS 服务器不能解析，它会给客户机返回另一个可能做出解析的 DNS 服务器的 IP 地址，然后接着进行查询。

注：迭代查询又称为反复查询。

具体的解析过程如图 5-4 所示。

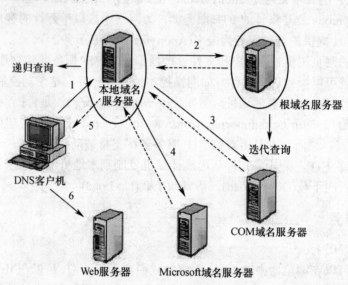

图5-4 解析过程

当一个客户机去访问 www.microsoft.com 这个 Web 主机时，必须将其域名解析为 IP 地址才可以顺利访问到想要的站点网页。所以客户机必须知道 www.microsoft.com 域名对应的 IP 地址。

客户机会向本地 DNS 服务器查询 www.microsoft.com，其具体步骤如下：

① 由 DNS 客户机向本地 DNS 服务器请求域名 www.microsoft.com 的解析，如果 DNS 服务器可以解析，则返回一个可以解析的信息(www.microsoft.com 域名对应的 IP 地址)，并把域名解析成 IP 地址一同交给客户机；如果不能解析，则 DNS 服务器就会向根域服务器发出请求。

② 如果本地 DNS 服务器不能解析客户机发来的请求，则本地 DNS 服务器会向根“.”查询，“.”服务器会告诉本地 DNS 服务器 COM 区域的 IP 地址。

③ 本地 DNS 服务器找到"COM"区域服务器，本地 DNS 会向"COM"区域查询"microsoft"的区域在哪儿，如果 COM 区域知道 "microsoft" 区域的服务器的地址，则会告诉本地 DNS 服务器 "microsoft" 区域服务器的 IP 地址。

④ 本地 DNS 服务器会向 "microsoft" 区域的 DNS 服务器发启 "www" 主机名的查询工作，如果有，则 microsoft 区域服务器会给本地 DNS 服务器返回一个 www 主机名的 IP 地址是多少。

⑤ 本地 DNS 服务器得到完整的域名 www.microsoft.com 的 IP 地址，最后由本地 DNS 服务器将这个完整的域名所对应的 IP 地址返回 DNS 客户机，这个客户机就可以顺利访问网上

的 Web 服务器了。

在上述 DNS 客户机向本地 DNS 服务器查询以及本地 DNS 服务器向其他 DNS 服务器查询中，既用到了递归查询又使用了迭代查询。

5.2.5　Telnet 服务

1.　什么是 Telnet

Telnet 协议是 TCP/IP 协议族中的一员，是 Internet 远程登录服务的标准协议和主要方式。它为用户提供了在本地计算机上完成远程主机工作的能力。在终端使用者的计算机上使用 Telnet 程序，用它连接到服务器。终端使用者可以在 Telnet 程序中输入命令，这些命令会在服务器上运行，就像直接在服务器的控制台上输入一样，在本地就能控制服务器。要开始一个 Telnet 会话，必须输入用户名和密码来登录服务器。Telnet 是常用的远程控制 Web 服务器的方法。

远程登录 Telnet 是 Internet 提供的基本信息服务之一，是提供远程连接服务的终端仿真协议。它可以使你的计算机登录到 Internet 上的另一台计算机上。你的计算机就成为你所登录计算机的一个终端，可以实时使用远地计算机上对外开放的全部资源 ，可以查询数据库、检索资料，或利用远程计算完成只有巨型机才能做的工作。另外，Internet 上有许多服务是通过 Telnet 来访问的，例如 Auchie、Gopher 等，这类系统通常开放公用帐号，无需输入密码。

2.　Telnet 的工作模式

Telnet 使用客户机/服务器模式。用户在本地主机上运行一个称为 Telnet 的客户程序，客户程序可与远地机上的 Telnet 服务程序建立连接，连接一旦建立，用户在本地键盘上输入的命令或数据会通过 Telnet 程序传送给远地计算机，而远地计算机的输出内容会通过 Telnet 显示在用户的本地计算机的屏幕上。本地机就好像是直接连在远地计算机上的一个终端。

Telnet 远程登录服务分为以下 4 个过程：

(1) 本地与远程主机建立连接。该过程实际上是建立一个 TCP 连接，用户必须知道远程主机的 IP 地址或域名。

(2) 将本地终端上输入的用户名和口令及以后输入的任何命令或字符以 NVT(Net Virtual Terminal)格式传送到远程主机。该过程实际上是从本地主机向远程主机发送一个 IP 数据包。

(3) 将远程主机输出的 NVT 格式的数据转化为本地所接受的格式送回本地终端，包括输入命令回显和命令执行结果。

(4) 本地终端对远程主机进行撤销连接。该过程是撤销一个 TCP 连接。

5.3　IP 地址和域名

5.3.1　IP 地址

1.　IP 地址的概念

Internet 中的主机数以亿计，如何能够寻找到所要的主机呢？方法就是要知道该主机的地址(或名字)，这个地址就是 IP 地址。

Internet 上的每台主机(Host)都有一个唯一的 IP 地址。IP 协议就是使用这个地址在主机之间传递信息，这是 Internet 能够运行的基础。

IP 地址是分配给主机的逻辑地址，这种逻辑地址在互联网中表示唯一的主机，它独立于任何特定的网络硬件和网络配置。逻辑地址在整个互联网中有效，不管物理网络的类型如何，IP 地址都有相同的结构。

2. IP 地址的结构

IP 地址是一个 32 位(4 字节)的二进制数字，如：11000000101010000000000000000001。显然这个地址太长了，也太难记忆了，为了方便用户理解和记忆，采用一种"点分十进制表示法"，即将 4 个字节的二进制数值转换成 4 个十进制数值，每个数值的取值范围为 0～255，数值之间用点号"."隔开，如 192.168.0.1。IP 地址的二进制表示法与点分十进制表示法的比较，如图 5-5 所示。

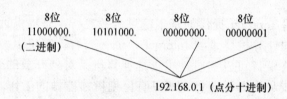

图5-5　IP地址的表示法

IP 地址是由网络号(ID)和主机号(ID)两部分组成的。网络号(ID)标识某个逻辑网络，类似电话号码中的区号；主机号(ID)标识该网络上的某台主机，类似电话号码中的本机号码。这种分级的标识方式可以方便主机地址的分配和管理。如可将 IP 地址 192.168.0.1 分成如图 5-6 所示的两部分，其中网络号(ID)占 24 位，主机号(ID)占 8 位。

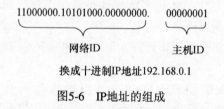

图5-6　IP地址的组成

注意：网络 ID 用于标识 IP 地址是否在同一个网段，如果网络 ID 不同，则主机间不能直接通信，需要路由器连接(路由)；如果网络 ID 相同，则主机间可直接通信，不需要路由。主机 ID 用于标识同一网段内的不同计算机的地址，即同一网段内的计算机网络 ID 相同，而主机 ID 不同。

网络号(ID)的位数直接决定了可以分配的网络数(计算方法为 2 作 2 的指数)；主机号(ID)的位数则决定了网络中最大的主机数(计算方法为 2 作 2 的指数—2)。然而，由于整个互联网所包含的网络规模可能比较大，也可能比较小，所以可以将 IP 地址空间划分成不同的类别，每一类具有不同的网络号(ID)位数和主机号(ID)位数。也就是说，网络号(ID)位数和主机号(ID)位数由其 IP 地址的类别来决定，不再人为划分。

3. IP 地址分类

根据 IP 地址的网络号(ID)和主机号(ID)所占位数的不同，IP 协议的寻址方式支持 5 种不同的类型。具体划分方法如图 5-7 所示。

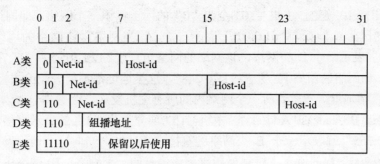

图5-7　IP地址的分类

(1) A 类地址的首位为 0，网络号(ID)占用第一个八位组，主机号(ID)占用后三个八位组，这类地址适合于大型的网络。A 类地址的第一个八位组的十进制取值范围为 1～126(网络号(ID)0 和 127 保留)。因此 A 类网络有 126 个，每个网络的主机数 2^{24}-2=16777214 个。

(2) B 类地址的前 2 位为 10，网络号(ID)占用前 2 个八位组，主机号(ID)占用后 2 个八位组。这类地址适合于中等规模的网络。B 类地址的第一个八位组的十进制取值范围为 128～191。同样道理，B 类网络个数有 2^{14}-2=16382 个，每个网络的主机数 2^{16}-2=65534 个。

(3) C 类地址的前 3 位为 110，网络号(ID)占用前三个八位组，主机号(ID)占用最后一个八位组。这类地址适合于小规模的网络。C 类地址的第一个八位组的十进制取值范围为 192～223。同样道理，C 类网络个数有 2^{21}-2=2097152 个，每个网络的主机数 2^{8}-2=254 个。

(4) D 类地址的前 4 位为 1110，后 28 位为组播地址，用于 IP 数据报组播传播方式。D 类地址的第一个八位组的十进制取值范围为 223～239。

(5) E 类地址的前 4 位为 11110，保留用于 Internet 的实验，目前暂时没有使用。E 类地址的第一个八位组的十进制取值范围为 240～255。

目前用于主机的是 A 类、B 类、C 类地址。

需要指出的是，IP 地址既可以用来指主机，也可以用来指网络。按照惯例，主机号(ID)全为 0 的 IP 地址从不分配给单个主机，而将其表示为网络本身。

(6) 特殊的 IP 地址。在 IP 地址中一些地址有特殊含义，如表 5-1 所示。

表5-1　特殊的IP地址

Net-id	Host-id	地址类型	举 例	用 途
全 0	全 0	本机地址	0.0.0.0	启动时使用
任意	全 0	网络号(ID)	88.0.0.0	标识一个网络
任意	全 1	直接广播地址	202.102.224.255	在特定网络上广播
全 1	全 1	有限广播地址	255.255.255.255	在本网段上广播
127	任意	回送地址	127.0.0.1	用作本地回送测试
A 类私有地址			10.0.0.1～10.255.255.254	保留的内部地址
B 类私有地址			172.16.0.1～172.31.255.254	保留的内部地址
C 类私有地址			192.168.0.1～192.168.255.254	保留的内部地址

① 启动时的地址。计算机在刚启动前，还不知道自己的 IP 地址，这时候用 "0.0.0.0" 作为计算机的本机地址，启动完成后，就可以获得原来在软件系统中已经设置好的 IP 地址。

② 网络 ID。IP 规定，主机号(ID)全为"0"的用于标识一个网络，即网络 ID，它相当于电话系统中的区号。例如，"61.0.0.0"表示一个 A 类网络，该网络的网络 ID 为"61"；"129.205.0.0"表示一个 B 类网络，该网络的网络 ID 为"129.205"；"211.70.248.0"表示一个 C 类网络，该网络的网络 ID 为"211.70.248"，这类地址都不能分配给主机。

③ 直接广播地址。当需要向一个网络内的所有主机发送一个数据包时，可以使用直接广播地址(Directed Brodadcast Address)。主机号(ID)部分全为"1"的表示直接广播地址。例如"129.205.255.255"就表示一个 B 类网络的直接广播地址，当向这个地址发送信息时，网络号(ID)为"129.205"内的所有主机都能接收到该信息的一个副本。IP 网络中，任意一台主机均可向其他网络进行直接广播。

④ 有限广播地址。有限广播地址(Limited Broadcast Address)的全部位都是"1"，即十进制的"255.255.255.255"。它用于一个本地物理网络的广播。有限广播将广播限制在最小的范围内，如果采用标准的 IP 编址，那么有限广播将被限制在本网络之中；如果采用子网编址，那么有限广播将被限制在子网之中。

有限广播不需要知道网络号(ID)，因此在主机不知道本机所处的网络时(如主机的启动过程中)，只能采用有限广播方式。

⑤ 回送地址。回送地址(Loopback Address)用于测试网络应用程序。在开发网络应用程序时，程序员常使用回送地址调试程序，当两个应用程序间需要通信时，可以不用把两个程序安装到两个计算机上，而是在同一个计算机上运行两个应用程序，并指示它们在通信时使用回送地址。当一个应用程序将数据发送到另一个应用程序时，数据向下穿过协议栈到达 IP 软件，IP 软件再将数据向上穿过协议栈到达第二个程序，这样程序员就可测试两个应用程序间的通信是否正常，而不必通过网络进行调试程序。

IP 地址的第一段为 127 就是回送地址，例如"127.218.15.8"。主机部分通常使用"127.0.0.1"作为回送地址。

⑥ 内部地址。Internet 保留了一部分地址用于用户组建自己的局域网或内部网时使用，不分配给任何主机，它们称为内部 IP 地址，也称私有地址，保留的内部 IP 地址范围如表 5-1 所示。

4. 分配 IP 地址

TCP/IP 协议需要针对不同的网络进行不同的设置，且每个主机一般需要一个"IP 地址"、一个"子网掩码"、一个"默认网关"。不过，也可以通过动态主机配置协议(DHCP)，给客户端自动分配一个 IP 地址，避免了出错，也简化了 TCP/IP 协议的设置。

5.3.2 域名

1. 什么是域名

IP 地址是一种数字标识方式，它在 IP 层传输时能够高效地标识主机，但如果每个用户都使用 IP 地址在互联网上查找主机，必然会带来很大麻烦，因为它太难以记忆了，所以用户在互联网上是通过名字查找主机的。为了方便用户使用和记忆，将每个 IP 地址映射为一个由字符串组成的主机名，使 IP 地址从无意义的数字变为有意义的主机名，这个与网络上的数字型 IP 地址相对应的字符型地址，就被称为域名。在实际应用中，绝大多数的 Internet 应用软件都不要求用户直接输入主机的 IP 地址，而是使用具有一定意义的域名。通俗地说，域名就是企业、政府、非政府组织等机构或者个人在互联网上注册的名称，是互联网上企业或机构间相互联络的网络地址。

2. 域名的构成

一个域名一般由英文字母和阿拉伯数字以及横"－"组成，最长可达 67 个字符(包括后缀)，并且字母的大小写没有区别，每个层次最长不能超过 22 个字母。这些符号构成了域名的前缀、主体和后缀等几个部分，组合在一起构成一个完整的域名，称为完全合格域名(Fully Qualified Domain Name，FQDN)。

以一个常见的域名为例说明。比如域名 www.baidu.com 由两部分组成，"baidu"是这个域名的主体，而最后的"com"则是该域名的后缀，代表这是一个 com 国际域名。而前面的 www.是域名 baidu.com 下名为 www 的主机名。

3. 域名的层次结构

域名采用层次结构，如图 5-8 所示。每一层构成一个子域名，子域名之间用圆点"。"隔开，自上至下分别为根域、顶级域、二级域、子域及最后一级是主机名，例如：www.tsinghua.edu.cn，其中 www 就是主机名，tsinghua 是子域名，edu 是二级域名，cn 则是顶级域名。

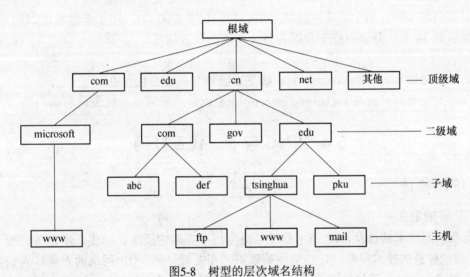

图5-8 树型的层次域名结构

1) 顶级域名(根域)

顶级域名又分为两类：一是国家顶级域名，目前 200 多个国家都按照 ISO3166 国家代码分配了顶级域名，例如中国是 cn，美国是 us，日本是 jp 等；二是国际顶级域名，例如表示工商企业的.com，表示网络提供商的.net，表示非盈利组织的.org 等。常见的顶级域名如表 5-2 所示。

表5-2 顶级域名

顶 级 域 名		机 构 类 型
组织机构	com	工、商、金融等企业
	edu	教育机构
	gov	政府部门
	net	互联网络、接入网络的信息中心
	org	各种非赢利性组织
	int	国际组织

顶 级 域 名		机 构 类 型
国家(地区)代码	cn	中国
	uk	英国
	us	美国

2) 二级域名

二级域名是指顶级域名之下的域名，在国际顶级域名下，它是指域名注册人的网上名称，例如 ibm，yahoo，microsoft 等；在国家顶级域名下，它是表示注册企业类别的符号，例如 com，edu，gov，net 等。

我国在国际互联网络信息中心(Inter NIC) 正式注册并运行的顶级域名是 CN，这也是我国的一级域名。在顶级域名之下，我国的二级域名又分为类别域名和行政区域名两类。类别域名共 6 个，包括用于科研机构的 ac；用于工、商、金融企业的 com；用于教育机构的 edu；用于政府部门的 gov；用于互联网络信息中心和运行中心的 net；用于非盈利组织的 org。而行政区域名有 34 个，分别对应于我国各省、自治区和直辖市。

例如：

北京大学网站 www.pku.edu.cn：edu 就是二级域名，代表教育机构。

北京市人民政府网站 www.beijing.gov.cn：gov 就是二级域名，代表政府部门。

5.4　IPv6 与下一代互联网

5.4.1　IPv6 概述

1. IPv6 的定义

随着互联网技术的普及，IP 技术已经广泛应用于人们的娱乐、工作、学习等方面，但由于 IPv4 协议体系的技术限制，这些应用难以进一步发展。随着 IP 网络的发展，人们对其有了更高的要求，此时基于传统观点设计的 IPv4 越来越难满足这些需求，因此也就有了下一代互联网的概念，要求采用新一代的协议体系 IPv6，提供更多的地址，更好的安全性、移动性和服务质量，以利于新业务、新应用的发展。

IPv6 是 Internet Protocol Version 6 的缩写，其中 Internet Protocol 译为"互联网协议"。IPv6 是互联网工程任务组(Internet Engineering Task Force，IETF)设计的用于替代现行版本 IP 协议 (IPv4)的下一代 IP 协议。

2. IPv6 的优势

与 IPV4 相比，IPV6 具有以下几个优势：

(1) 地址空间更大。IPv4 中规定 IP 地址长度为 32，即有 $2^{32}-1$(符号^表示升幂，下同)个地址；而 IPv6 中 IP 地址的长度为 128，即有 $2^{128}-1$ 个地址。

(2) 安全性更高。在使用 IPv6 网络中用户可以对网络层的数据进行加密并对 IP 报文进行校验，极大地增强了网络的安全性。

(3) 移动性更强。在移动 IPv6 中，每个移动终端都由它的主代理(HA)永久分配一个主 IP 地址，当终端移动到另一个子网时，它也可以通过一个或者多个转交地址寻址。移动 IPv6 优化了路由选择，避免了三角路由选择的问题，同时简化了网络结构，取消了外地代理的概念。

(4) 服务质量更好。IPv6 数据包的格式包含一个 8 位的业务流类别(Class)和一个新的 20 位的流标签(Flow Label)。它的目的是允许发送业务流的源节点和转发业务流的路由器在数据包上加上标记，中间节点在接收到一个数据包后，通过验证它的流标签，就可以判断它属于哪个流，然后就可以知道数据包的 QoS 需求，并进行快速的转发。

3. IPv6 地址

为了适应迅速增长的 IP 地址的需求和支持各种不同的地址格式，IPv6 的长度取为 128 位。IPv6 定义了三种类型的地址。

1) 单路传送地址

单路传送地址指定了一个独立的主机。

IPv4 的地址被记作"点分十进制表示法"的格式。4 字节地址的每个字节都表示成十进制数并以点分隔。而规则的 IPv6 地址是由冒号分隔的 8 个 16 位地址块的十六进制串。

例如，FF04：19：5：ABD4：187：2C：754：2B1。

每个分段的前导 0 不用写。

IPv6 地址中经常含有一长串的 0。于是允许压缩的地址使用一对冒号来表示多个 16 位块的 0 值。例如，地址：FF01：0：0：0：0：0：0：5A，可以写作：FF01：：5A。

为避免二义性，"：："在地址中只能出现一次。

2) 任意传送(Anycast)地址

任意传送地址指定了一组主机。发送给任意地址的分组会被发送给该地址标识的一组主机中的一台主机，这台主机通常是路由协议定义的最近的一台主机。IPv6 中没有广播地址，该功能可由多路传送地址提供。

3) 混合地址

IPv6 还定义了一种混合地址格式以便在 IPv6 环境中方便地表示 IPv4 地址。在这种方案中，前 96 位(6 组 16 位块)表示成规则的 IPv6 格式的地址，而剩余的 32 位则表示成 IPv4 通常用的"点分十进制表示法"格式。

例如，0：0：0：0：0：0：202.4.10.47。

4. IPv4 到 IPv6 的过渡

若要广泛地使用 IPv6，就必须将网络的基础设施升级以适应使用新协议的软件。IPv4 与 IPv6 的替换过程将是漫长的，而不会像电话号码升级那么简单，有一个逐渐牵引的过程。目前运营商一般为 IPv4 网络，如果打算基于现有的 IPv4 网络来构建下一代互联网络，实现从 IPv4 网络向 IPv6 网络平滑演进和过渡，就需要考虑各种因素，不能对原有的 IPv4 网络结构、性能和运行产生较大的影响和冲击，其主要原则如下：

(1) 保证现有投资的利益。目前网络上的主要设备包括：骨干路由器、汇聚路由器、接入路由器、以太网交换机和网络终端等，它们分别分布在不同网络层次中。应根据网络具体情况，避免对已有用户或者网络有较大的冲击，保护用户现有投资。过渡方案的投资成本应较低。

(2) 保证两种网络之间业务的互通。目前 IPv4 网络已经具备大量的用户群体，在向 IPv6 过渡过程中，将在局部出现大量的纯 IPv6 网络，为了避免"孤岛"效应，使这些孤立的"IPv6 小岛"互通，就需要实现在现有的 IPv4 网络的基础上将"IPv6 孤岛"连接起来，并逐步扩大 IPv6 的实现范围。

(3) 保证现有 IPv4 业务的正常应用。从 IPv4 到 IPv6 的过渡必须是一个循序渐进的过程，在感受到 IPv6 带来的好处的同时，不应该对现有的 IPv4 业务造成影响。

(4) 保证过渡简单、易于操作。整个过渡过程无论是从网络过渡还是业务过渡，应该简单、易于操作。网络升级到 IPv6 后，路由器和主机仍然可使用 IPv4 地址。

5.4.2　下一代互联网

1. 定义

下一代互联网 NGI 是 Next-Generation Internet 的缩写，这个由美国克林顿政府支持开发的项目，目标是将连接速率提高至今天 Internet 速率的 100 倍到 1000 倍。突破网络瓶颈的限制，解决交换机、路由器和局域网络之间的兼容问题。

下一代 Internet 协议的 IPv6 等为 NGI 的发展奠定了坚实的基础。目前，NGI 已在许多网站得到了不同程度的应用，相信 NGI 真正走近网络众生的日子已为期不远。

2. 优势

与第一代互联网相比，下一代互联网 NGI 具有以下几个优势：

(1) 更大。下一代互联网将逐渐放弃 IPv4，启用 IPv6 地址协议，从 2 的 32 次方增加到 2 的 128 次方，有人形容世界上每一粒沙子都会有一个 IP 地址；现有 IPv4 地址将在近年迅速耗尽，世界互联网发展将受到严重限制。

(2) 更快。在下一代互联网，高速强调的是端到端的绝对速度，至少 100Mb/s。至于能高到什么程度，这有赖于传输技术的不断发展。12 月 7 日，CERNET 在北京与天津之间就实现了世界上第一次有真实流量的 40G 互联带宽。高出 100 倍，1000 倍也都是很正常的事情。

(3) 更安全。目前的计算机网络因为种种原因，在体系设计上有一些不够完善的地方，下一代互联网将在建设之初就从体系设计上充分考虑安全问题，使网络安全的可控性、可管理性大大增强。

3. CERNET2

第二代中国教育和科研计算机网 CERNET2 是中国下一代互联网示范工程 CNGI 最大的核心网和唯一的全国性学术网，是目前所知世界上规模最大的采用纯 IPv6 技术的下一代互联网主干网。

CERNET2 主干网将充分使用 CERNET 的全国高速传输网，以 2.5Gb/s～10Gb/s 传输速率连接全国 20 个主要城市的 CERNET2 核心节点，实现全国 200 余所高校下一代互联网 IPv6 的高速接入，同时为全国其他科研院所和研发机构提供下一代互联网 IPv6 高速接入服务，并通过中国下一代互联网交换中心 CNGI-6IX，高速连接国内外下一代互联网。

CERNET2 主干网采用纯 IPv6 协议，为基于 IPv6 的下一代互联网技术提供了广阔的试验环境。CERNET2 还将部分采用我国自主研制具有自主知识产权的世界上先进的 IPv6 核心路由器，这将成为我国研究下一代互联网技术、推动下一代互联网产业发展的关键性基础设施。

2001 年，CERNET 提出建设全国性下一代互联网 CERNET2 计划。2003 年 8 月，CERNET2 计划被纳入由国家发改委等八部委联合领导的中国下一代互联网示范工程 CNGI。2003 年 10 月，连接北京、上海和广州三个核心节点的 CERNET2 试验网率先开通，并投入试运行。2004 年 1 月 15 日，包括美国 Internet2、欧盟 GEANT 和中国 CERNET 在内的全球最大的学术互联网，在比利时首都布鲁塞尔欧盟总部向全世界宣布，同时开通全球 IPv6 下一代互联网服务。2004 年 3 月，CERNET2 试验网正式向用户提供 IPv6 下一代互联网服务。

5.5　Internet 的接入方式

从用户的角度看，将计算机接入 Internet 的最基本的方式有 4 种：通过电话线接入、通过局域网接入、通过有线电视电缆接入以及通过无线接入。虽然接入 Internet 的方式越来越多，对用户而言，Internet 的接入过程却是朝着越来越容易的方向发展。接入 Internet 的最简单的方法显然是通过 ISP(Internet 服务提供商)来实现。

5.5.1　ADSL 接入

1. 什么是 ADSL

非对称数字用户环路(Asymmetrical Digital Subscriber Line，ADSL)是一种能够通过普通电话线提供宽带数据业务的技术，也是目前极具发展前景的一种接入技术。ADSL 素有"网络快车"之美誉，因其下行速率高、频带宽、性能优、安装方便、不需交纳电话费等特点而深受广大用户喜爱，成为继 Modem、ISDN 之后的又一种全新的高效接入方式。

ADSL 方案的最大特点是不需要改造信号传输线路，完全可以利用普通铜质电话线作为传输介质，配上专用的 Modem 即可实现数据高速传输。它为用户通过一条普通电话线路提供了上行 1Mb/s，下行最大 8 Mb/s 的数据通信速率，并且使用成本又比较低，接入网络时不影响接打电话，用户独享带宽等。因此随着网络的迅速发展，ADSL 被业界看好 。它将是普通用户接入宽带网首选的接入方式。

2. 接入方法

1) 所需硬件

(1) 一块 10M 或 10M/100M 自适应网卡。此网卡是专门用来连接 ADSL Modem 的。因为 ADSL 调制解调器的传输速率达 1M/8M，计算机的串口不能达到这么高的速率。加入这块网卡就是为了在计算机和调制解调器间建立一条高速传输数据通道。由于目前的计算机都集成网卡，所以不用额外购置。

(2) 一个 ADSL 调制解调器。

(3) 一个信号分离器。信号分离器是用来将电话线路中的高频数字信号和低频语音信号分离的。低频语音信号由分离器接电话机用来传输普通语音信息；高频数字信号则接入 ADSL Modem，用来传输上网信息。这样，在使用电话时，就不会因为高频信号的干扰而影响您的话音质量，也不会因为在上网时，打电话由于语音信号的串入影响上网的速度。

(4) 两根两端做好 RJ11 头的电话线和一根两端做好 RJ45 头的五类双绞网络线，用于连接计算机、ADSL Modem、信号分离器和电话机。

2) 硬件的连接

按图 5-9 所示进行连接。连接时先将来自电信局端的电话线接入信号分离器的输入端，然后再用前面准备的那根电话线一头连接信号分离器的语音信号输出口，另一端连接电话机。此时电话机应该已经能够接听和拨打电话了。

用一根电话线将来自于信号分离器的 ADSL 高频信号接入 ADSL Modem 的 ADSL 插孔，再用一根五类双绞线，一头连接 ADSL Modem 的 10BaseT 插孔，另一头连接计算机网卡中的网线插孔。这时候打开计算机和 ADSL Modem 的电源，如果两边连接网线的插孔所对应的 LED 都亮了，那么硬件连接也就成功了。

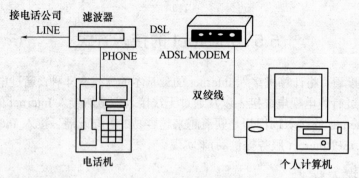

图5-9　ADSL连接方法

3) 软件设置

ISP 提供的接入服务有专线接入和虚拟拨号两种方式，目前最常用的是虚拟拨号方式。该方式采用 PPPoE 协议，该协议在标准的 Ethernet(以太局域网)协议和 PPP(Modem 拨号)协议之间加入一些小的改动。目前 ISP 提供的宽带用户客户端软件均内置该协议，所以只要安装宽带用户客户端软件，并做以下一些简单操作即可。

添加帐号(ISP 提供)，设置密码并选中"记住密码"。

启动客户端软件后，点击帐号图标(超链接)进行连接。

为便于使用可设置自动登录，选中"客户端启动时，使用默认帐户自动登录"复选框即可。

5.5.2　Cable-Modem 接入

1. 什么是 Cable-Modem

Cable-Modem(线缆调制解调器)是近两年开始试用的一种超高速 Modem，它利用现成的有线电视(CATV)网进行数据传输，已是比较成熟的一种技术。随着有线电视网的发展壮大和人们生活质量的不断提高，通过 Cable-Modem 利用有线电视网访问 Internet 已成为越来越受业界关注的一种高速接入方式。该接入方法又称 CATV 接入。

由于有线电视网采用的是模拟传输协议，因此网络需要用一个 Modem 来协助完成数字数据的转化。Cable-Modem 与以往的 Modem 在原理上都是将数据进行调制后在 Cable(线缆)的一个频率范围内传输，接收时进行解调，传输机理与普通 Modem 相同，不同之处在于它是通过有线电视 CATV 的某个传输频带进行调制解调的。

Cable Modem 连接方式可分为两种：对称速率型和非对称速率型。前者的 Data Upload(数据上传)速率和 Data Download(数据下载)速率相同，都在 500Kb/s～2Mb/s 之间；后者的数据上传速率在 500Kb/s～10Mb/s 之间，数据下载速率为 2Mb/s～40Mb/s。

其优点如下：

(1) 计算机无需拨号，开机即可上网。

(2) 具有较高的安全性，由于走 HFC 网络，同级用户之间安全性极高。

(3) 速度快，提供到互联网高速宽带通道。

(4) 高性价比，网络性能好、稳定，信息资费低。

(5) 上网无需占用电话线，不影响观看电视

采用 Cable-Modem 上网的缺点是由于 Cable-Modem 模式采用的是相对落后的总线型网络

结构，这就意味着网络用户共同分享有限带宽；另外，购买 Cable-Modem 和初装费也都不算很便宜，这些都阻碍了 Cable-Modem 接入方式在国内的普及。

2. 接入方法

接入方法很简单，将用户计算机与有线电视天线通过 Cable-Modem 连接即可，如图 5-10 所示。

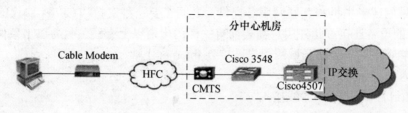

图5-10　Cable-Modem连接方法

5.5.3　LAN 接入

1. 什么是 LAN 接入

LAN 接入是利用以太网技术，采用光缆+双绞线的方式对社区进行综合布线。具体实施方案是：从社区机房敷设光缆至住户单元楼，楼内布线采用五类双绞线敷设至用户家里，双绞线总长度一般不超过 100m，用户家里的计算机通过五类跳线接入墙上的五类模块就可以实现上网。社区机房的出口是通过光缆或其他介质接入城域网。

以太网技术成熟、成本低、结构简单、稳定性和可扩充性好，便于网络升级，同时可实现实时监控、智能化物业管理、小区/大楼/家庭保安、家庭自动化(如远程遥控家电、可视门铃等)、远程抄表等，可提供智能化、信息化的办公与家居环境，满足不同层次的人们对信息化的需求。采用 LAN 方式接入可以充分利用小区局域网的资源优势，为居民提供 10M 以上的共享带宽，这比现在传统拨号上网速度快 100 多倍，并可根据用户的需求升级到 100M 以上。

通过局域网访问 Internet，更适合团体用户(例如企事业单位、学校等)，网络内的用户可共享上网。

2. 接入方法

LAN 方式接入示意图如图 5-11 所示。

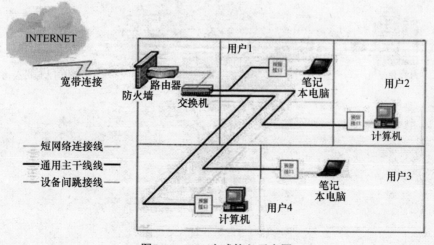

图5-11　LAN方式接入示意图

5.5.4 专线接入

1. 什么是专线方式

专线方式是指用户端和 Internet 服务商之间通过专线连通，所谓专线主要是以下几种物理介质：电话专线(DDN 或模拟专线)、电缆/双绞线、光纤、卫星通信设备。采用这种方式时，用户端的局域网或者主机和互联网服务提供商之间需要一种支持 TCP/IP 协议的叫做"路由器(Router)"的设备连接。此外用户需要向有关部门申请以上专线。具备以上条件后，客户端的路由器就能够将客户端的局域网用户连接到 Internet 上。

专线接入类型如下：

1) PCM(脉冲编码调制)专线接入

(1) 可以向用户提供多种业务。

(2) 线路使用费用相对便宜；接口丰富便于用户连接内部网络。

2) DDN 专线接入

(1) 采用的图形化网络管理系统可以实时地收集网络内发生的故障，进行故障分析和定位。

(2) DDN 专线通信保密性强，特别适合金融、保险客户的需求。

3) 光纤接入

(1) 传输距离远、传输速度快、损耗低。

(2) 在通信线中可以减少中继站的数量，提高了通信质量，同时抗扰能力极强。

专线方式的优势在于网络的传输速率非常快，但是它需要一定的人员进行维护。此外，用户还需要支付专线的费用。所以，专线方式主要使用于一些大的机构、科研机构和大型企业。

2. 接入方法

专线方式接入示意图如图 5-12 所示。

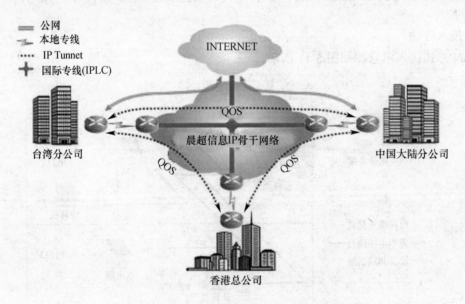

图5-12　专线方式接入示意图

5.5.5 无线接入

1. 什么是无线接入

无线接入是指从业务接入点接口到用户终端，全部或部分采用无线方式。无线方式可以是无线电、卫星、微波、激光和红外线等，使用无线接入技术，需在计算机端插入无线接入网卡或无线调制解调器(Wireless Modem)，申请到无线接入网 ISP 的服务，便接入了广域网。

2. 接入方法

无线接入示意图如图 5-13 所示。

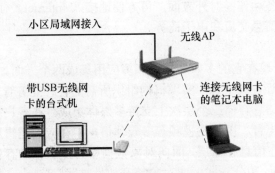

图5-13　无线接入示意图

5.6　Intranet

5.6.1　Intranet 概述

1. Intranet 的基本概念

Intranet 又称为企业内部网，是 Internet 技术在企业内部的应用。它实际上是采用 Internet 技术建立的企业内部网络，它的核心技术是基于 Web 的计算。Intranet 的基本思想是:在内部网络上采用 TCP/IP 作为通信协议，利用 Internet 的 Web 模型作为标准信息平台，同时建立防火墙把内部网和 Internet 分开。当然 Intranet 并非一定要和 Internet 连接在一起，它完全可以自成一体作为一个独立的网络。

Intranet 技术包含以下几个含义:

(1) Intranet 是一种企业内部的计算机信息网络，而 Internet 是一种面向全世界用户开放的公共信息网络，这是两者在功能上的区别。

(2) Intranet 是一种利用 Internet 技术，开放的计算机信息网络，它使用 Internet 的各种服务功能(包括 WWW、电子邮件、文件传输与远程登录等)，这是 Intranet 与 Internet 两者的共同之处。

(3) Intranet 采用了统一的 WWW 浏览器技术去开发用户端软件,Intranet 用户面对的用户界面与普通 Internet 用户界面相同。因此，企业网内部用户可以很方便地访问 Internet，并使用 Internet 提供的各种服务功能。同时，Internet 的用户也能够方便地访问 Intranet。

(4) Intranet 内部信息分为两类:企业内部的保密信息与向社会公开的企业产品广告信息。企业内部的保密信息不允许任何外部用户访问，而企业产品广告信息则希望社会上的广大用户尽可能多地访问。防火墙是用来解决 Intranet 与 Internet 互联安全的重要手段。

2. Intranet 的特点

(1) 开放性和可扩展性。

由于采用了 Internet 的 TCP/IP 、FTP、HTML、Java 等一系列标准，Intranet 具有良好的开放性，可以支持不同计算机、不同操作系统、不同数据库、不同网络的互联。在这些相异的平台上，各类应用可以相互移植、相互操作，使它们有机地集成为一个整体。在此基础上，应用的规模也可增量式扩展，先从关键的小的应用着手，在小范围内实施取得效益和经验后，再加以推广和扩展。Intranet 的开放性和可扩展性使之成为构筑机构组织级信息公路的主流。对内方面，Intranet 可将机构内部各自封闭的局域网信息孤岛联成一体，实现机构组织级的信息交流、资源共享和业务运作；对外方面，可方便地接入 Internet，使 Intranet 成为全球信息网的成员，实现世界级信息交流和电子商务。

(2) 通用性。

Intranet 的通用性表现在它的多媒体集成和多应用集成两个方面。在 Intranet 上，用户可以利用图、文、声、像等各类信息，实现机构组织所需的各种业务管理和信息交流。Intranet 从客户端、应用逻辑和信息存储三个层次上支持多媒体集成。在客户端，Web 浏览器允许在一个程序里展现文本、声音、图像、视频等多媒体信息；在应用逻辑层，Java 提供交互的、三维的虚拟现实界面；在信息存储层，面向对象数据库为多媒体的存储和管理提供了有效的手段。利用 TCP/IP、Java 和分布式面向对象等开放性技术，Intranet 能支持不同内容应用在不同平台上的集成，这些应用可运行在同一机构组织的不同部门，也可运行在不同机构组织之间。

(3) 简易性和经济性。

HTML 和 Java 等容易掌握和使用，使开发周期缩短。另外，Intranet 可扩展性不仅支持新系统的增量式构造，从而降低开发风险，而且支持与现存系统的接口和平滑过渡，可充分利用已有资源。超文本的界面统一标准，操作简易友善，超链接使用户只要简单地操纵鼠标就可浏览和存取所需的信息。

(4) 安全性。

Intranet 的安全性是它区别于 Internet 的最大特征之一。Intranet 的实现基于 Internet 技术，两个地理位置不同的部门或子机构也可能利用 Internet 相互连接。由于 Intranet 通常主要限于内部使用，所以在与 Internet 互联时，必须加密数据，设置防火墙，控制职员随意接入 Internet，以防止内部数据泄密、篡改和黑客入侵。

3. Intranet 的应用

在短短的几年里，Intranet 的应用发生了两次跨时代的飞跃，从第一代的信息共享与通信应用，发展到第二代的数据库与工作流应用，继而进入以业务流程为中心的第三代 Intranet 应用。

1) 信息共享与通信

第一代 Intranet 将 Internet 的应用搬到机构组织内部，实现信息共享和快捷通信。信息共享将机构内部的信息网转换成了全球性的信息网，实现了高效、无纸的信息传输。信息共享应用不仅将大量的文件、手册转换成了电子形式，从而减少了印刷、分发成本和传播周期，而且也营造了开放的企业文化。通过 Intranet，领导可以直接与员工交流，及时了解和掌握企业运作和市场营销情况。

通常，信息共享应用是一组采用 HTML 编制的静态 Web 页面，其中包含丰富的多媒体信息，页面之间通过超链接实现透明的浏览和切换。这些信息可以根据用户的身份和需要动态地产生或定制。与传统的媒体相比，Intranet 的信息共享应用不仅范围广、价格便宜、更新及时，更重要的是媒体丰富和按需点播。初期内部网应用的另一个内容是通信。通信应用可分为共同工作和独立工作两种方式。共同工作方式不管参与者是否在同一地点，他们必须在同一时间一起工作，这类应用的目的在于增强合作和交流的效率。

2) 数据库与工作流应用

随着 Intranet 应用的深入，静态的信息共享已不能满足用户的需求，于是开始尝试将传统的 MIS 系统向 Intranet 上搬迁，这就是以数据库应用和工作流为主的第二代 Intranet 应用。

这一代 Intranet 应用的技术特点是 Web 和数据库的结合。在传统的 MIS 系统中，数据库的存取一般需要专门的用户端软件，检索所得的结果难以为大多数用户所接受。通过通用网关接口 CGI(Common Gateway Interface)将 WWW 与数据库结合起来后便使元论存取本身和结果都变得更加容易。WWW 提供的友善、统一和易用的界面，使更多的用户乐意去访问数据库。由于用户使用的是统一的 WWW 浏览器界面，而不是各种各样的用户端软件，所以数据库的管理和支持人员可以集中精力在数据库建设上，而不用过多关心对用户端的支持。这样，对于一个机构来说，原来不同部门之间不同应用与数据库的互联、转换、培训和使用等问题也就迎刃而解了。

3) 以业务流程为中心的应用

Intranet 技术虽然给机构的信息化建设带来了巨大的活力，但仍然不能使现代企事业摆脱这样的尴尬：一方面单位对 IT 的投资越来越大，另一方面预期的效益总不能兑现。导致 IT 技术不能发挥其潜在效能的主要原因是，传统 MIS 系统仅使人工作业自动化，但并未改变原有的工作和管理方式。简单地对现有流程自动化，无论采用何种技术，都只会加剧混乱的程度。解决这个问题的唯一途径是将新的管理理念和先进的 Intranet 技术有机地结合起来，对现有业务流程进行重新分析、重组、优化和管理，以顾客为中心将流程中的每一项工作综合成一个整体，使之顺畅化和高效化，以协调内部业务关系和活动，提高对外界变化的反应能力，改善服务质量，降低经营和管理成本。这就是第三代以业务流程为中心的 Intranet 应用。所谓业务流程，是指与顾客共同创造价值的相互衔接的一系列活动，也称价值流。业务流程几乎包含了企事业单位所有的运行操作，按内容可分为客户关系管理、供应链、知识及决策管理等。业务流程具有时间、成本、柔性、客户满意度等可测量和分析的指标。

4. 应用实例

校园网络(Campus Network)是 Internet/Intranet 技术在学校中的一个典型应用。校园网是一个发展的概念，通常是指利用 Internet 技术将一个学校内的信息资源链接起来，使全校师生员工能共享校园网络上的资源，同时又通过通信线路与外部 Internet 链接，使学校能与全世界进行信息交流。

校园网络主要有以下基本功能：

(1) 学校网站(主页)。

(2) 学校管理信息系统与办公自动化应用。

(3) 教学应用：多媒体教学平台。

(4) 科研应用。

(5) 图书馆自动化。

校园网络的拓扑结构如图 5-14 所示。

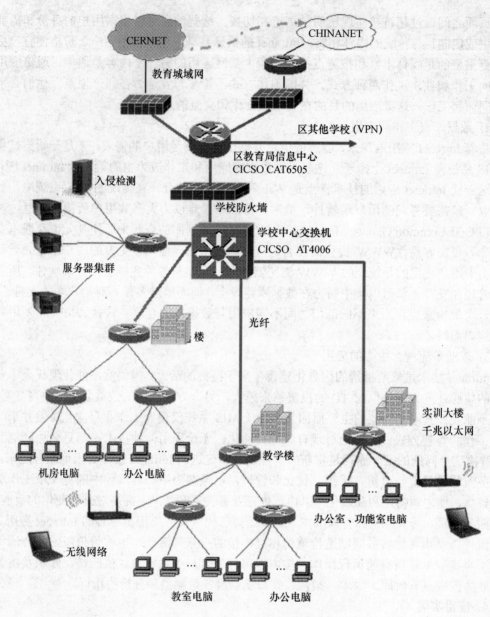

图5-14　校园网络的拓扑结构

5.6.2　Intranet 的组成与应用模型

1. Intranet 的组成

由于不同的网络操作系统会有不同的 Intranet 结构，不同应用领域的 Intranet 组成也有所不同。因此 Intranet 的结构目前尚无强制规定或统一规定。

作为一个内部网络，在 Intranet 中首先需要配置一台或多台应用服务器(如 Web Server、FTP、E-mail Server、数据库服务器等)；如果要与 Internet 连接，属于异构网的互联，需要安装一个路由器；从安全的角度考虑，还应安装防火墙。一个典型的 Intranet 的组成如图 5-15 所示。

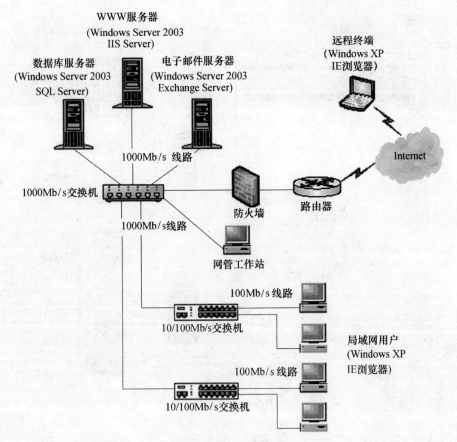

图5-15　Intranet的组成

2. Intranet 的应用模型

Intranet 应用模型是在传统的 C/S 模型上发展而来的，被称为 B/W/D(Browser/Web Server/Data Server)三层模型。

1) S 与 B/S/D 的区别

传统的 C/S 模型是一个二层结构的松散耦合系统，通过消息传递机制将客户端发出的请求传给服务器，服务器进行相应处理后将结果送回客户端。

B/W/D 则将 C/S 中的服务器(S)进一步分解为一个 W(Web Server)和多个 D(Data Server)，而在客户机(S)上则通过 B(Browser)来存取和显示服务器端的数据，如图 5-16 所示。

2) W/D 三层结构各自的作用

(1) 第一层(浏览器)：为表示层，主要完成用户接口的功能。这时客户端的作用只是接收信息并用浏览器显示出来。

(2) 第二层(具有 CGI 或其他中间件的 Web 服务器)：为功能层。主要用来完成客户请求的应用功能。Web 服务器收到客户请求后，需要执行相关的程序(如 CGI、ASP 等)，以便与第三层的数据库连接并进行数据处理，并将处理结果传回客户端。

(3) 第三层(数据库服务器)：主要完成大量数据的存储、加工和管理功能。

3) Intranet 三层模型的特点

B/W/D 的各层都有较强的独立性，因此在系统软、硬件环境发生变化时，比 C/S 的二层模型有更强的适应能力，即具有更强的可伸缩性。

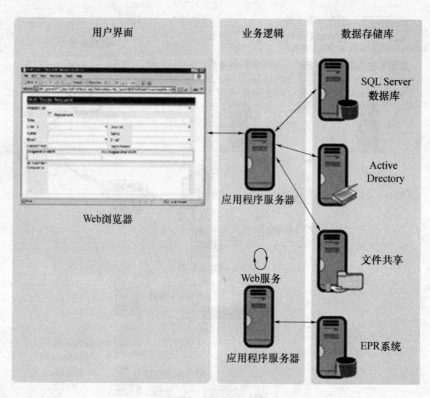

图5-16 三层模型

习 题 5

一、选择题

1. Internet 的前身是( )。

    A. Intranet   B. Bitnet

    C. Arpanet   D. Ethernet

2. 接入 Internet 的计算机必须共同遵守( )。

    A. CPI/IP 协议   B. PCT/IP 协议

    C. PTC/IP 协议   D. TCP/IP 协议

3. 在 TCP/IP(IPv4)协议下，每一台主机设定一个唯一的( )位二进制的 IP 地址。

    A. 16   B. 32

    C. 24   D. 12

4. 下列合法的 IP 地址是( )。

    A. 202. 102. 224. 68   B. 202. 102. 224

    C. 202. 102. 264. 68   D. 202. 102. 224. 68. 22

5. DNS 的中文含义是( )。

    A. 邮件系统   B. 地名系统

    C. 服务器系统   D. 域名服务系统

6. 万维网的网址以 http 为前导，表示遵从( )协议。

A．超文本传输　　　　　　　　　B．纯文本

C．TCP/IP　　　　　　　　　　　D．POP

7．Internet 网站域名地址中的 gov 表示(　　)。

　　A．政府部门　　　　　　　　　B．商业部门

　　C．网络机构　　　　　　　　　D．非盈利组织

8．在 Internet 的基本服务功能中，远程登录所使用的命令是(　　)。

　　A．ftp　　　　　　　　　　　　B．telnet

　　C．mail　　　　　　　　　　　D．opcn

9．中国教育科研网是指(　　)。

　　A．CHINAnet　　　　　　　　　B．CERNET

　　C．Internet　　　　　　　　　D．CEINET

10．域名系统的作用是(　　)。

　　A．存放主机域名　　　　　　　B．存放 IP 地址

　　C．存放邮件地址　　　　　　　D．将域名转换成 IP 地址

二、问答题

1．常用的 Internet 接入方式有哪些？

2．Internet 的主要服务有哪些？

3．IPv6 有哪些优点？

4．什么是 Intranet？它有何特点？

第6章 Internet 应 用

6.1 浏览与搜索网上信息

6.1.1 浏览器概述

1. 什么是网页浏览器

用户连入 Internet 以后，要通过一个专门的 Web 客户端程序——浏览器来浏览网页。浏览器是专门用于定位和访问 Web 信息的程序或工具。网页浏览器用来显示网页服务器或档案系统内的文件，并让用户与这些文件互动。它用来显示在万维网或局域网络等内的及其他资讯。通过浏览器用户可迅速及轻易地浏览万维网(WWW)中的文字、图片、影像等各种资讯。个人计算机上常见的网页浏览器包括微软的 Internet Explorer、Mozilla 的 Firefox、Netscape 的 Navigator 及国内的傲游(Maxthon)浏览器等。浏览器是最经常使用到的 Web 客户端程序。

2. Internet Explorer 简介

Internet Explorer(简称 IE)是微软公司推出的一款网页浏览器，是使用非常广泛的网页浏览器。IE 是微软的 Windows 操作系统的一个组成部分。从 Windows 95 OSR2 开始，所有新版本的 Windows 操作系统都附带 IE。IE5 被捆绑在 Windows 98 Second Edition 和 Windows 2000 中；IE6 捆绑在 Windows XP 中；IE7 被捆绑在 Windows Vista 上。此外，微软宣布 IE7.0 版本只可以用于 Windows XP SP2 和之后的操作系统中，包括 Windows Server 2003 SP1 和 Windows Vista。

3. 启动 IE

要启动 I E，可执行以下任一操作：

(1) 双击桌面上的 IE 图标。

(2) 打开"开始"|"所有程序"|"Internet Explorer"。

(3) 单击快速启动栏的"启动 Internet Explorer 浏览器"按钮。

6.1.2 网页的保存与收藏

1. 浏览 Web 网页

(1) 在地址栏输入地址打开网页。地址栏是输入和显示网页地址的地方。打开指定主页最简单的方法是：

① 在"地址"栏中输入站点的 Internet 地址。

② 输入完地址后，按回车键或单击地址栏右边的"转到"按钮。

在输入地址时，不必输入 http://。

如果以前访问过这个 Web 站点，"自动完成"功能将自动打开"地址"栏下拉列表框，给出匹配地址的建议，找到匹配的地址后，按 Enter 键即可。对于以前输入过的网址，可通过单击"地址"栏右端的下拉列表按钮，打开地址列表，然后选择需要打开的地址，单击即可。

(2) 如果该网页已被添加到收藏夹，则可单击"收藏"菜单，找到该网页的地址(URL)后单击即可。

(3) 通过超链接打开网页。有些站点专门建立网站的超链接，或交换友情链接，这样可通过超链接打开指定网页。

(4) 通过搜索引擎找到相应网页，再从搜索结果的超链接中打开指定网页。这种方法适合于打开不知道其地址的网页。

(5) 如果想查看本次浏览期间访问的最后 5 页中的某一页，请单击"文件"菜单，然后在列表中单击要浏览的页。该列表在每次启动 IE 时都将被重建。

(6) 使用历史记录访问以前浏览过的网页。其步骤如下：

① 单击工具栏上的"历史"按钮，则列出的历史记录，包括最近几周访问过的网页记录。

② 单击要访问的文件夹，选择要访问的网页。如果临时文件夹足够大，则网页内容会立即显示在右窗口中；如果要访问的内容已经被新的内容所覆盖，则仍需从网上重新下载该网页内容。

(7) 利用工具栏上的常用按钮。IE 工具栏上有多个方便用户操作的按钮。使用这些按钮，可以快速、方便地浏览 Web。

① "后退"按钮、"前进"按钮。单击工具栏上的"后退"按钮，返回到在此之前显示的页，通常是本次操作最近的那一页。单击工具栏上的"前进"按钮，则转到下一页。如果在此之前没有使用"后退"按钮，则"前进"按钮将处于非激活状态，不能使用。

② "刷新"按钮。单击"刷新"按钮，可以重新链接到相应网页，并下载最新内容。若指定网页没有打开，可以单击"刷新"按钮，重新尝试一下。

③ "停止"按钮。单击"停止"按钮，可以中止当前正在进行的操作，停止和网站服务器的联系。若指定网页好久没有打开，可以单击"停止"按钮，将其停止，然后再单击"刷新"按钮，重新尝试一下。

④ "主页"按钮。主页是某 Web 站点的起始页，单击"主页"按钮将返回到默认的起始页，起始页是打开浏览器时开始浏览的那一页。

2. 网页的保存

1) 保存完整的网页内容

在 IE 中，可以通过"文件"下拉菜单的"另存为"一项将当前页面的内容保存到硬盘上，即能以.html 文档(.htm/.html)或文本文件(.txt)的格式存盘，能实现完整网页的保存。在打开的"保存网页"对话框中，在"文件名"框中键入网页的文件名，在"保存类型"下拉列表中选择"Web 网页，全部(*.htm;*.html)"选项，选择该选项可将当前 Web 页面中的图像、框架和样式表均全部保存，并将所有被当前页显示的图像文件一同下载并保存到一个"文件名.file"目录下，而且 Internet Explorer 将自动修改 Web 页中的链接，可以方便地离线浏览。最后，单击"保存"按钮即可。注意：当该方式保存不成功时，可以尝试将其保存为"文本文件(.txt)"的格式，但该方法不能保存网页中的图片、动画、影像等非文本信息。

2) 保存网页的部分内容

其方法如下：

(1) 选定要复制的信息，若要复制整页的文本，单击"编辑"菜单中的"全选"。

(2) 单击"编辑"菜单中的"复制"。

(3) 转换到需要编辑信息的程序中(如 Word)。

(4) 单击放置这些信息的位置，然后单击"编辑"菜单中的"粘贴"。

3) 保存超链接指向的网页、动画、程序等对象

其方法如下：

用鼠标右键单击该超链接，弹出快捷菜单，如图 6-1 所示，从中选择"目标另存为…"选项，弹出"另存为…"对话框。在"另存为…"对话框中指定保存的位置和名称，然后单击"保存"按钮即可。如果安装了下载软件，如迅雷，在弹出的快捷菜单中出现"使用 Web 迅雷下载"选项，单击之，会使用迅雷下载该超链接所指的对象。建议采用这种办法，因为下载软件均支持断点续存功能，而"目标另存为…"不具备该功能。其实有时单击超链接也会出现"另存为…"对话框或下载软件"目标存储为"对话框。

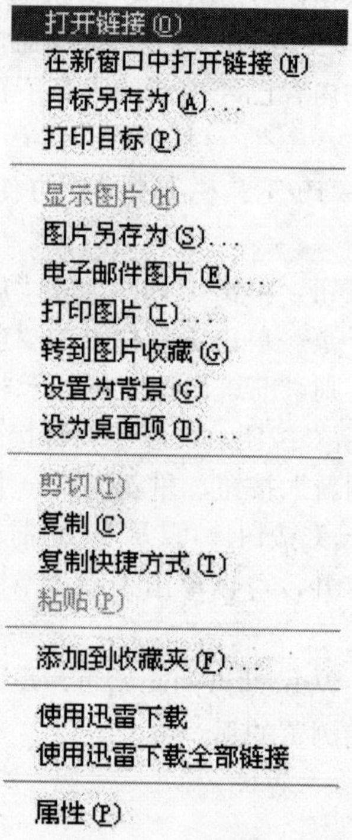

打开链接 (O)
在新窗口中打开链接 (N)
目标另存为 (A)...
打印目标 (P)

显示图片 (H)
图片另存为 (S)...
电子邮件图片 (E)...
打印图片 (T)...
转到图片收藏 (G)
设置为背景 (G)
设为桌面项 (D)...

剪切 (T)
复制 (C)
复制快捷方式 (T)
粘贴 (P)

添加到收藏夹 (F)...

使用迅雷下载
使用迅雷下载全部链接

属性 (P)

图6-1　右键快捷菜单

4) 保存网页中的图片

对于图片有一种专用的保存方法，即用鼠标右键单击网页上的图片，在弹出的快捷菜单中选择"图片另存为…"选项，弹出"另存为…"对话框。在"另存为…"对话框图中指定保存的位置和名称，然后单击"保存"按钮。

3. 网页的收藏

当用户在 Internet 上发现了自己喜欢的网页，为了下次快速访问该页内容，可以将其添加到"收藏夹"中。例如，希望将"新浪"首页加入"收藏夹"，其步骤如下：

(1) 启动 IE 浏览器，在地址栏中键入"www.sina.com"后按回车键，打开新浪主页。

(2) 单击工具栏上的"收藏夹"按钮，打开"收藏夹"窗口。

(3) 单击"添加"按钮，打开"添加到收藏夹"对话框。如图 6-2 所示。

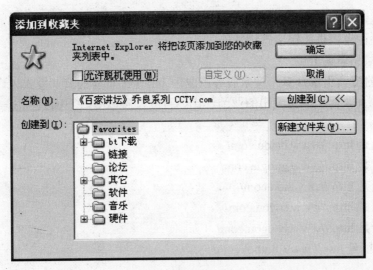

图6-2　添加到收藏夹

(4) 选中"允许脱机使用"复选框，则当计算机未连接到 Internet 时，也可以阅读网页中的内容。

(5) 确认名称后，单击"确定"按钮，添加完成。

6.1.3　搜索引擎概述

1. 搜索引擎的概念

搜索引擎是指为用户提供信息检索服务的程序，通过服务器上特定的程序把 Internet 网上的所有信息分析、整理并归类，以帮助在 Internet 网中搜寻到所需要的信息。在搜索引擎中，用户只需输入要搜索的信息的部分特征，例如关键字。搜索引擎会替用户在它所提供网站中自动搜索含有关键字的信息条。搜索引擎能够将用户所需的信息资源汇总起来，反馈给用户一张包含用户所提供的关键字信息的列表清单。用户可以选择列表中的任一选项，减轻了搜索的负担。

在 Internet 网上搜索信息的基本步骤是：

(1) 先使用搜索引擎进行粗略地搜索。

(2) 从搜索到的网址中挑选一些具有代表性的网址，例如权威杂志、报纸、企业或者评论，进入这些网址并浏览其网页。

通过追踪网页中的超链接，逐步发现更多的网址和更多的信息。

2. 搜索引擎的分类

根据搜索方式的不同，搜索引擎分为两类：全文检索搜索引擎和目录索引搜索引擎。

1) 全文检索搜索引擎

全文检索搜索引擎也称关键词型搜索引擎。它通过用户输入关键词来查找所需的的信息资源，这种方式直接快捷，可对满足选定条件的信息资源准确定位。

2) 目录索引搜索引擎

目录索引搜索引擎是把信息资源按照一定的主题分类，大类下面套着小类，一直到各个网站的详细地址，是一种多级目录结构。用户不使用关键字也可进行查询，只要找到相关目录，采取逐层打开、逐步细化的方式，就能查找到所需要的的信息。

实际上，这两类搜索引擎已经相互融合，全文检索搜索引擎也提供目录索引服务，目录索引搜索引擎往往也提供关键字查询功能。

3. 著名搜索引擎简介

Internet 上的搜索引擎众多，搜索服务已成为 Internet 重要的商业模式，许多网站专门从事搜索业务，并且取得了非常突出的业绩，比如百度、谷歌等。下面仅列出一些常用的搜索引擎。

百度，网址是 http://www.baidu.com/

谷歌，网址是 http://www.google.com/

雅虎，网址是 http://cn.yahoo.com/

搜狗，网址是 http://www.sogou.com/

狗狗，网址是 http://www.gougou.com/

Hothot，网址是 http// www.hotbot.com/

6.1.4　利用搜索引擎搜索信息

搜索引擎的使用方法都比较接近，下面以常用的百度搜索引擎为例，介绍搜索引擎的使用方法。

(1) 在地址栏中输入搜索引擎的网址(如 www.baidu.com)，打开搜索引擎的主页，如图 6-3 所示。

图6-3　百度首页

(2) 在搜索框中输入希望查询的信息(如"IE")，选择搜索选项：新闻(资讯)、网页、贴吧、知道、MP3、图片等，这里选择默认选项"网页"，然后按 Enter 键或者单击"百度搜索"按钮，即可把搜索的结果显示出来，如图 6-4 所示。

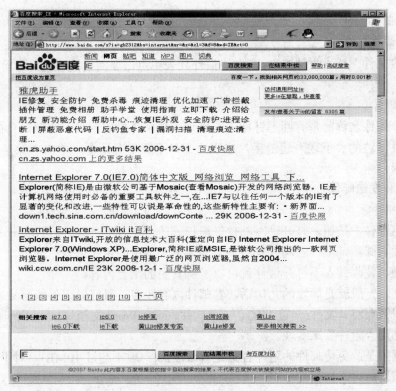

图6-4 搜索结果

6.2 电子邮箱的申请与使用

6.2.1 申请免费电子邮箱

现在许多网站向用户提供免费电子邮件服务。在这些网站的主页上，都有免费邮箱的注册或登录按钮，这是网站为用户提供的免费电子邮箱。申请免费电子邮箱(即注册)非常简单，下面以新浪(http:// www.sina.com)为例，说明如何申请免费的电子邮箱。

(1) 在 IE 地址栏中输入"www.sina.com"，进入新浪主页，单击"免费邮箱"超链接。

(2) 进入"欢迎注册免费邮箱"窗口。

(3) 输入用户名，单击"检测邮箱名是否被占用"按钮，如果该用户名已经存在，系统会提示申请者重新输入新的用户名。否则，即可进入下一页。

(4) 按要求输入个人资料，其中"＊"处必须填写。

(5) 对于许可协议，选中"我同意"。

(6) 填写结束并检查无误后，单击"提交"。

申请成功后，就可登录并使用邮箱收发电子邮件了。

6.2.2 电子邮件的使用

1. 登录电子邮箱

(1) 进入新浪主页。

(2) 在免费邮件登录区域，输入用户名和密码，单击"登录邮箱"，进入新浪电子邮箱。

2. 查阅邮件

1) 阅读普通邮件

单击"收邮件"或"收件夹",在右边信件列表中点击要阅读的主题,即可打开信件,进行阅读。

2) 下载附件

如果某个邮件名称前带有回形针标志,则说明该邮件带有附件。打开附件的方法如下:

单击附件旁边的"下载"超链接,出现"文件下载"对话框,单击"保存"按钮将其保存到本地磁盘。

3. 撰写和发送邮件

1) 撰写邮件

单击"写邮件"按钮,打开"写邮件"窗口。

填写收件人邮箱地址,若同时发给多个人,多个地址间用"逗号"分隔。

填写主题,使收件人不打开信件就可以了解其中的主要内容。

填写正文,一般就是简短的几句话,若邮件内容较多,最好以附件的形式发送。

如果用户需要将其文件(一首 MP3、一个软件、一个 Word 文档等)随同电子邮件发送给收件人,就应利用"附件"来实现。

需要注意的是:免费邮件的附件容量是有限度的(一般不超过 10MB),对于较大的文件,最好经过压缩以后再添加到附件中。

2) 发送邮件

撰写好邮件后,单击"发送"按钮就可发送了。若要将邮件保存以备后用,可将其保存到发件箱或草稿箱。

4. 邮件的回复和转发

1) 回复

若要回信,最简单的方法就是使用"回复"功能。单击"回复"出现"写邮件"窗口,收件人地址自动填入原发件人地址;主题内容变成:"RE:……"。

2) 转发

若要将收到的或保存的信件发送给他人,可使用"转发"功能。单击"转发"出现"写邮件"窗口,收件人地址填入要转发人的地址;主题内容变成:"FWD:……"或"FW:……"。

5. 邮箱管理

1) 移动邮件

当收件箱信件太多时,可将其转移,方法是:在"转移邮件到"右侧的下拉列表框中选择邮件文件夹(草稿箱、发件箱等)。

2) 删除邮件

为节省邮箱空间,应及时将不需要的邮件删除,方法是:选中待删信件后,单击"彻底删除"按钮即可。

3) 拒收邮件

为防止垃圾邮件的骚扰,可将其拒收,方法是:选中待拒收信件后,单击"拒收寄件人"按钮即可。

4) 加入通信录

为日后再次通信方便,可将对方的邮箱地址保存,方法是:打开信件后,单击"添加到通信录"按钮即可。

注意：可以通过 Foxmail 等邮件管理软件来使用和管理 E-mail，这样更加方便快捷，而且可以节省费用。

6. 电子邮件的使用技巧

(1) 如果用户是拨号上网，最好不要用浏览器来收发 E-mail，而使用 Outlook Express 和 Foxmail 等邮件管理软件来收发 E-mail，这样可节省时间和费用。

(2) 不妨多申请几个不同站点的免费 E-mail 信箱，用于不同用途。

(3) 因为许多网络病毒是通过电子邮件来传播的，所以不要轻易打开不明邮件，尤其是带有附件的邮件，可将其直接删除。

(4) 应用邮件病毒监控程序。一般杀毒软件都具有邮件病毒监控功能，在接收邮件前务必将查毒杀毒软件的此项功能打开(查杀目标要选中邮箱)。

(5) 为了安全起见，一定要保管好邮箱密码，登录时不要选择"保存密码"选项，以免邮箱被盗用；不要轻易地暴露邮箱地址，以免遭到垃圾邮件的侵袭。

(6) 将垃圾邮件加到拒收黑名单。

(7) 检查你的免费信箱，及时删除已经下载的信件，删除尚未阅读但确信不要的信件，以节省时间和信箱空间。

6.3 网上即时通信

6.3.1 即时通信软件简介

1. 即时通信简介

即时通信(Instant Messenger，IM)是目前上网用户常用的通信方式。即时通信能迅速地在网上找到朋友或工作伙伴，可以实时交谈、互传信息、数据交换、音频视频聊天、举行网络会议和传输文件等功能。即时通信使公司员工的工作效率显著提高，也大大减少企业用户对电子邮件的依赖，已经成为许多公司员工之间相互交流的主要方式。即时通信的应用为企业开拓了网络应用的商务新领域，成为企业获取商机的另外一种重要方式。

IM 最早的创始人是三个以色列青年，是他们在 1996 年做出来的，取名叫 ICQ(ICQ 是英文中 I seek you 的谐音，意思是我找你)。1998 年当 ICQ 注册用户数达到 1200 万时，被 AOL 看中，以 2.87 亿美元的天价买走。

2. 即时通信软件的功能

目前常用的即时通信软件的主要功能有文字聊天、语音聊天、传送文件、远程协助、视频聊天、发送邮件、发送短信和浏览信息等，有些即时通信软件还提供了传输文件的功能，在线的双方可以传送选定的文件，等待对方的接收，接收者可以立即查看所收到的文件。

即时通信不再是一个单纯的聊天工具，它已经发展成集交流、资讯、娱乐、搜索、电子商务、办公协作和企业客户服务等为一体的综合化信息平台，是一种终端连往即时通信网络的服务。即时通信不同于 E-mail 之处是在于它的交谈是即时的。大部分的即时通信服务提供了状态信息的特性——显示联络人名单，联络人是否在线与能否与联络人交谈。

3. 即时通信软件的种类

即时通信软件产品非常多，常用的有腾讯 QQ、微软 MSN、ICQ、网易 POPO、恒聚 ICC、飞信(中国移动推出的一项业务，可以实现即时消息、短信、语音、GPRS 等多种通信方式)、SKYPE 和新浪 UC 等。目前国内使用较多的是腾迅 QQ 和微软 MSN。

6.3.2 腾讯 QQ

1. 腾讯 QQ 的下载安装

腾讯 QQ 简称 QQ，以前叫 OICQ，是由深圳市腾讯计算机系统有限公司开发的一款基于 Internet 的即时通信(IM)软件，使用 QQ 前需要下载和安装。

1) 下载

进入腾讯首页(http://www.qq.com/)，点击 QQ 软件链接，打开腾讯软件中心页面，找到所需的 QQ 版本，点击"下载"链接即可。

2) 安装

下载完毕就可以安装了，具体请参考如下步骤：

(1) 双击下载的腾讯 QQ 安装程序，开始安装 QQ，在出现的《腾讯 QQ 用户协议》中选择"我同意"，然后继续点击"下一步"进行安装。

(2) 在新界面点击"下一步"，在默认目录安装 QQ 或点击"浏览"选择 QQ 安装目录。

(3) 继续点击"下一步"，程序开始安装，稍等片刻，最后点击"完成"按钮，完成安装。

2. 腾讯 QQ 的注册登录

1) 注册

安装完成软件后，程序将自动启动 QQ，其界面如图 6-5 所示。如果你已经有 QQ 号码，请直接输入 QQ 号码和密码进行登录。如果还没有 QQ 号码的话，你可直接通过网站申请免费 QQ 号码。方法是：请点击"注册新帐号"，随后出现申请帐号页面，点击"立即申请"，然后按其要求，确认服务条款，填写"必填基本信息"，选填或留空"高级信息"，点击"下一步"，即可获得免费的 QQ 号码。

图6-5 QQ登录界面

2) 登录

首次登录 QQ，为了保障信息安全，可选择相应的登录模式。

3. 主要功能

1) 查找和添加好友

在第一次使用 QQ 登录新号码时，好友名单是空的，如果要和其他人联系，必须要添加好友。首先要把他找到，比如根据对方的 QQ 号码，将该好友加为好友，可能还需要对方通过验证，然后在好友名单中可以发现他的头像，这时就可以给他发消息了。其方法为：点击 QQ 面板下方的"查找"按钮，自定义查找该用户号码，再把对方添加为好友，对方通过你的请求验证后两人就可以互发消息了。

2）发送消息

首先应使 QQ 处于在线状态，然后打开 QQ 面板，双击好友的头像或者在好友的头像上用鼠标右键单击，从快捷菜单中选择"发送即时消息"，都会弹出一个对话框，在对话框中空白部分可以输入文字和选择表情填入。

注意：输入文字以后，就点击"发送"按钮将消息发送出去，如果因为某种原因无法及时发送出去，可选择"关闭"，输入文字可以从其他地方复制粘贴过来。可以使用快捷键发送消息 Ctrl+Enter 或者 Alt+S，发送以后对方一般立刻收到，也可能因为网络原因会稍迟一点收到。

3）接受和回复消息

好友向你发送消息后，如果你的 QQ 是在线的，可即时收到，如果当时不在线，那么以后 QQ 上线会马上收到消息。点击对话框中头像可查看对方资料，回复时输入文字，然后点击"发送"按钮即可。

4）传送文件

此功能让你可以跟好友传递任何格式的文件，例如图片、文档、歌曲等。 需要注意的是，传送文件已经实现断点续传，传大文件再也不用担心中间断开了。注意：成为 QQ 会员还可以发送离线文件，即使对方不在线，也可以发送！其方法如下：

双击要传送文件的好友的头像，打开聊天对话窗，在上面的控制菜单(按钮)选择"传送文件"，再选择"直接发送"即可，如图 6-6 所示。

图6-6　传送文件菜单

6.3.3　MSN

1．MSN 的下载安装

MSN 全称 Microsoft Service Network 微软网络服务。是由微软公司开发的一款基于 Internet 的即时通信(IM)软件，Windows Live Messenger 是新一代的 MSN Messenger，其最新版本为：Windows Live Messenger 2009(又名 Windows Live Messenger 9)，使用 MSN 前需要下载和安装。

1）下载

微软的官方 MSN 网站提供免费下载，其地址为：

http://im.live.cn/get.aspx

或

http://www.windowslive.cn/Get/

下载版本有两种：一种是完整(独立)安装包，一种是在线安装包。完整安装包文件较大，但可脱机安装，在线安装包文件较小，但必须在线安装。建议下载完整(独立)安装包。

2) 安装

下载完毕就可以安装了，具体请参考如下步骤：

双击下载的 MSN 安装程序，开始安装 MSN，在随后出现的"服务协议"窗口中点击"接受"按钮，然后出现"选择要安装的程序"窗口，至少要确保选中第一项"Messenger"，然后点击"安装"按钮，开始安装。

2. MSN 的注册登录

安装完成软件后，程序将自动启动 MSN，其界面如图 6-7 所示。如果已经拥有了 Windows Live ID(如果已经在使用 Windows Live Hotmail 或 Windows Live Messenger，则用户名就是 Windows Live ID)，就可以直接打开 MSN，点击"登录"按钮，输入 Windows Live ID 和密码进行登录了。如果没有 Windows Live ID，请点击"注册"超链接，将打开一个"注册"页面，申请(注册)一个 Windows Live ID 即可。

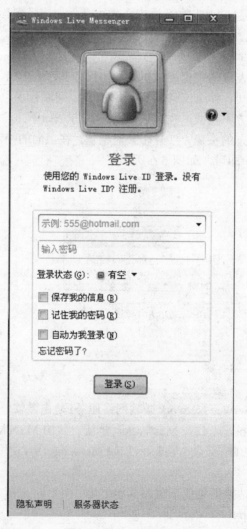

图6-7　MSN登录界面

注意：Windows Live ID 就是一个电子邮件地址，可以申请一个 live.cn 或 hotmail.com 电子邮件地址，也可以使用自己的电子邮件地址。使用 Windows Live ID 可以访问各种 Microsoft 服务，包括 MSN、Hotmail、Office Live、Xbox LIVE 等等。

3. 主要功能

1) 添加新的联系人

在 Messenger 主窗口中，单击"我想"下的"添加联系人"。或者，单击"添加联系人或群"菜单，然后单击"添加联系人…"，如图 6-8 所示。选择"通过输入电子邮件地址或登录名创建一个新的联系人"，"下一步"后输入完整的对方邮箱地址，点击"确定"后再单击"完成"，你就成功地输入一个联系人了，这个联系人上网登录 MSN 后，会收到你将他加入的信息，如果他选择同意的话，他在线后你就可以看到他，他也可以看到你。重复上述操作，就可以输入多个联系人。

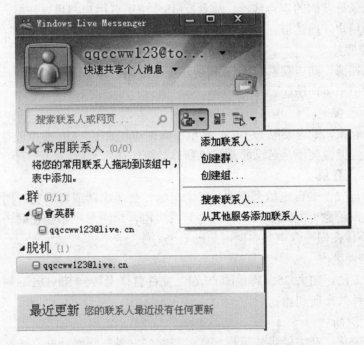

图6-8　添加联系人

2) 发送消息

在你的联系人名单中，双击某个联机联系人的名字，在"对话"窗口底部的小框中键入你的消息，按"回车"键即可。在"对话"窗口底部，可以看到其他人正在键入。当没有人输入消息时，你可以看到收到最后一条消息的日期和时间。

3) 接受和回复消息

好友向你发送消息后，如果你的 MSN 是在线的，可即时收到，如果当时不在线，那么以后 MSN 上线会马上收到消息。回复时输入文字，然后按"回车"键即可。

4) 发送文件和照片

在 Messenger 主窗口中，双击某个联机联系人的名字，在"对话"窗口中单击"文件"菜单，再单击 "发送一个文件或照片(F)…"菜单项。在"发送文件"对话框中，找到并单击想要发送的文件，然后单击"打开"。

5) 阻止某人看见你或与你联系

在 Messenger 主窗口中，右键单击要阻止的人的名字，然后单击"阻止联系人"。被阻止的联系人并不知道自己已被阻止。对于他们来说，你只是显示为脱机状态。

6) 管理组

在 Messenger 主窗口中，单击"联系人"菜单，指向"对联系人进行排序"，然后单击"组"，将联系人组织到不同的组中。在联系人名单的"组"视图中，右键单击现有组的名称，或者单击"联系人"菜单，指向"管理组"，就可以创建、重命名或删除组以方便你的查找。

4. 高级功能

1) 线上组群

小型讨论聊天室，固定聚会新天地！好友们的聊天新天地，互聊八卦、分享趣闻，组群专属网站帮你记录好友们的点点滴滴。注意：MSN 中所有用户都可以建群，不像 QQ 中只有达到一定级别的用户才能建群。

2) 同步分享照片

动感生活照相簿，同步观看聚人气!相册功能再进化，同步分享超方便，有趣生活、搞笑动作，照片分享引来笑声迭起。

3) 动态显示头像

个人头像动起来，爱现耍酷秀不停！显示头像也动起来了！Gif 图像连番换，网络摄像精彩片段。不论你爱哭爱笑还是苦瓜脸都可以帮你装模作样作表情。

4) 单帐号多点登录

相遇不必靠运气，多台电脑同联系！家中电脑、公司电话或者手机，同一帐号在多个不同位置一起上线，消息也能同步，不再担心会丢失留言！注意：不能在同一台电脑中同时启动多个 MSN，不像在同一台电脑中同时启动多个 QQ。

5) 整合网络硬盘

文件共享新方法，超大 25G 容量随心放！ 文件直接上传到 SkyDrive 网络硬盘，弹性设定分享权限，文件共享新利器。

6) 好友最近更新

朋友近况新变化，动态轮番告诉你！实时监测好友最新网络动向，博客新内容、相册新照片，主动轮番告诉你，不用点击、不用链接，随时浏览真方便。

6.4 博 客

6.4.1 博客概述

1. 博客的定义

"博客"一词是从英文单词 Blog 音译(不是翻译)而来。Blog 是 Weblog 的简称，而 Weblog 则是由 Web 和 Log 两个英文单词组合而成。

这个定义涉及以下几个方面的含义：

(1) blog = 部落格 = Weblog = 网络日志 = 网志=网络日记本。

(2) blogger = 写 blog 的人=博主 blogger = 写 blog 的人=博主。

简言之，Blog 就是以网络作为载体，简易、迅速、便捷地发布自己的心得，及时、有效、轻松地与他人进行交流，再集丰富多彩的个性化展示于一体的综合性平台。

2. 博客的分类

(1) 基本的博客：Blog 中最简单的形式。单个的作者对于特定的话题提供相关的资源，发表简短的评论。这些话题几乎可以涉及人类的所有领域。

(2) 小组博客：基本的博客的简单变型，一些小组成员共同完成博客日志，有时候作者不仅能编辑自己的内容，还能够编辑别人的条目。这种形式的博客能够使得小组成员就一些共同的话题进行讨论，甚至可以共同协商完成同一个项目。

(3) 亲朋之间的博客(家庭博客)：这种类型博客的成员主要由亲属或朋友构成，他们是一种生活圈、一个家庭或一群项目小组的成员(如布谷小区网)。

(4) 公共社区博客：公共出版在几年以前曾经流行过一段时间，但是因为没有持久有效的商业模型而销声匿迹了。廉价的博客与这种公共出版系统有着同样的目标，但是使用更方便，所花的代价更小，所以也更容易生存。

(5) 商业、企业、广告型的博客：对于这种类型博客的管理类似于通常网站的 Web 广告管理。商业博客分为：CEO 博客、企业博客、产品博客、"领袖"博客等等。以公关和营销传播为核心的博客应用已经被证明将是商业博客应用的主流。

(6) 知识库博客，或者叫 K-LOG：基于博客的知识管理将越来越广泛，使得企业可以有效地控制和管理那些原来只是由部分工作人员拥有的、保存在文件档案或者个人电脑中的信息资料。知识库博客提供给了新闻机构、教育单位、商业企业和个人一种重要的内部管理工具。

按照博客主人的知名度、博客文章受欢迎的程度，可以将博客分为名人博客、一般博客、热门博客等。

此外，按照 Blog 存在的方式，还可以分为：

(1) 托管博客：无须自己注册域名、租用空间和编制网页，只要去免费注册申请即可拥有自己的 Blog 空间，是最"多快好省"的方式。

(2) 自建独立网站的 Blogger：有自己的域名、空间和页面风格，需要一定的条件。(例如自己需要会网页制作，需要懂得网络知识，当然，自己域名的博客更自由，有最大限度的管理权限。)

(3) 附属 Blogger：将自己的 Blog 作为某一个网站的一部分(如一个栏目、一个频道或者一个地址)。这三类之间可以演变，甚至可以兼得，一人拥有多种博客网站。

3. 博客的主要作用

(1) 个人自由表达和出版。

(2) 知识过滤与积累。

(3) 深度交流沟通的网络新方式。

博客永远是共享与分享精神的体现!

6.4.2　开通博客

一般的方法是到一个提供免费博客的网站申请一个帐号然后按照步骤一步一步做就可以了。目前像新浪、百度、网易、搜狐等大网站都提供免费博客，可以免费申请使用。下面以开通新浪博客为例，简介其过程。

(1) 打开新浪博客/首页 http://blog.sina.com，点击"开通博客"超链接，打开"注册新浪通行证"页面，进行注册。然后登录新浪通行证。

提示：如果已有"新浪 UC 号"或"新浪邮箱"，则可用该帐号直接登录新浪通行证。

(2) 申请个性化域名。

(3) 申请成功，进入个人博客空间，如图 6-9 所示。

图6-9　博客首页

6.4.3　发表博客日志

1. 发普通博文

在博客首页，点击"发博文"按钮，就会打开发博文页面，输入标题、内容，再点击"发博文"按钮即可。普通博文中不包含图片、音视频等多媒体内容。

2. 传图片

在博客首页，点击"传图片"按钮，就会打开上传图片页面，根据提示操作即可。

3. 发视频

在博客首页，点击"发视频"按钮，就会打开上传视频页面，根据提示操作即可。

6.4.4　博客设置

1. 页面设置

在博客首页，点击"页面设置"链接，就会打开如图 6-10 所示的页面设置窗口，可以设置页面的风格、博客首页模块和博客/首页版式。

图6-10　页面设置窗口

2. 管理评论

在博客首页，点击"管理评论"链接，就会打开博客评论页面，该页面包含所有博客评论，你可以回复或删除评论。还可以设置打开或关闭评论功能。其方法为：点击"管理评论"链接，就会打开如图 6-11 所示的博客评论设置窗口，可以设置打开或关闭评论功能。

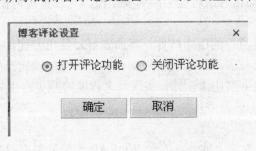

图6-11　博客评论设置窗口

3. 博文管理

在博客首页，点击"管理"菜单下的"博文管理"子菜单，就会打开如图6-12所示的博文页面，用户可以编辑或删除已发博文，或将博文置顶首页。

图6-12　博文页面

4. 其他管理

个人资料、访客、好友、分类等项目的管理，可通过博客/首页左侧窗口的相应项目的"管理"链接来实现管理、设置，这里不再赘述。

6.5　文件压缩与解压

6.5.1　压缩软件介绍

1. 压缩软件的功能

顾名思义压缩软件就是用来压缩文件的，使文件占用的空间变小，也可以把若干个文件压成一个包，方便传送和保存；当然压缩软件也可以解压缩，就是一个还原的过程。

2. 什么时候需要使用压缩软件

(1) 文件体积太大的时候，压缩后可以有效减小文件体积(尤其对一些图片等文档，效果明显)，本地使用压缩文档可以节省磁盘空间，远程传送压缩文档可以提高传输效率，而且还可将文档控制在要求的大小范围内(许多附加不允许超过 15MB)。

(2) 很多文件需要复制到或传送到他处，将把若干文件打成一个压缩包，更加方便。

(3) 网上上传可执行文件时，可能会因为安全原因无法直接传输，打包后则可以上传。

3. 压缩软件 WinRAR

WinRAR 是目前非常流行的压缩软件，界面友好，使用方便，在压缩率和速度方面都有很好的表现。WinRAR 支持多种格式的压缩文件，可以创建固定压缩、分卷压缩、自释放压缩等多种方式，可以选择不同的压缩比例，实现最大程度的减小占用体积。下面对 WinRAR3.90 简体中文版做一介绍。

1) WinRAR 的下载和安装

从许多网站都可以下载这个软件。安装 WinRAR 十分简单，只要双击下载后的压缩包即可安装。

2) WinRAR 的主要特点

(1) 对 RAR 和 ZIP 文件的完全支持。

(2) 支持 ARJ、CAB、LZH、ACE、TAR、GZ、UUE、BZ2、JAR、ISO 类型文件的解压。

(3) 多卷压缩功能。

(4) 创建自解压文件，可以制作简单的安装程序，使用方便。

(5) 压缩文件大小可以达到 8 589 934 TB。

(6) 锁定和强大的数据恢复记录功能，对数据的保护无微不至，新增的恢复卷的使用功能更强大；强大的压缩文件修复功能，最大限度地恢复损坏的 RAR 和 ZIP 压缩文件中的数据，如果设置了恢复记录，甚至可能完全恢复。

(7) 压缩率大，速度快。当设置成最快压缩方式的时候，WinRAR 的压缩包比 ZIP 文件小，速度却与 PKZIP 不相上下，更可支持非 RAR 压缩文件。

6.5.2　制作压缩包

1. 快速制作压缩包

制作压缩包也称打包，WinRAR 支持在右键弹出菜单中快速压缩，操作十分简单。在要压缩的文件(文件夹)上点击右键，就会看见如图 6-13 所示的快捷菜单。选择"添加到"WinAVI 76.rar""，WinRAR 就把该文件(文件夹)压缩成当前位置的同名 rar 压缩包，如图 6-14 所示。若要将压缩包改名或保存在其他位置，可以选择"添加到压缩文件"，然后按提示进行相应操作即可。

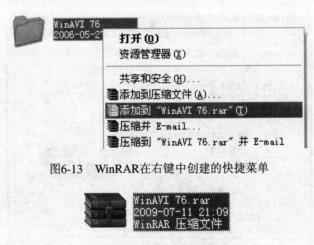

图6-13　WinRAR在右键中创建的快捷菜单

图6-14　rar压缩包

2. 对一个文件(文件夹)进行分卷压缩

当某个较大的文件(文件夹)想通过电子邮件发送出去，而对方的电子邮箱允许的最大附件是15MB，可将该文件(文件夹)压缩成每卷15MB或稍小一点的多个分卷，然后用多个附件发送出去。此法还可以实现分割一个大文件。

具体操作步骤是：在文件(文件夹)上点击右键并选择"添加到压缩文件"，弹出如图6-15所示的对话框，在"压缩分卷大小，字节"栏中输入要分卷的字节数。

单击"确定"，压缩完成后建立了多个压缩文件，按文件名编号选择第一个压缩文件，双击后开始自动解压。注意：并不需要解压其余压缩文件。

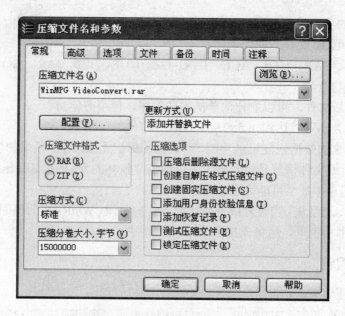

图6-15 压缩向导

3. 加密压缩包

使用WinRAR，可以加密压缩重要文件。如图6-16所示，选择"高级"选项卡后，单击"设置密码"按钮，可以为压缩文件设置密码。

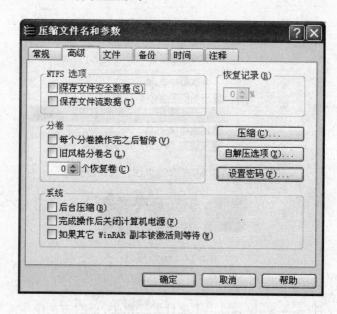

图6-16 压缩向导中的"高级"选项卡

注意：解压时需输入密码才能进行解压操作。

6.5.3 解压缩包

1. 快速解压缩包

在压缩文件上单击右键，会出现如图6-17所示的快捷菜单，选择"解压到WinAVI 76\"，则在当前文件夹下创建一个与压缩文件同名的文件夹，并把相关内容解压到该文件夹下。若选择"解压到当前文件夹"，则把相关内容解压到当前文件夹下(不会在当前文件夹下创建一个与压缩文件同名的文件夹)；若选择"解压文件"，则会在设置的"目标路径"处解压文件。

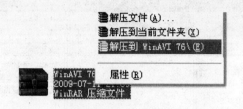

图6-17　快捷菜单

2. 双击压缩文件解压缩包

双击一个压缩包文件，然后点击"解压缩"按钮进行解压缩。

3. 拖放法解压缩包

在 WinRAR 中只要打开一个压缩包文件，它里面所包含的文件就会显示在 WinRAR 的窗口中，这时候只要像"资源管理器"中一样选中，并将它们拖到一文件夹下即可实现这些文件的快速解压缩。

6.6　文件下载和上传

6.6.1　使用迅雷下载

在网络上下载文件已成为我们获取所需资料的一种常用手段。Windows 内置的 IE 浏览器中附有下载功能，但它单线程且不支持断点续传功能，往往令人难以接受。随着网络的迅速发展，为了解决以上下载功能的不足，先后出现了一些非常优秀的下载软件。其中迅雷是一款常用的下载工具，它采用了一种新型的下载模式 P2SP，下载时不是只依赖某个服务器，可实现多点同传的镜像下载，所以下载速度有了很大提高。迅雷在用户文件管理方面也提供了比较完备的支持，尤其是对于用户比较关注的配置、代理服务器、文件类别管理、批量下载等方面进行了扩充和完善，使得迅雷可以满足中、高级下载用户的需求。下面简单介绍一下迅雷的使用。

1. 下载和安装

从许多软件下载网站可以下载迅雷 5，双击运行下载的安装文件，在安装向导的提示下一路点击"下一步"，即可完成安装。安装完成启动迅雷 5 后桌面右上方会出现迅雷的悬浮窗口，双击该悬浮窗口或者单击任务栏中的迅雷图标都可以打开迅雷的主窗口，如图 6-18 所示。注意迅雷安装完成后，IE 要重新启动后本软件才能正常使用。

2. 任务分类说明

在迅雷的主界面左侧就是任务管理窗口，该窗口中包含一个目录树，分为"正在下载"、"已下载"和"垃圾箱"三个分类，鼠标左键点击一个分类就会看到这个分类里的任务，每个分类的作用如下：

(1) 正在下载：没有下载完成或者错误的任务都在这个分类，当开始下载一个文件的时候就需要点击"正在下载"察看该文件的下载状态。

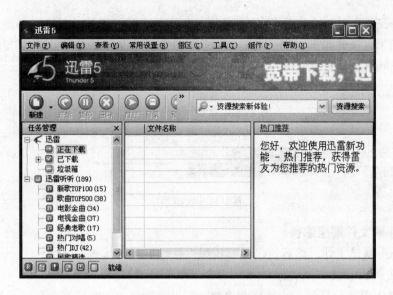

图6-18　迅雷主窗口

(2) 已下载：下载完成后任务会自动移动到"已下载"分类，如果发现下载完成后文件不见了，点一下"已下载"分类就看到了。

(3) 垃圾箱：用户在"正在下载"和"已下载"中删除的任务都存放在迅雷的垃圾箱中，"垃圾箱"的作用就是防止用户误删，在"垃圾箱"中删除任务时，会提示是否把存放于硬盘上的文件一起删除。

3. 更改默认的文件存放目录

迅雷安装完成后，会自动在 C 盘建立一个"C:\download"目录，用来保存下载的文件。如果用户希望更改文件的存放目录，右键单击任务分类中的"已下载"，在右键菜单选择"属性"，就可以更改目录。或利用"工具"菜单中的"配置"选项中的"类别/目录"来完成。

4. 用迅雷下载

在安装时如果已确定迅雷为默认下载工具，当单击下载链接时，会自动弹出迅雷下载窗口，用户确认后下载即可进行。或者右键单击下载链接，选择"使用迅雷下载"。另外可用左键按住链接地址，拖放至悬浮窗口就可以了。在下载软件的过程中，用户仍可浏览网页、听歌甚至玩游戏，不会耽误下载软件的进程，悬浮窗口会显示下载百分比及线程图示。

另外，"迅雷听听"窗口中提供了很多影片、游戏、音乐的链接，用户不必在网上花费精力寻找，可以直接下载想要的信息。

迅雷还提供了"完成后关机"功能，文件下载完成后自动关闭计算机。当下载的文件需较长时间时，可以免除用户在机器前的等候。

6.6.2　使用 CuteFTP 下载和上传

1. CuteFTP 简介

CuteFTP 是一个全新的商业级 FTP 客户端程序，其加强的文件传输系统能够完全满足今天的商家们的应用需求。这里文件通过构建于 SSL 或 SSH2 安全认证的客户机/服务器系统进行传输，为 VPN、WAN、Extranet 开发管理人员提供最经济的解决方案！企业再不需要为了一套安全的数据传输系统而进行破费了。此外，CuteFTP Pro 还提供了 Sophisticated Scripting、目录同步、自动排程、同时多站点连接、多协议支持(FTP、SFTP、HTTP、HTTPS)、智能覆盖、整合的 HTML 编辑器等功能特点以及更加快速的文件传输系统。CuteFTP 的最新版本为 CuteFTP Pro 8.3.2。

2. CuteFTP 的下载安装

从许多软件下载网站可以下载 CuteFTP Pro 8.3.2，双击运行下载的安装文件，在安装向导的提示下一路点击"下一步"，即可完成安装。

3. 使用 CuteFTP 下载

(1) 启动 CuteFTP，打开如图 6-19 所示窗口。

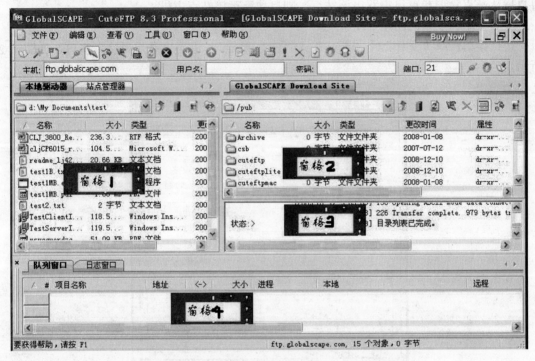

图6-19　CuteFTP主窗口

CuteFTP 窗口分为 4 个窗格。

① 站点管理区/本地驱动器(窗格 1)：该窗口的最下面包括两个标签，分别是 Local Drivers(本地驱动器)，Site Manager(站点管理器)，通过平行位置的左右方向箭头可以调整它们的位置，单击标签实现快速切换。其中本地驱动器窗口中默认时显示的是整个磁盘目录，当选中新建立的网站项时，自动切换到该网站的本地设置目录中，以准备开始上传。

② 服务器目录区(窗格 2)：用于显示 FTP 服务器上的目录信息，在列表中可以看到的包括文件名称、大小、类型、最后更改日期等。窗口上面是用来操作目录或文件的工具栏按钮(后退、刷新、重连等)。

③ 状态信息窗口(窗格 3)：显示当前连接状态的窗口，通过 Log 信息能够了解到诸如登录、切换目录、文件传输大小等重要信息，以便确定下一步的具体操作。连接成功以后，在窗口左边列表中选中站点名称，单击"+"号，选择 session 即可查看。

④ 队列窗口(窗格 4)：在主窗口的最下方，用来显示上传或下载的任务及其状态。

(2) 从远程 FTP 主机(服务器)下载到本地驱动器。

① 连接远程 FTP 主机(服务器)。在主机组合框中输入主机的 IP 地址或者域名，在用户名文本框中输入用户名(如果有的话)，在密码文本框中输入密码(如果有的话)，在端口文本框中输入要求的端口(或默认的 21)，然后点击"连接"按钮即可，如图 6-20 所示。注意：匿名登录不需要填写用户名和密码。

图6-20　连接远程FTP主机

若已经连接过该远程 FTP 主机，并且已经将其加入了站点管理器(即创建了 FTP 站点)，可直接从站点管理器窗口中双击该站点，则自动连接该站点主机。

下面介绍一下如何创建 FTP 站点。

选择菜单命令"文件"｜"新建"｜"FTP 站点"，进入"站点属性"窗口，如图 6-21 所示。

图6-21　新建站点属性窗口

"标签"：站点名称，可以输入一个便于记忆的名字。

"主机地址"：FTP 服务器的主机地址，可以是域名形式或 IP 地址。注意如果使用的是"虚拟主机"服务的话，请使用域名登录。因为这时是多个域名使用一个 IP 的方式。

"用户名"：请填写注册时所申请的用户名。

"密码"：请填写注册时所申请的密码。

"FTP 站点连接端口"：CuteFTP 软件默认的 FTP 端口号是 21。

设置完成后，单击"确定"按钮新建一个 FTP 站点，该站点随即出现在"站点管理器"中。若单击"连接"按钮，则在建站点的同时连接该 FTP 站点主机，连接成功窗口如图 6-22 所示。

② 在本地驱动器下拉列表中选取保存下载文件的文件夹。

③ 在服务器目录区中找到需要下载的文件(文件夹)，右键击之，在弹出的快捷菜单中选

择"下载"即可。或者将需要下载的文件(文件夹)直接拖至本地驱动器窗口。

④ 开始下载，并在队列窗口中建立一个项目，可显示下载的进度及状态。

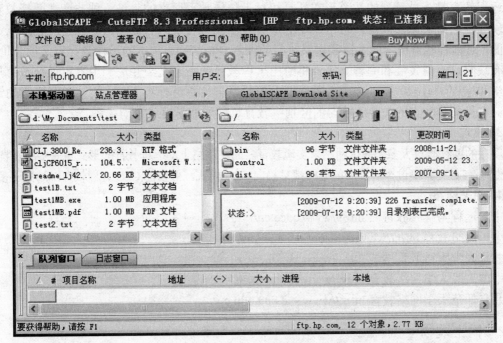

图6-22　连接成功窗口

4. 使用 CuteFTP 上传

FTP 上传是非常常用的一种上传方式，包括许多收费的空间的上传方式也是 FTP 上传，它效率高，而且用一些软件上传的话，还能支持断点续传，这对上传一些较大的文件是非常有好处的——不至于因为网速不稳定而造成白白浪费时间和网费。CuteFTP 就是一种很好的支持断点续传的软件。下面就简述一下上传文件的步骤。

(1) 连接远程 FTP 主机(服务器)。

与前面讲述的基本相同，所不同的是，上传需要一定的权限，所以不能匿名登录远程 FTP 主机，需要获取相应的用户名、密码和端口号。

(2) 在本地驱动器下拉列表中选取要上传的文件(文件夹)，右键击之，在弹出的快捷菜单中选择"上传"即可。或者将上传的文件(文件夹)直接拖至服务器目录窗口。

(3) 开始上传，并在队列窗口中建立一个项目，可显示上传的进度及状态。

6.7　其他 Internet 应用

6.7.1　网上教育

1. 概念

网上教育即 Internet 远程教育，它是指跨越地理空间进行教育活动。远程教育涉及各种教育活动，包括授课、讨论和实习。它克服了传统教育在空间、时间、受教育者年龄和教育环境等方面的限制，带来了崭新的学习模式，随着信息化、网络化水平的提高，它将使传统的教育发生巨大的变化。

2. 特点

远程教育是一种新型的教育形态，是相对于传统教育而言的，是一种非连续面授教育。在出现远程教育概念的同时，常常伴随着远程教学和远程学习的概念，它们是既有区别又有联系的。对远程教育概念的术语和定义进行的深入分析表明，基本的远程教育定义极有价值，但仍有缺陷，有待发展和完善。笔者将给出远程教育的新定义，并进一步界定远程教育与远程教学和远程学习的关系。为此，有必要首先对以下论题进行考察和分析：学习概念的定义方法；广义的和狭义的教育和学习的区别；教育、教学和学习三者的关系。

3. 模式

现在的远程教育大多是通过网站来实现教育。而在网络上的远程教育的形式也是多种多样的，有 B2C 也有 C2C。不过今后发展的方向都是趋向 C2C 模式，但目前 C2C 远程教育网站并不多。

4. 相关网站

中国远程与继续教育网 http://www.cdce.cn/

中国网络教育 http://www.chinaonlineedu.com/

北京大学网络教育学院 http://www.pkudl.cn/

中国人民大学网络教育 http://www.cmr.com.cn/

北京师范大学网络教育 http://www.sne.bnu.edu.cn/

6.7.2　网上购物

1. 网上购物的概念

网上购物，就是通过互联网检索商品信息，并通过电子订购单发出购物请求，然后填上私人支票账号或信用卡的号码，厂商通过邮购的方式发货，或是通过快递公司送货上门。国内的网上购物，一般付款方式是款到发货(直接银行转账，在线汇款，比如亿人购物商城、瑞丽时尚商品批发网)，担保交易(淘宝支付宝，百度百付宝，腾讯财付通等的担保交易)，货到付款等；目前百度 http://youa.baidu.com 是个很好的购物平台。

2. 网上购物蓬勃发展

随着互联网在中国的进一步普及应用，网上购物逐渐成为人们的网上行为之一。据悉，CNNIC 采用电话调查方式，在 2008 年 6 月对 19 个经济发达城市进行调查，4 个直辖市为北京、上海、重庆和天津，15 个副省级城市为广州、深圳、长春等。访问对象是半年内上过网且在网上买过东西的网民。报告显示，在被调查的 19 个城市中，上半年网络购物金额达到了162 亿元。从性别比例看，男性网购总金额为 84 亿元，女性网购金额略低于男性，达到 78 亿元。其中，学生半年网购总金额已达 31 亿，是非学生半年网购总金额的近 1/4。

3. 网上购物的好处

首先，对于消费者来说：

第一，可以在家"逛商店"，订货不受时间的限制；

第二，获得较大量的商品信息，可以买到当地没有的商品；

第三，网上支付较传统现金支付更加安全，可避免现金丢失或遭到抢劫；

第四，从订货、买货到货物上门无需亲临现场，既省时又省力；

第五，由于网上商品省去租店面、招雇员及储存保管等一系列费用，总的来说其价格较一般商场的同类商品更便宜。

其次，对于商家来说，由于网上销售没有库存压力、经营成本低、经营规模不受场地限制等，在将来会有更多的企业选择网上销售，通过互联网对市场信息的及时反馈适时调整经营战略，以此提高企业的经济效益和参与国际竞争的能力。

再次，对于整个市场经济来说，这种新型的购物模式可在更大的范围内、更多的层面上以更高的效率实现资源配置。

综上可以看出，网上购物突破了传统商务的障碍，无论对消费者、企业还是市场都有着巨大的吸引力和影响力，在新经济时期无疑是达到"多赢"效果的理想模式。

4. 如何在网上购物

在网上购物非常方便，用户可以使用支付宝、网上银行、财付通、百付宝网络购物支付卡等等来支付，安全快捷。

当你在确认购买信息后，可以直接按照系统的提示进行操作付款即可。但若卖家的商品不支持财付通付款，请先跟卖家进行协商。

下面介绍财付通付款的具体操作步骤：

(1) 在拍拍选择想要购买的商品，确认出价金额和购买数量，然后点击"确认购买本商品"。

(2) 进入"购买信息确认"页面或购买商品后进入"我的拍拍"→"已购买的商品"页面，选择"现在去付款"按钮。

(3) 核对商品购买信息和收货信息，如果没有填写收货信息请立即填写，确认无误后，点击"现在就去付款"按钮。

(4) 如果"财付通账户"中余额足够支付，可直接输入"财付通账户"的支付密码，然后点击"确认提交"。若"财付通账户"中余额不足支付，推荐采用"财付通·一点通关联支付"。如果暂时没有财付通账户，可以选择一家银行通过网上银行支付，然后点击"确认提交"。

(5) 支付成功后，确认信息即可。

(6) 目前国内已经有一种可以购买的网络购物充值卡，可以直接对支付宝或财付通进行充值，这的确解决了很多没有网银的朋友网上购物的需求。

网上购物是一个新兴产业，首先可以对比的是图片和价格。在先确定一个产品后，要就这个产品的价格进行对比。然后观察卖家的信誉以及卖家关于这个产品的卖出情况。最好选择有保障的交易方式，这样可以制约卖家。

5. 网上购物的安全性

网上购物一般都是比较安全的，只要按照正确的步骤做，谨慎点是没问题的。最好是在家里自己的电脑登录，并且注意杀毒软件和防火墙的开启保护及更新，选择第三方支付方式，如支付宝、财付通、百付宝等，这个需要商家支持，对于太便宜而且要预支付的行为最好不要轻信。另外网上只是一种购买渠道，可以利用网络联系到相关卖方，然后约好进行面对面的谈判，当然要地理上有条件，而且双方要有诚意。

6.7.3　网络游戏

1. 网络游戏的概念

网络游戏缩写为 MMOGAME，又称 "在线游戏"，简称"网游"。它指以互联网为传输媒介，以游戏运营商服务器和用户计算机为处理终端，以游戏客户端软件为信息交互窗口的，旨在实现娱乐、休闲、交流和取得虚拟成就的具有相当可持续性的个体化多人在线游戏。

2. 网络游戏推广

网络游戏推广初期一般都是利用搜索引擎和在大型网站上投放广告进行营销，现在市场上涌现出越来越多的网络，伴随着美国金融危机的冲击，目前国内的很多网络游戏厂商都处在竞争白热化的时期，现在更需要一种更加创新的推广模式来减少厂商的推广成本和提高推广效果，于是游戏推广联盟应运而生。在发展了一段时间后它得到了广大游戏厂商和游戏玩家的认可，完全实现了游戏厂商和游戏玩家的双赢，更好地推动了我国游戏产业的发展。

3. 网络游戏产业

网络游戏产业是一个新兴的朝阳产业，经历了 20 世纪末的初期形成期阶段，及近几年的快速发展，现在中国的网络游戏产业处在成长期，并快速走向成熟期。中国游戏市场潜力巨大，在未来几年内，中国将从资金投入、创造产业环境、保护知识产权以及加强对企业引导等方面对国内的游戏企业加以扶持。亚洲将是未来全球网络游戏的重要市场，而中国和日本将成为地区最大的两个在线游戏市场。

艾瑞咨询最新发布的《中国网络游戏行业发展报告》指出，2008 年中国网络游戏市场规模为 207.8 亿元，同比增长 52.2%。从全球范围来看，2008 年中国网络游戏市场的收入约占全球 27% 的份额，排名第二，美国以 29% 位居榜首。按照全球网络游戏产业的发展趋势，中国市场的占有率还将以每年 5% 左右的速度递增。预计 2009 年中国的网络游戏市场规模同比增长 49.6%，达到 310.8 亿元。预计到 2012 年，中国网络游戏的市场规模将达 686.2 亿元，全球市场占有率将达 46.9%。

习　题　6

一、选择题

1. 因特网中电子邮件的地址格式如(　　)。

    A. wang@nit.edu.cn　　　　　　　　B. wang.Email. nit.edu.cn

    C. http://wang@ nit .edu.cn　　　　　D. http://www.wang. nit.edu.cn

2. 因特网中，利用浏览器查看 Web 页面时，须输入网址，如下表示的网址不正确的是(　　)。

    A. www.cei.gov.cn　　　　　　　　B. http://www.cei.com.cn

    C. http://www.cei.gov.cn　　　　　D. http:@.cei.gov.cn

3. IE 6.0 是一个(　　)。

    A. 操作系统平台　　　　　　　　B. 浏览器

    C. 管理软件　　　　　　　　　　D. 翻译器

4. 请选择接收 E-mail 所用的网络协议是(　　)。

    A. POP3　　　　　　　　　　　　B. SMTP

    C. HTTP　　　　　　　　　　　　D. FTP

5. 已知接入 Internet 网的计算机用户名为 hgm，而连接的服务商主机名为 seu.edu.cn，则他相应的 E-mail 地址为(　　)。

    A. hgm@seu.edu.cn　　　　　　　B. seu.edu.cn@hgm

    C. @hgm.seu.cdu.cn　　　　　　　D. hgm.seu@edu.cn

二、问答题
1. 什么是搜索引擎？简述其使用方法。
2. 常用的压缩软件有哪些？
3. 常用的即时通信软件有哪些？
4. 常用的下载软件有哪些？
5. 常用的上传软件有哪些？

第 7 章　网页制作与网站建设

计算机网络是计算机技术与现代通信技术紧密结合的产物。人们借助计算机网络来获取、传输和处理信息，实现信息通信与资源共享。如今计算机网络已日益深入到政治、经济、科教、文化等社会生活的各个方面，人们随处都可以享受到计算机网络带来的便利，计算机网络已成为人们日常生活中必不可少的工具。

7.1　网页和网站

7.1.1　网页的基本概念及组成

1. 网页的基本概念

网页是用 HTML 或其他 Web 编程语言(如 JavaScript、VBScript、ASP、ASP.NET、JSP、PHP 和 XML 等)编写的 WWW 中的基本文档，又称 Web 页。网页一般由站标、导航栏、广告栏和信息区等部分组成。百度的主页如图 7-1 所示。

图7-1　百度的主页

2. 网页的组成元素

网页的组成元素主要包括以下几种:

1) 文本

文本是网页中最基本的元素之一。与图像相比,文字虽然不如图像那样能够很快引起浏览者的注意,但却能准确地表达信息的内容和含义。为了克服文字固有的缺点,人们赋予了网页中文本更多的属性,如字体、字号、颜色、底纹和边框等,通过不同格式的区别,突出显示重要的内容。

2) 图片

许多网页因为有了图片而变得丰富多彩,可见图片在网页中的重要性。用于网页上的图片一般为 JPG(JPEG)和 GIF 格式的文件。网页中含有大量的图片会增强网页的可欣赏性,但同时也会影响网页的传输速度,所以在网页中图片不能太多、太大,因为图片的下载速度较慢,而且网页上如果放置了过多的图片,会显得很乱,有喧宾夺主之势。

3) 超级链接

超级链接是网站的灵魂,各个网页链接在一起后,才能真正构成一个网站。超级链接是一种允许我们同其他网页或站点之间进行链接的元素。所谓的超级链接是指从一个网页指向一个目标的链接关系,这个目标可以是另一个网页,也可以是相同网页上的不同位置,还可以是一个图片,一个电子邮件地址,一个文件,甚至是一个应用程序。有超级链接的地方,鼠标指上时会变成小手形状。可以说超级链接正是 Web 的主要特色。

4) 表格

表格是网页排版的灵魂。使用表格排版是现在网页的主要制作形式。网页中表格不仅可以显示分门别类的数据,而且更多用在网页布局的控制上。合理地利用表格可以实现整齐协调的布局效果。有了表格的存在,网页中的元素得以方便地固定在设计的位置上。一般表格的边线不在网页中显示。

5) 表单

表单是用来收集访问者信息的区域集合。表单由不同功能的表单域组成,最简单的表单也要包含一个输入区域或一个提交按钮。站点浏览者填写表单的方式通常是输入文本,选中单选按钮或复选框,以及从下拉列表框中选择选项等。根据表单功能与处理方式的不同,通常可以将表单分为用户反馈表单、留言簿表单、搜索表单和用户注册表单等类型。

6) 导航栏

导航栏就是为方便用户浏览网站信息、获取网站服务并且在整个过程中不致迷失、在发现问题时可以及时找到在线帮助的一种表现形式。事实上,导航栏就是一组超级链接,这组超级链接的对象就是站点的主页以及其他重要网页。在设计站点中的每个网页时,可以在站点的每个网页上显示一个导航栏,这样,浏览者就可以既方便又快捷地转向站点的其他网页。导航栏是用户在规划好站点结构,开始设计主页时必须考虑的一项内容。

7) 框架

框架网页是一种特殊的网页,它可以将浏览视窗分为多个"子窗口",每一个框架都可以独立显示一个网页。使用框架可以实现类似资源管理器结构的布局。

8) 动态元素

动态元素包括 Flash 动画、GIF 动画、悬停按钮、广告横幅、滚动字幕、网站计数器和动态视频等。这些元素的存在,使网页更有吸引力。网页设计者如何很好地设计和运用这些动态元素，对于提高网站的访问量是很有帮助的。

3. 网页的分类

1) 根据是否在服务器端运行分类

(1) 静态网页。静态网页是以.htm，.html，.shtml，.xml 等为后缀的文件。当用户向 Web 服务器请求网页内容时，Web 服务器仅仅将已设计好的静态 HTML 文件传送给用户浏览器，由用户浏览器解释执行。在 HTML 格式的网页上，也可以出现各种动态的效果，如 GIF 格式的动画、Flash、滚动字幕等。这些"动态效果"只是视觉上的，与下面将要介绍的动态网页是不同的概念。

(2) 动态网页。动态网页以.asp，.aspx，.jsp，.perl，.cgi 等形式为扩展名。动态网页是能够在客户端与服务器进行交互的网页。动态网站的页面不是一成不变的，页面上的内容是动态生成的，它可以根据数据库中相应部分内容的调整而变化，即网页内容能够因人因时变化，使网站内容更灵活，维护更方便。

当用户向 Web 服务器发出访问动态页面的请求时，Web 服务器将该页面提交给相应的解释引擎；解释引擎把执行结果返回 Web 服务器。Web 服务器把解释引擎的执行结果连同页面上的 HTML 内容以及各种客户端脚本一同传送到客户端。虽然客户端用户接收到的页面与传统页面没有任何区别，但实际上页面内容已经过服务器端的处理了，并已完成这一动态的个性化设置。

2) 据页面内容分类

(1) 主页。一般来说，主页是一个网站中最重要的网页，也是访问最频繁的网页，所以有时我们把制作网页成为制造主页。主页是一个网站的标志，体现了整个网站的制作风格和性质，主页上通常会有整个网站的导航目录，所以主页也是一个网站的起点站或者说主目录。网站的更新内容一般都会在主页上突出显示。主页一般命名为 index.html、ndex.htm、index.asp、default.html、default.htm、default.aspx、default.php、default.jsp 等的文件名，但在浏览器的地址栏中通常看不到其文件名(因为它被添加为默认文档了)。目前主页通常为动态网页。

(2) 内容网页。内容网页是对网站所传达信息的具体体现，位于网站链接结构的终端。内容网页一般命名为 9999.html(9999 表示一串数字)，在浏览器的地址栏中可看到其文件名，通常为静态网页。

7.1.2 网站的基本概念及组成

1. 网站的基本概念

网站(Website)是一种文档的磁盘组织形式，它由文档和文档所在文件夹组成，通俗地讲网站就是文件夹。网站是根据一定规则，使用 HTML 等工具制作的用于展示特定内容的相关网页的集合。

设计良好的网站通常具有科学合理的结构，利用不同的文件夹，将不同的网页分门别类地保存，这是设计网站的必要前提。结构良好的网站，不仅便于管理，也便于更新。

2. 网站的组成

网站由域名(俗称网址)、网站源程序和网站空间三部分构成。域名(俗称网址)形式如 www.baidu.com(一级域名)，hi.baidu.com/e000(二级/三级 域名)；网站空间由专门的独立服务器或租用的虚拟主机承担；而网站源程序则放在网站空间里面，表现为网站前台和网站后台。

3. 网站的分类

1) 门户网站

所谓门户网站，是指通向某类综合性互联网信息资源并提供有关信息服务的应用系统。门户网站最初提供搜索引擎、目录服务，后来由于市场竞争日益激烈，门户网站不得不快速地拓展各种新的业务类型，希望通过门类众多的业务来吸引和留住互联网用户，以至于目前门户网站的业务包罗万象，成为网络世界的"百货商场"或"网络超市"。从现在的情况来看，门户网站主要提供新闻、搜索引擎、网络接入、聊天室、电子公告牌、免费邮箱、影音资讯、电子商务、网络社区、网络游戏、免费网页空间等。在我国，典型的门户网站有新浪网、网易和搜狐网等。

2) 政府网站

政府网站是我国各级政府机关履行职能、面向社会提供服务的官方网站，是政府机关实现政务信息公开、服务企业和社会公众、互动交流的重要渠道。就体系结构来说，地方政府门户网站是"电子政务前台—后台服务体系"的一个重要的组成部分，与本级政府内网门户、行政服务中心以及服务提供方式和渠道等共同构成一个完整体系，是提高电子政务效能的关键环节。我国的政府网站域名以 gov.cn 为后缀，如 http://www. beijing.gov.cn/。

3) 企业网站

所谓企业网站，就是企业在互联网上进行网络建设和形象宣传的平台。根据行业特性的差别，以及企业的建站目的和主要目标群体的不同，大致可以把企业网站分为：基本信息型、电子商务型、多媒体广告型、产品展示型等等。企业网站是比例最大的网站类型，占整个网站总体的 70%左右。著名企业网站有：联想集团的网站 http://www.lenovo.com、阿里巴巴 http://china.alibaba.com/等等。

4) 个人网站

个人网站是指个人或团体因某种兴趣，拥有某种专业技术，提供某种服务或把自己的作品、商品展示销售而制作的具有独立空间域名的网站。个人网站包括：博客、个人论坛、个人主页等。网络的大发展趋势就是向个人网站发展。

7.2 网站建设的一般步骤

7.2.1 网站规划

1. 网站的目标定位

一个网站要有明确的目标定位，这是在进行网站设计之前必须要考虑和解决的首要问题。只有定位准确、目标鲜明，才可能做出切实可行的计划，按部就班地进行设计。网站的目标定位要做到网站主题的小而精，即定位要小，内容要精，从而突出个性和特色。题材应该是自己擅长或者喜爱的内容，不要选择到处可见、人人都有的题材，也不要选择已经存在非常优秀、知名度很高的站点的题材，因为如果是这样，那你想要超越它是很困难的。

2. 网站的风格定位

网站的风格是指网站的整体形象给浏览者的综合感受。网站的"整体形象"包括站点的专业特性、版面布局、交互性、文字和信息价值等诸多因素。由于风格是多种因素的交互作用，因此也就形成了创作风格上的千差万别，比如：网易的平易近人，迪斯尼的生动活泼，IBM 的专业严肃等这些都是网站给人们留下的不同感受，也给人们留下了深刻的印象。普通网站你看到的只是堆砌在一起的信息，你只能用理性的感受来描述，比如信息量大小，浏览速度快慢；而有风格的网站能给浏览者更深的感性认识，比如站点有品位，和蔼可亲，感觉赏心悦目，如沐春风，是一种享受。

网站的风格其实也体现了网页设计者的艺术素养和气质，网页设计者多方面的艺术素养，包括艺术鉴赏力和艺术地感受生活、捕捉形象和细节的能力以及艺术表现的能力等因素，都会从各自的角度影响风格的形成。

一个有风格的网站在保证内容的质量和价值性的前提下，应找出网站中最有特点、最能体现网站风格的信息，以它作为网站的特色加以重点强化、宣传。例如：网站名称、域名和栏目是否符合这种个性特点，是否好记，网站的基准色彩是否能突出网站风格等。

3. 确定网站的主题

建立网站的目的很多，主题也就有了很多，可以是为了销售产品、树立形象、提供信息或提供游戏娱乐等。作为设计者，必须明确要建立何种主题、何种类型的网站，网站应该具有哪些内容，向浏览者提供哪些信息，网站是为哪些群体服务的，是大学生、科技人员、业余爱好者还是购物者，等等。

4. 要有好的创意

创意(idea)是网站生存的关键之一。一个好的网站创意，可以得到浏览者对网站的肯定和认可，目的是更好地宣传推广网站。所以，创意既要新颖又要符合实际。

7.2.2 资料收集整理

在确定了网站的主题风格、栏目版块之后，就可以收集、整理资料了。需要收集的信息一方面包括文字资料、图像(动画)、脚本等，另一方面需要制作图像，如果收集的图像素材并不是正好适合我们的网站，对这些素材还需要处理加工，制作出将要在网站中使用的图像，如网站 Logo、超级链接标志、页面顶部的栏目名称等，有时也可以通过使用索引引擎对互联网上相关内容进行收集。

7.2.3 网页设计

1. 网页设计的一般原则

(1) 主题鲜明。优秀的网页设计必然服务于网站的主题，就是说，什么样的网站，应该有什么样的网页制作。例如，设计类的个人站点与商业站点性质不同，目的也不同，所以评论的标准也不同。网页艺术设计与网站主题的关系应该是这样：首先，设计是为主题服务的；其次，设计是艺术和技术结合的产物，就是说，既要"美"，又要实现"功能"；最后，"美"和"功能"都是为了更好地表达主题。应该注重通过独特的风格和强烈的视觉冲击力，来鲜明地突出设计主题。

(2) 风格统一。统一是指设计作品的整体性，一致性。设计作品的整体效果是至关重要的，在设计中切勿将各组成部分孤立分散，那样会使画面呈现出一种枝蔓纷杂的凌乱效果。

(3) 合理运用色彩。色彩是艺术表现的要素之一。在网页设计中，网页作为网络和艺术的结合体，色彩的合理搭配和运用会给浏览者留下深刻的印象。如何真实地表达设计者的意图，给浏览者以切身的感受，则要求设计者有一个合理的配色方案。如一个儿童类网站，需要表现其乐融融的欢快气氛，我们就可以选择红色、绿色、橘黄色等一些比较亮而鲜明的色调，营造出可爱有趣的活泼氛围。

网页的颜色应用并没有数量的限制，但也不能毫无节制地运用多种颜色，一般情况下，先根据总体风格的要求定出一至两种主色调，然后再根据具体情况合理运用其他色彩。

(4) 和谐与美的原则。网页设计作为一种视觉语言，要讲究编排和布局，页面布局是网页设计的一个重要组成部分，也是体现网站风格的重要元素之一，其主要任务是将 Web 页面分割成用于安排文字、图像等各种屏幕元素的隐含区间。良好的页面布局设计应该做到结构清晰、页面平衡、重点突出并易于用户浏览，能体现页面的和谐与美，给浏览者一个流畅的视觉体验。

(5) 及时更新。为了保持网站对浏览者的吸引力、网站的访问量及信息的时效性，需要定期更新网站内容。很难想象一个半年都不曾更新的网站会有多少访问量。网站(页)的及时更新也是网站走向成熟的一个标志。

2. 网页设计的实现

首先，选择合适的网页制作软件，如 FrontPage、Dreamweaver 等，编写已规划的网页内容。

其次，还要用 Fireworks、Photoshop 或是 CorelDraw 等图像处理软件来创作网页的背景、logo 的图片，必要时还要用 Flash 等软件制作动画来加强效果。

最后，要进行网页的优化。在网页设计中，网页的优化是较为重要的一个环节。它的成功与否会影响页面的浏览速度和页面的适应性，影响观者对网站的印象。

7.2.4 网站测试

这里的网站测试主要指网页测试。在网页制作完成之后，用户需要测试网页以确保网页的正常使用。测试网页主要包括以下几个方面：

(1) 兼容性测试。Dreamweaver 虽然考虑到了网页在不同版本、不同类型的网页浏览器中的兼容性，但是也有一些元素必须是更新版本的浏览器才能得到支持。用户可以用 Dreamweaver 自带的工具来测试所制作的页面，以检查网页在不同版本、不同类型的浏览器中的兼容性。

(2) 链接测试。测试是否有断掉的超级链接，可以用 Dreamweaver 自带的工具来测试连接的正确性。当然，用户也可以单击每一个超级链接，看是否有效和正确。

(3) 实地测试。把网页上传到 Internet 服务器，测试连接、下载速度等问题。

(4) 调试网站。在网站的验证与调试阶段，要尽最大努力找出网站的所有错误，所以参与验证与调试的人越多越好。在验证与调试期间，要注意网站的可浏览性，因为在不同类型的浏览器中浏览的效果有所差异。最好是在几个不同的浏览器中进行浏览，为网站上传打好基础。

7.2.5 网站的发布和维护

在上传到 Internet 服务器之前，要向有网页服务的 ISP(网络服务供应商)申请网页空间。申请成功之后，将本地站点上传到 Internet，然后登录到自己的网站。目前许多 ISP 均提供商用的网页服务，而且很多是免费的。到 ISP 站点注册登录是推广自己网站的最佳途径之一，不仅成本低甚至免费，而且效果好。

将网站上传到 Internet 之后，还要不断进行后期的维护与更新，经常有新的信息，给人以新的印象，才能吸引更多的用户浏览。

7.3 网页制作工具简介

7.3.1 Microsoft FrontPage

FrontPage 是微软公司的网页制作软件，它简单易学，具有"所见即所得"的特点，是初学者的首选。FrontPage 的界面和 Word 的界面十分相似，只要会用 Word，就可以很快学会 FrontPage。用 FrontPage 可以编辑页，编写 HTML 代码和直接预览网页。FrontPage 的不足之处是其功能相对较弱。

7.3.2 Macrinedia Dreamweaver

Dreamweaver 是美国 Macromedia 公司开发的集网页制作和管理网站功能于一身的网页编辑器，它是一套针对专业网页设计师的可视化网页开发工具，利用它可以轻而易举地制作出跨平台限制的网页。它与 Flash 、Fireworks 并称为网页制作"三剑客"。Dreamweaver 将可视布局工具、应用程序开发功能和代码编辑支持组合在一起，其功能非常强大，它还支持 ActiveX、JavaScript、Java. Shockwave 等特性，并支持 DHTML 的设计，使得各个层次的开发人员和设计人员都能够快速创建界面美观的基于标准的网站和应用程序。Dreamweaver 最具挑战性和生命力的是它的开放式设计，这项设计使任何人都可以轻易扩展它的功能。

7.3.3 其他辅助工具

1. Macromedia Fireworks

Fireworks 是 Macromedia 公司发布的一款专门用于网络图像设计的图形编辑软件，内建丰富的网络出版功能。Fireworks 与 Dreamweaver 结合很紧密，使用它可以轻松地制作出十分动感的 GIF 动画，还可以轻易地完成大图切割、动态按钮制作、动态翻转图等，它还可以直接生成 Dreamweaver 的库，大大简化了网络图形设计的工作难度。Fireworks 常用于网页界面的设计，以及一些网页中常用的按钮、图标、导航、横幅等的设计。

2. Adobe Photoshop

Photoshop 是平面图像处理业界霸主 Adobe 公司推出的跨越 PC 和 MAC 两界首屈一指的大型图像处理软件。它功能强大，操作界面友好，得到了广大第三方开发厂家的支持，从而也赢得了众多的用户的青睐。对于比较复杂的图像处理，Photoshop 是当之无愧的。

3. Macromedia Flash

Flash 是 Macromedia 公司发布的一款功能强大的动画制作软件，是交互式矢量图和 Web 动画的标准，利用它我们能制作出简单的动画，并且还可以加入声音、视频等内容，实现真正的多媒体动画，也可制作具有一流动画效果的 Flash 影片。Flash 制作的动画体积小，速度快，可以边下载边播放，避免了用户长时间等待。由于 Flash 的功能强大，网页设计者使用 Flash 能创建漂亮的、可改变尺寸的以及极其紧密的导航界面、技术说明以及其他奇特的效果，还可以用它单独开发制作 Flash 网站。

7.3.4 Dreamweaver 的安装和启动

1. Dreamweaver 的安装

(1) 打开你下载并解压的 Adobe Dreamweaver CS3 简体中文版。

(2) 双击"Setup.exe"开始安装。

(3) 输入序列号，点击"下一步"继续。

(4) 点击"接受"按钮，接受许可协议。

(5) 点击"安装"按钮，进行安装。

2. Dreamweaver 的启动

点击"开始"|"程序"|"Adobe Dreamweaver CS3"，启动 Adobe Dreamweaver CS3。或双击桌面上的快捷方式 Adobe Dreamweaver CS3，启动 Adobe Dreamweaver CS3。

7.3.5 Dreamweaver 的工作界面

Dreamweaver CS3 运行后的显示效果如图 7-2 所示。

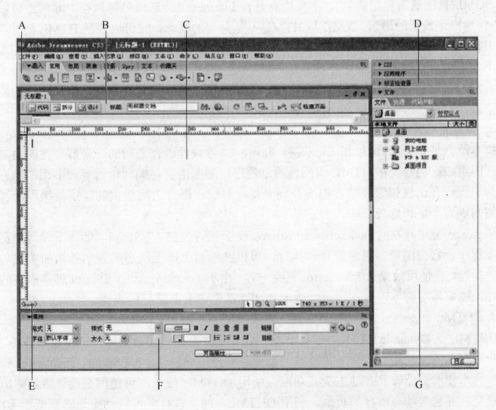

图7-2　Dreamweaver CS3运行界面

A—"插入"栏；B—文档工具栏；C—"文档"窗口；D—面板组；E—标签选择器；

F —"属性"检查器；G—"文件"面板。

7.4 网页制作语言简介

7.4.1 浏览器端语言

1. HTML 语言

超文本标记语言(Hyper Text Markup Language，HTML)是一种用来制作超文本文档的简单标记语言。用 HTML 编写的超文本文档称为 HTML 文档，它能独立于各种操作系统平台(如 UNIX，Windows 等)。自 1990 年以来 HTML 就一直被用作 WWW 上的信息表示语言，用于描述 Homepage 的格式设计和它与 WWW 上其他 Homepage 的链接信息。HTML 中的超文本功能，可以使网页之间相互链接起来，HTML 是一切网页编程的基础。

HTML 文档(即 Homepage 的源文件)是一个放置了标记的 ASCII 文本文件，文件扩展名通常使用.htm 或.html。

2. XML 语言

可扩展标记语言(Extensible Markup Language，XML)，实际上是 Web 上表示结构化信息的一种标准文本格式，它没有复杂的语法和包罗万象的数据定义。XML 同 HTML 一样，都来自 SGML(标准通用标记语言)，主要用途是在 Internet 上传送或处理数据，通常还可以选择 XML 作为描述数据的语言，XML 与 HTML 不是并列的概念，它可以说是 HTML 的补丁，以弥补 HTML 语言中的功能不足。在 XML 语言中允许用户自定义控制标识符，而在 HTML 语言中不允许用户这样做。XML 与 SGML 一样，是一个用来定义其他语言的元语言。与 SGML 相比，XML 规范不到 SGML 规范的 1/10，简单易懂，是一门既无标签集也无语法的新一代标记语言。XML 文件的扩展名为.xml。

3. 浏览器端脚本语言

脚本语言是介于 HTML 和 C，C++，Java，C#等编程语言之间的一种解释性的语言，由程序代码组成，是一段在 HTML 代码内的小程序。脚本语言与编程语言有很多相似地方，其函数与编程语言比较相像一些，也涉及到变量；与编程语言之间最大的区别是编程语言的语法和规则更为严格和复杂一些。

Netscape 公司开发的 JavaScript 和 Microsoft 公司开发的 VBScript，即属于编写浏览器端的脚本程序，它由浏览器负责解释和执行，可以在网页上产生动态的显示效果和实现与用户交互的功能，在使用效果上 JavaScript 更胜一筹。由于 JavaScript 和 VBScript 脚本语言的易学易用性，浏览器端脚本语言在网页特效制作和互动性中有非常好的表现。

4. DHTML

DHTML 是 Dynamic HTML，即动态 HTML，它并不是一门新的语言，而是 HTML、CSS 和客户端脚本的一种集成，是一种技术的总称。它使用 HTML、VBScript、JavaScript 和 CSS 等语言技术使网页能够具有动态交互功能。使用 DHTML 技术，可使网页设计者创建出能够与用户交互并包含动态内容的页面。利用 DHTML，网页设计者可以动态地隐藏或显示内容、修改样式定义、激活元素以及为元素定位。DHTML 还可使网页设计者在网页上显示外部信息，方法是将元素捆绑到外部数据源(如文件和数据库)上。所有这些功能均可用浏览器完成而无需请求 Web 服务器，同时也无需重新装载网页。这是因为一切功能都包含在 HTML 文件中，随着对网页的请求而一次性下载到浏览器端。可见，DHTML 技术是一种非常实用的网页设计技术。实际上，DHTML 早已广泛地应用到了各类大大小小的网站中，成为高水平网页必不可少的组成部分。

7.4.2 服务器端语言

服务器端语言程序运行于服务器之上，浏览者永远看不到服务器脚本的内容，得到的只有脚本解释器发回的 HTML 代码，浏览器对它接收并解释执行。目前常见的服务器端语言有：ASP、ASP.NET、PHP 和 JSP。

1. ASP 和 ASP.NET

ASP 是 Active Server Pages 的缩写，即动态服务器网页，是在 Microsoft IIS 或 PWS 等网站服务器执行的 ASP 程序。由于 ASP 简单方便，所以早期很受用户的欢迎。但因为 ASP 自身存在着许多缺陷，最重要的就是安全性问题，所以平台的局限性和 ASP 自身的安全性限制了 ASP 的广泛应用。目前在微软的 .net 战略中新推出的 ASP.net 借鉴了 Java 技术的优点，使用 C Sharp (C#) 语言作为 ASP.net 的推荐语言，同时改进了以前 ASP 的安全性差等缺点。

2. PHP

PHP 是 Professional Hypertext Perprocessor 的缩写，是一种 HTML 内嵌式的语言。我们可以通过在 HTML 网页中嵌入 PHP 的脚本语言，来完成与用户的交互以及访问数据库等功能。PHP 独特的语法混合了 CJava. Perl 以及 PHP 式的新语法，可以比 CGI 或者 Perl 更快速地执行动态网页。平台无关性是 PHP 的最大优点，缺点是如果在 PHP 中不使用 ODBC，而用其自带的数据库函数(这样的效率要比使用 ODBC 高)来链接数据库的话，使用不同的数据库，PHP 的函数名不能统一，使得程序的移植变得有些麻烦。不过，PHP 和其他 ASP 等语言不同，它的产生和发布都是自发的，是完全免费的而不是商业的行为。它和 MySql(一种免费的数据库)以及 Apache(一种免费的服务器)一起配合使用已经被许多网站的设计人员所采用。

3. JSP

JSP 是 java server page 的缩写，JSP 和 Servlet 要放在一起学习，这是因为它们都是 Sun 公司的 J2EE(Java 2 platform Enterprise Edition)应用体系中的一部分。Servlet 的形式和前面讲的 CGI 差不多，它是 HTML 代码和后台程序分开的。虽然在形式上 JSP 和 ASP 或 PHP 看上去很相似——都可以被内嵌在 HTML 代码中，但是它的执行方式和 ASP 或 PHP 完全不同。在 JSP 被执行的时候，JSP 文件被 JSP 解释器(JSP Parser)转换成 Servlet 代码，然后 Servlet 代码被 Java 编译器编译成 .class 字节文件，这样就由生成的 Servlet 来对客户端应答。所以，JSP 可以看做是 Servlet 的脚本语言(Script Language)版。由于 JSP/Servlet 都是基于 Java 的，所以它们也有 Java 语言的最大优点——平台无关性，也就是所谓的"一次编写，随处运行"。除了这个优点，JSP/Servlet 的效率以及安全性也是相当惊人的。

7.5 网站建设实例

本节为读者详细介绍使用 Dreamweaver CS3 进行网站设计的完整过程。

7.5.1 创建和管理本地站点

一个站点(Site)是一个存储区，其中存储了该网站所包含的所有文件。要制作一个能够被大家浏览的网站，首先需要本地的计算机中创建本地的测试站点，当测试完成后再把这个网站传到互联网的 Web 服务器上。放置在本地磁盘上的网站被称为本地站点，位于互联网 Web 服务器里的网站被称为远程站点。在 Dreamweaver CS3 中，可以方便地构建和管理站点。

1. 创建站点

创建站点可以有两种方法，一是利用向导完成，二是利用高级设定来完成。

在创建站点前，我们先在自己的电脑硬盘上建一个以英文或数字命名的空文件夹。

(1) 选择菜单栏"站点"丨"管理站点"，出现"管理站点"对话框。点击"新建"按钮，选择弹出菜单中的"站点"项，如图 7-3 所示。

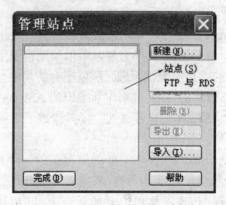

图7-3 "管理站点"对话框

(2) 在打开的窗口上方有"基本"和"高级"两个标签，可以在站点向导和高级设置之间切换。下面选择"基本"标签，如图 7-4 所示。

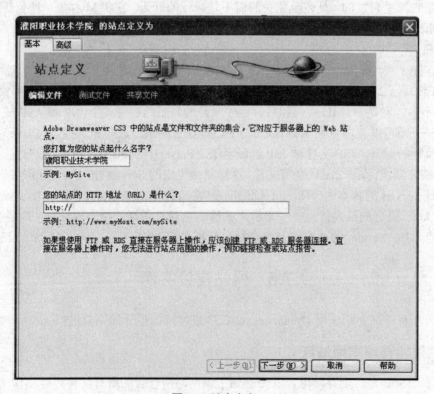

图7-4 站点定义

144

在文本框中，输入一个站点名字以在 Dreamweaver CS3 中标识该站点。这个名字可以是任何你需要的名字。

(3) 单击"下一步"。出现向导的下一个界面，询问是否要使用服务器技术。如图 7-5 所示。

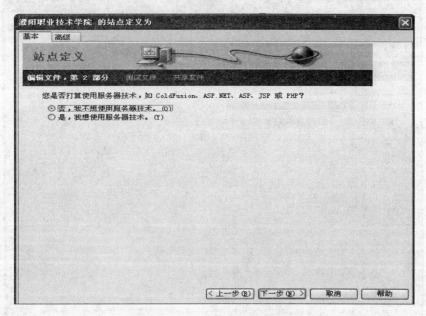

图7-5　站点定义服务器技术选项

我们现在建立的是一个静态页面，所以选择"否"。

(4) 单击"下一步"，询问开发过程中如何使用文件，一般选择推荐项，即"编辑我的计算机本地副本，完成后再上传到服务器"。还需选择文件存储在计算机的位置，通过浏览本地计算机选定文件存储位置。效果界面如图 7-6 所示。

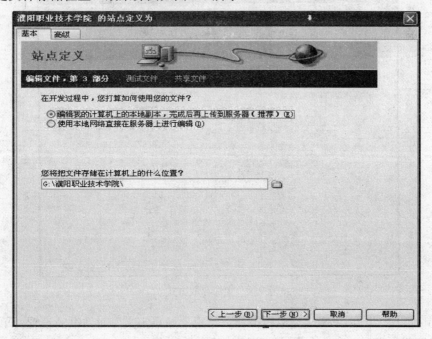

图7-6　选定文件存储位置

(5) 单击"下一步"，选择连接到服务器的方式及文件存储在服务器的位置。如图 7-7所示。

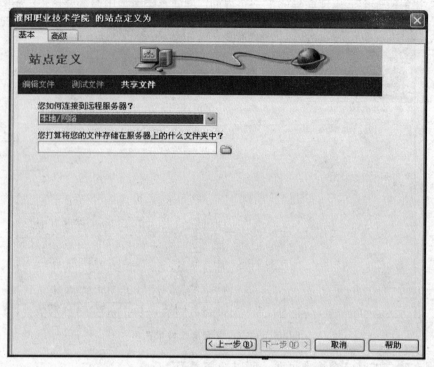

图7-7　选择连接到服务器的方式

(6) 单击"下一步"，选择是否允许和他人同时编辑同一个文件。界面如图 7-8 所示。

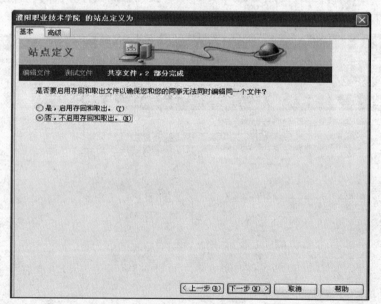

图7-8　文件存取方式

(7) 单击"下一步"，单击"完成"按钮，结束"站点定义"对话框的设置。单击"管理站点"的"完成"按钮，文件面板显示出刚才建立的站点。

至此，我们完成了站点的创建。

2. 文件与文件夹的管理

对建立的文件和文件夹，可以进行移动、复制、重命名和删除等基本的管理操作。单击鼠标左键选中需要管理的文件或文件夹，然后单击鼠标右键，在弹出菜单中选"编辑"项，即可进行相关操作。

注意：不能在资源管理器中改变文件名，删除文件或是移动文件位置，否则会造成严重的后果，如超链接错误，文件的图片不能正确显示等。

7.5.2 设置页面属性

新建文档之后，可以通过定义页面属性的方法定义页面的显示效果。执行"修改"|"页面属性"命令，可以打开"页面属性"对话框。在"页面属性"对话框中，可以定义页面的外观、链接、标题、标题/编码、跟踪图像等。下面讲解部分选项中参数的含义。

1. 外观属性

在"外观"一类中，可以设置当前页面的默认字体属性、背景和页边距等，如图 7-9 所示。具体介绍如下。

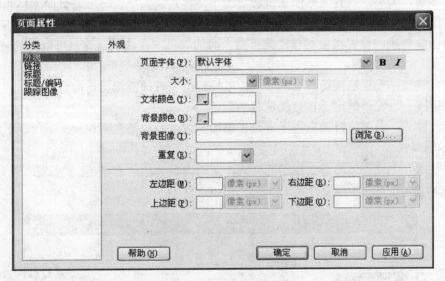

图7-9　"外观"属性对话框

页面字体：设置当前页面的默认字体。

大小：设置字号，一般设置为 12 像素。

文本颜色：设置字体颜色。

背景颜色：设置整个页面的背景色。

背景图像：使用图片作为背景，默认情况下图片自动平铺整个页面。当背景图像与背景颜色都设置时，只能显示背景图像，背景颜色会被覆盖。

左边距、右边距、上边距和下边距：用于设置页面内容距文档的距离，默认情况下有 2 像素的间距。

2. 链接属性

单击"链接"一项打开链接类属性，如图 7-10 所示，具体介绍如下。

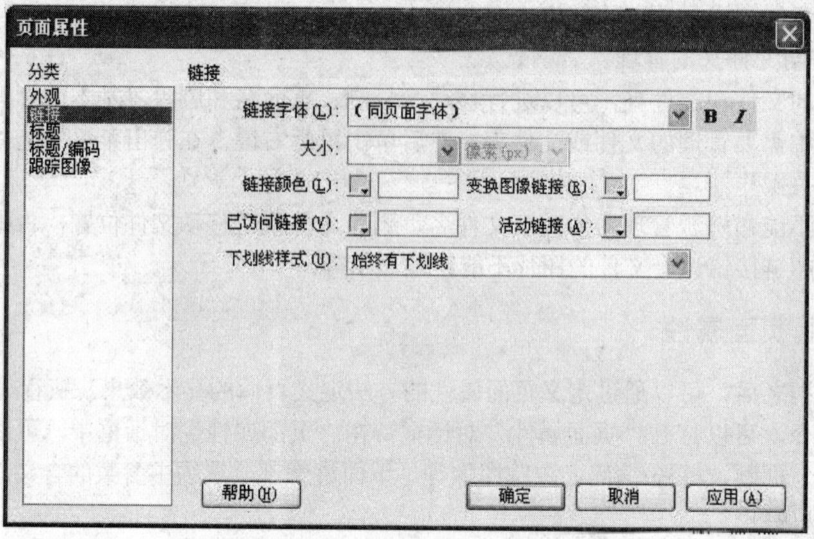

图7-10 "链接"属性对话框

链接字体、大小：设置文本添加链接后的字体样式及大小，一般与页面字体相同。

链接颜色：文本添加链接后的文本颜色。

变换图像链接：设置当鼠标移动到链接上时的颜色，在浏览器窗口可以看到链接出现颜色上的变化。

已访问链接：设置链接访问后的颜色，以提示浏览者该链接已访问过。

活动链接：设置该链接正在被浏览时的颜色。

下划线样式：设置该链接文本下方是否添加下划线，或是在哪种状态下出现下划线。

3. 标题属性

在"标题"中设置页面各个标题的样式。文档内容的标题有 6 级，"标题 1"最大，"标题 6"最小。如图 7-11 所示。

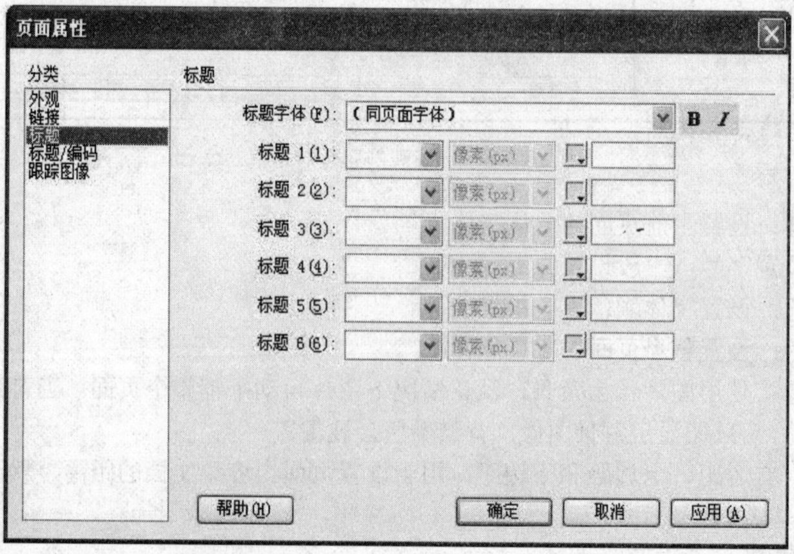

图7-11 "标题"属性对话框

4．标题/编码属性在"标题/编码"设置整个页面的标题，该标题显示在浏览器的标题栏中。"标题/编码"对话框如图 7-12 所示。

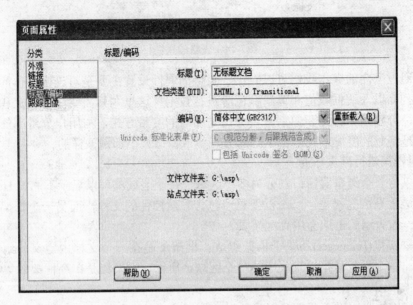

图7-12　"标题/编码"对话框

7.5.3　布局网页

1．利用表格进行网页布局

表格在整个网页设计中占有非常重要的地位，作用不仅是在网页中简单地插入表格，更重要的是使用表格对整个网页的布局进行控制，查看任一网页的源代码，无一例外地都能够在其中看到大量表格的标记——<table>…</table>。本节我们将重点介绍在网页中简单插入表格和使用表格对网页页面进行控制两大功能。

1）表格的插入及属性设置

(1) 在"index.html"文档窗口单击鼠标，确定表格插入点。

(2) 单击插入面板组的常用工具栏，如图 7-13 所示，单击插入表格图标囲。

图7-13　常用工具栏

(3) 在弹出的表格属性对话框中设置参数。

(4) 单击"确定"。这样一个宽度为 750 像素，边框粗细、单元格边距和间距均为 0 的 1 行 2 列的表格就显示在文档窗口中，同时在属性面板上也会显示出该表格的相关属性。

2）设置表格属性

(1) 通过单击插入面板组中的布局按钮，切换布局模式到扩展模式，这样可以使被设置为 0 的表格边框及单元格等可视化程度增加，方便操作，但实际浏览时不会有边框。

(2) 通过鼠标或者标签选择器的"table"标签选择相应的表格，在对应的属性面板设置或者更改表格的属性，如图 7-14 所示。

图7-14　表格的属性

注意：通过上面的操作我们可以看出，表格的属性设置主要是对表格整体的大小、行列数、行宽和列高以及边框数值和背景颜色等进行设定。这里尤其需要注意行宽和列高的设置有两种单位，分别是百分比和像素，百分比是相对的度量方式，与用户分辨率的设定有一定关系，像素是绝对的度量方式，在不同的分辨率下窗口大小都是一样的。

2．利用框架进行网页布局

框架可以将一个浏览器窗口划分为多个区域，每个区域都可以显示不同的 HTML 文档。使用框架的最常见情况就是，一个框架显示包含导航控件的文档，而另一个框架显示含有内容的文档。一般大型的论坛会用到框架页。

框架由框架集(Frameset)和单个框架组成。框架集是在一个文档内定义一组框架结构的HTML 网页。单个框架是指框架集中的单个区域。所以，框架集是单个框架的集合。

1) 插入框架集

一个框架结构是由以下两部分组成的。

(1) 框架(Frame)。框架是浏览器窗口中的一个区域，它可以显示与浏览器窗口其余部分中所显示内容无关的网页文件。

(2) 框架集(Frameset)。框架集是一个网页文件，它将一个窗口通过行和列的方式割成多个框架，每个框架中要显示的就是不同的网页文件。

在熟悉框架集的操作之前，首先要掌握插入框架集的方法。

方法 1：在 Dreamweaver CS3 中，选择"文件"|"新建"命令，弹出"新建文档"对话框，在"常规"选项卡内选择"框架集"选项，在右侧的"框架集"列表框内选择其中的一种，在这里选择顶部框架，如图 7-15 所示。单击"创建"按钮，便可以新建一个框架页，如图 7-16 所示。

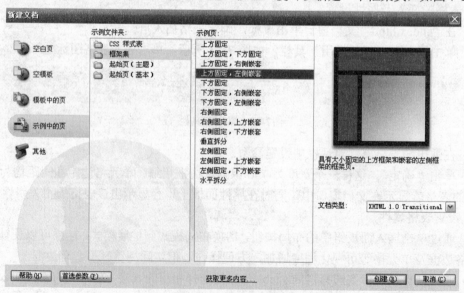

图7-15　创建框架集

150

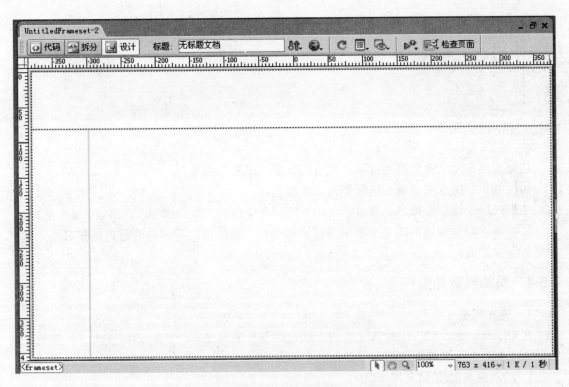

图7-16　框架集网页

方法 2：新建一个基本页，选择"插入"面板中的"布局"选项，单击之后的箭头，在弹出的菜单中可以看到预定义的框架集，如图 7-17 所示，选择其中一种，便可创建一个框架集网页。

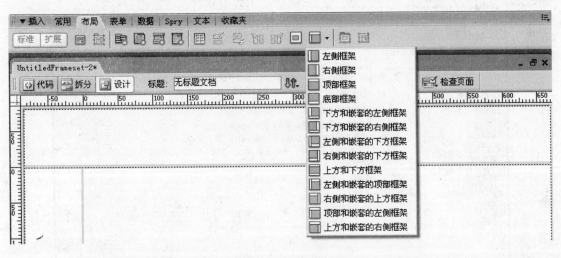

图7-17　框架集网页

框架集图标提供应用于当前文档的每个框架集的可视化表示形式，框架集图标的蓝色区域表示当前文档，而白色区域表示将显示其他文档的框架。

2) 框架集设置

当选中框架集时，有关框架集的属性就会出现在"属性"面板中，如图 7-18 所示。

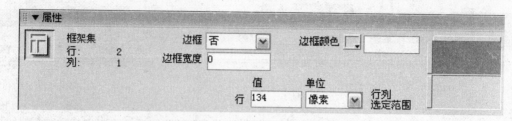

图7-18　框架集"属性"面板

边框宽度：用来设置整个框架集的边框宽度，以像素为单位。

边框颜色：用来设置整个框架集的边框颜色。

边框：用来设置框架是否有边框，其下拉列表中包括"是"、"否"、"默认"3 个选项。

行和列：若拆分的形式是上下型，则显示"行"项的值，若拆分的形式是左右型，则显示"列"项的值。

7.5.4　添加网页元素

1. 插入文本

在 Dreamweaver CS3 中插入文本的方法包括直接输入文本、复制/粘贴文本、从其他文档中导入文本等。下面详细讲解一下插入文本的方法。

1) 输入或复制/粘贴文本

(1) 输入文本。输入文本，就像在其他文本编辑器中一样直接输入。

注意"回车"键可以换行，但同时也结束了一个段落，同时按下 Shift＋Enter 键插入换行符。空格如果不能连续输入时修改首选参数的"常规"选项，"允许多个连续的空格"。

(2) 复制/粘贴文本。在 Dreamweaver CS3 中，可以通过定义首选参数的方法，定义复制/粘贴文本效果。界面如图 7-19 所示。复制/粘贴文本效果和首选参数设置有关。

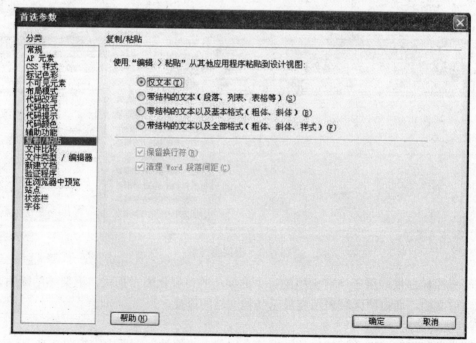

图7-19　首选参数设置

2) 导入 Word 或者 Excel 文本

执行以下操作之一，导入 Word 或者 Excel 文本。

点击菜单"文件"|"导入"，选择一种格式，如果导入 Word，则出现如图 7-20 所示的对话框，浏览 Word 文件，并选择格式"仅文本"、"带结构的文本"、"文本、结构、基本格式"、"文本、结构、全部格式"之一，点击"打开"按钮，便将指定格式的 Word 文件导入到页面中了。

图7-20 导入Word文件对话框

3) 设置文本格式

设置文本的格式，包括设置段落格式、标题、对齐、缩进、修饰以及列表等。

(1) 设置段落格式。执行"文本"|"段落格式"命令，或者在属性面板底部打开"格式"选项，可以打开定义段落格式的下拉菜单。

(2) 对齐和缩进文本。对齐和缩进文本在文本的排版中经常用到，合理地对齐和缩进文本，可以使文本的显示更加合理和清晰，便于浏览者阅读。

执行"文本"|"对齐"，打开"对齐"选项。

(3) 定义列表。执行"文本"|"列表"，打开"对齐"选项。在 Dreamweaver CS3 中，可以定义项目列表、编号列表、定义列表 3 种列表。

(4) 定义文本的字体、大小、颜色。执行"文本"|"字体"命令，打开字体下拉菜单，选择文本使用的字体。还可选择列表选项。

执行"文本"|"颜色"命令，可以更改文本的颜色。

执行"文本"|"大小"命令，可以更改文本的大小。

还可通过"属性"面板来定义文本格式。

2. 插入图像

使用图像内容包括插入图像、插入图像占位符、定义图像的属性、定义背景图像等内容。

1) 插入图像

目前互联网上支持的图像格式主要有 GIF、JPEG 和 PNG。其中使用最为广泛的是 GIF 和 JPEG。在制作网页时，先构想好网页布局，在图像处理软件中将需要插入的图片进行处理，然后存放在站点根目录下的文件夹里。

插入图像时，将光标放置在文档窗口需要插入图像的位置，然后鼠标单击常用插入栏的"图像"按钮，弹出"选择图像源文件"对话框，选择"image/seafish1.gif"，单击"确定"按钮就把图像 seafish1.gif 插入到了网页中。如图 7-21 所示。

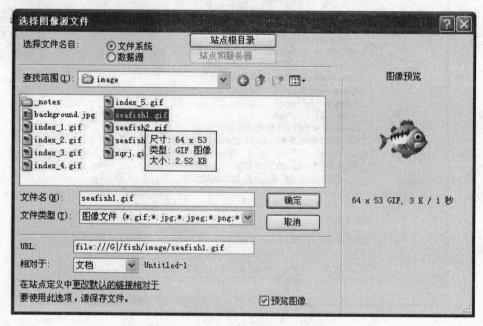

图7-21 "选择图像源文件"对话框

注意：如果我们在插入图片的时候，没有将图片保存在站点根目录下，会弹出如图 7-22 所示的对话框，提醒我们要把图片保存在站点内部，这时单击"是"按钮。然后选择本地站点的路径将图片保存，图像也可以被插入到网页中。在"替换文本"和"详细描述"文本框中输入值，然后单击"确定"，如图 7-23 所示。

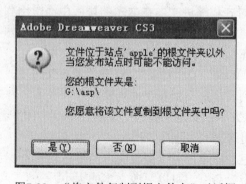

图7-22 "将文件复制到根文件夹"对话框

154

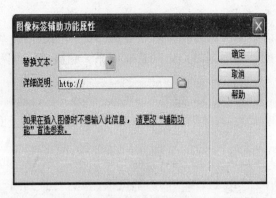

图7-23　"图像标签辅助功能属性"对话框

"替换文本"：为图像输入一个名称或一段简短描述。输入应限制在 50 个字符左右。对于较长的描述，请考虑在"长描述"文本框中提供链接，该链接指向提供有关该图像的详细信息的文件。

"详细说明"：输入当用户单击图像时所显示的文件的位置，或者单击文件夹图标以浏览到该文件。该文本框提供指向与图像相关(或提供有关图像的详细信息)的文件的链接。

2) 设置图像属性

设置文本的格式，包括设置段落格式、标题、对齐、缩进、修饰以及列表等。

(1) 选择"窗口"｜"属性"以查看所选图像的属性检查器，或选中图像后，在属性面板中显示出了图像的属性，如图 7-24 所示。

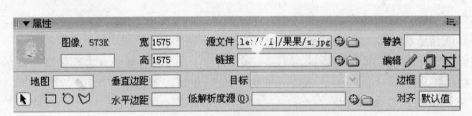

图7-24　"图像属性"对话框

(2) 在缩略图下面的文本框中，输入名称，以便在使用 Dreamweaver 行为(例如"交换图像")或脚本撰写语言(例如 JavaScript 或 VBScript)时可以引用该图像。

(3) 设置图像的属性。

① 宽和高 ：图像的宽度和高度，以像素表示。在页面中插入图像时，Dreamweaver 会自动用图像的原始尺寸更新这些文本框。 如果设置的"宽"和"高"值与图像的实际宽度和高度不相符，则该图像在浏览器中可能不会正确显示。(若要恢复原始值，请单击"宽"和"高"文本框标签，或单击用于输入新值的"宽"和"高"文本框右侧的"重设大小"按钮。) 注意：可以更改这些值来缩放该图像实例的显示大小，但这不会缩短下载时间，因为浏览器先下载所有图像数据再缩放图像。若要缩短下载时间并确保所有图像实例以相同大小显示，请使用图像编辑应用程序缩放图像。

② 源文件：指定图像的源文件。单击文件夹图标以浏览到源文件，或者键入路径。

③ 链接：指定图像的超链接。将"指向文件"图标拖动到"文件"面板中的某个文件，单击文件夹图标浏览到站点上的某个文档，或手动键入 URL。

3. 插入超级链接

超级链接是指站点内不同网页之间、站点与 Web 之间的链接关系，它可以使站点内的网页成为有机的整体，还能够使不同站点之间建立联系。超级链接由两部分组成：链接载体和链接目标。

许多页面元素可以作为链接载体，如文本、图像、图像热区、动画等。而链接目标可以是任意网络资源，如页面、图像、声音、程序、其他网站、E-mail，甚至是页面中的某个位置，即锚点。

1) 关于链接路径

(1) 绝对路径：为文件提供完全的路径，包括适用的协议，例如 http、ftp 等。

(2) 相对路径：相对路径最适合网站的内部链接。如果链接到同一目录下，则只需要输入要链接文件的名称。要链接到下一级目录中的文件，只需要输入目录名，然后输入"/"，再输入文件名。如链接到上一级目录中的文件，则先输入"../"，再输入目录名、文件名。

(3) 根路径：是指从站点根文件夹到被链接文档经由的路径，以"/"开头，例如，/fy/maodian.html 就是站点根文件夹下的 fy 子文件夹中的一个文件(maodian.html)的根路径。

2) 页面之间的超级链接

在网页中，单击了某些图片、有下划线或有明示链接的文字就会跳转到相应的网页中去。创建步骤如下：

(1) 在网页中选中要做超级链接的文字或者图片。

(2) 在属性面板中单击黄色文件夹图标，在弹出的对话框里选中相应的网页文件。

(3) 按 F12 预览网页。在浏览器里光标移到超级链接的地方就会变成手形。

注意：

如果超级链接指向的不是一个网页文件，而是其他文件例如 zip、exe 文件等等，单击链接的时候就会下载文件。

超级链接也可以直接指向地址而不是一个文件，那么单击链接直接跳转到相应的地址。例如，在链接框里写 http://www.sina.com，单击链接就可以跳转到新浪网网站。

3) 邮件地址的超级链接

在网页制作中，还经常看到这样的一些超级链接。单击了以后，会弹出邮件发送程序，而且联系人的地址也已经填写好了。制作方法是：在编辑状态下，先选定要链接的图片或文字(比如：欢迎您来信赐教!)，在"插入"栏点击"电子邮件链接"，或选择菜单"插入记录" | "电子邮件链接"弹出相应对话框，填入 E-mail 地址即可。

还可以选中图片或者文字，直接在属性面板链接框中填写"mailto：邮件地址"。

输入电子邮件地址有以下几种形式：

(1) 普通邮箱：mailto:xfpep@163.com。

(2) 加上主题：mailto:xfpep@163.com?subject=请同学们常联系。

(3) 抄送：mailto:xfpep@163.com?subject=请同学们常联系&cc=applehyc@126.com。

(4) 密件抄送：mailto:xfpep@163.com?subject=请同学们常联系&cc=applehyc@126.com&bcc=bukengnikengshui@163.com。

4) 建立锚点链接

当一个网页的主题或文字较多时，可以在网页内建立多个标记点，将超级链接指定到这些标记点上，能够使浏览者快速找到要阅读的内容。我们将这些标记点称为锚点。

下面我们一起创建锚点。将光标定位在文档定义锚点的位置，然后单击"插入栏"上的

"常用"面板上"命名锚记"图标，弹出插入锚点对话框，输入锚点的名字，可以是数字或英文，我们输入"this01"，"OK"按钮。如图 7-25 所示。

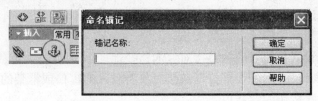

图7-25   "命名锚记"对话框

接下来我们将某一条链接到这个锚点上。在本页选中要链接到此锚点的文字，在属性面板中 Link 框中输入#this01，链接就完成了。启动浏览器，点击一下链接文字，页面就会跳到锚点所在位置。

如果在其他网页文件中链接到这个锚点，就要在属性面板中的 Link 框内输入"文件名#锚点名"，this01 锚点在 jieshao.htm 文件中，我们在其他网页文件中创建链接时，可以在 Link 框中输入"mylike.htm#this01"。

4. 插入多媒体

1) 在网页中插入 Flash 电影

通过选择菜单"插入"｜"媒体"｜"Flash"，或通过单击"插入工具栏"中"常用"类别的"Flash"选项，在显示的对话框中，选择一个 Flash 文件(.swf)，Flash 占位符随即出现在文档编辑区域中。如果要设置 Flash 影片属性的信息，需要先选择该占位符，然后在"属性检查器"中设置相应的信息，如画质、大小、参数、播放等。

2) 在网页中插入 Flash 按钮

简单的 Flash 按钮也可通过 Dreamweaver CS3 来快速制作，而不必"大动干戈"地用 Flash 制作了。

选择菜单"插入"｜"媒体"｜"Flash 按钮"，或通过单击"插入工具栏"中"常用"类别"Flash 按钮"选项，插入 Flash 按钮并设置参数，如图所示 7-26 所示。

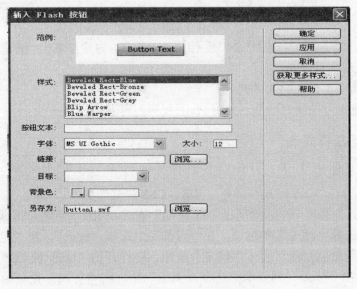

图7-26   "插入Flash按钮"对话框

参数设置选项如下：

"按钮文本"：按钮上显示的文本内容。

"字体"：用于选择按钮上文本的字体。

"大小"：用于选择按钮上文本的大小。

"链接"：用于设置按钮对应的链接对象的路径地址。

"目标下拉列表框"：用于设置按钮链接对象所载入的窗口或框架的名称。

"背景色"：设置按钮的背景色。

"另存为文本框"：用于命名 SWF 文件的名称，即按钮文件的名称。

保存文件，完成操作。注意，要保存的文件夹不可以用中文名命名。

3) 在网页中插入 Flash 视频

(1) 选择"插入"｜"媒体"｜"Flash 视频"，出现如图 7-27 所示的对话框。

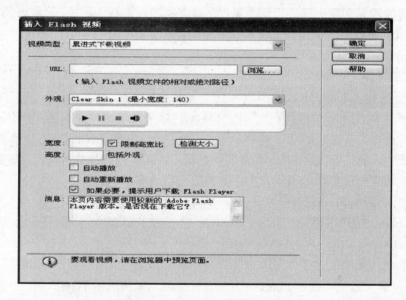

图7-27 "插入Flash视频"对话框

(2) 在 URL 文本框中，指定"*.flv"文件的相对路径，方法是单击"浏览"，浏览至"*.flv"文件并选择该 FLV 文件。

(3) 其余选项保留默认的选择值。

(4) 单击"确定"关闭对话框，并将 Flash 视频内容添加到 Web 页面。

7.5.5 使用 CSS 样式表

1. 创建 CSS 样式

点击"窗口"｜"CSS 样式"命令，打开"CSS 样式"面板。

在"CSS 样式"面板中单击"新建 CSS 规则"按钮，打开"新建 CSS 规则"对话框。在"选择器"栏中选择"标签"单选项，在"名称"中选择"body"，在"定义在"栏中选择"仅对该文档"单选项，然后点击"确定"按钮。在打开的"body 的 CSS 规则定义"对话框中进行设置，在"分类"列表框中选择"类型"项，将"行高"设置为"22"像素，如图 7-28 所示。

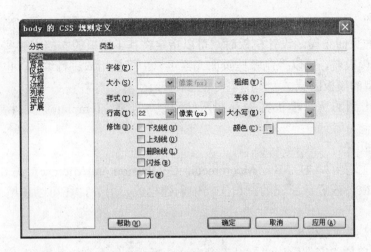

图7-28 设置CSS样式

2. 应用 CSS 样式

在文档中选中"用户登录"所在的单元格,在"属性"面板的"样式"下拉列表中选择"bar01"项,为该单元格应用"bar01"样式,如图 7-29 所示。选中"登录"按钮,在"属性"面板的"类"下拉列表中选择"button"选项,为该按钮应用"button"样式。使用同样的方法,为"注册"按钮应用"button"样式,如图 7-29 所示。

图7-39 应用样式

7.5.6 使用模板

1. 什么是模板

模板是一种特殊类型的文档,用于设计固定的页面布局。使用模板可以一次更新多个页

159

面，当需要制作大量布局基本一致的网页时，使用模板可以大大提高网页的制作效率。模板用于设计固定的页面布局。设计模板时，可以指定在基于模板的文档中哪些内容是用户"可编辑的"；使用模板时，可以控制哪些页面元素可以由模板用户进行编辑，也可以在文档中设计包括多种类型的模板区域。

本地站点用到的所有模板都保存在网站根目录下的 Templates 文件夹中，其扩展名为.dwt。

2．创建模板

可以从现有文档(如 HTML、Macromedia ColdFusion 或 Microsoft Active Server Pages 文档)中创建模板，或者从新建的空白文档中创建模板，另外，还可以利用"资源"面板创建模板。

1) 从现有文档创建模板

(1) 选择菜单栏"文件"|"打开"命令，选择一个网页文档并打开。

(2) 文档打开后，选择菜单栏"文件"|"另存为模板"，出现如图 7-30 所示的"另存模板"对话框，选择站点名称，输入需要描述的文字(可以不填写)，在"另存为"一栏输入名称(可以采用默认名称)。

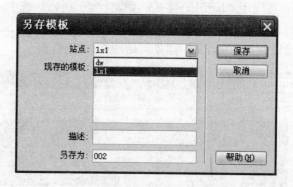

图7-30　"另存模板"对话框

(3) 点击"保存"后会出现一个对话框，如图 7-31 所示，提示"要更新链接吗"，点击"是"，这样就将新定义的模板移动到站点根目录的 Templates 文件夹中。

图7-31　更新链接

注意：Templates 文件夹由软件自动创建，不要将模板移动到 Templates 文件夹之外或者将任何非模板文件放在 Templates 文件夹中，也不要将 Templates 文件夹移动到本地根文件夹之外，否则将会导致无法使用模板等问题。

2) 从新建的空白文档中创建模板

(1) 选择菜单栏"文件"|"新建"，打开如图 7-32 所示的"新建文档"对话框。

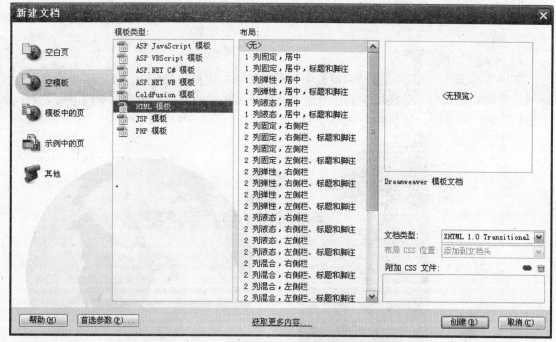

图7-32　新建文档

(2) 选择左侧的"空模板"类别，然后在"模板类型"列表下选择"HTML 模板"，如果希望页面包含 css 布局，还可以选择"布局"列表下各种不同的布局。最后点击"创建"按钮即可创建一个空白模板。

(3) 编辑好模板后按照提示保存即可。

3. 创建模板可编辑区域

一般将模板页面中的区域分为锁定区域和可编辑区域，新创建的模板页中所有区域在默认情况下都为锁定区域。

其中，锁定区域是不能被修改的，可编辑区域是用户可以编辑修改的区域。也就是说如果要使模板可以被用户使用，就必须将一些区域变成可编辑区域。

1) 插入可编辑区域

在插入可编辑区域之前，应该将当前的文档另存为模板。如果在文档(而不是模板文件)中插入一个可编辑区域，Dreamweaver 会警告该文档将自动另存为模板。

定义可编辑模板区域的操作步骤如下：

(1) 将光标插入到需要定义为可编辑区域的位置，选择菜单栏中的"插入记录" | "模板对象" | "可编辑区域"命令，如图 7-33 所示。

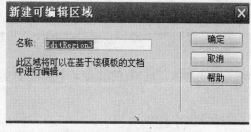

图7-33　新建可编辑区域

(2) 在对话框中设置此区域的名称，单击"确定"按钮，这个区域就可以在基于该模板的文档中编辑了。

2) 可编辑区域的标志

如图 7-34 所示，可编辑区域在模板中由高亮显示的矩形边框围绕，该边框使用在参数选择中设置的高亮颜色。该区域左上角的选项卡显示该区域的名称。如果在文档中插入空白的可编辑区域，则该区域的名称会出现在该区域内部。

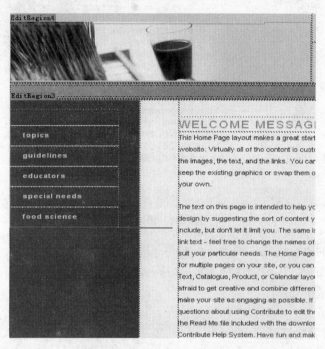

图7-34　高亮显示的可编辑区域

若要更改模板高亮颜色，执行以下操作：

(1) 选择"编辑"|"首选参数"。

(2) 选择"首选参数"对话框左侧类别列表中的"标记色彩"。

(3) 单击"可编辑区域"、"嵌套可编辑"或"锁定的区域"颜色框，然后使用颜色选择器来选择一种高亮颜色(或在文本框中输入高亮颜色的十六进制值)。通过单击"显示"选项在文档窗口中启用或禁用颜色显示。

(4) 单击"确定"。

3) 选择可编辑区域

若要选择一个可编辑区域，可以在文档窗口中单击可编辑区域左上角的选择卡。

若要在文档中查找可编辑区域并选中它，可以在菜单栏中选择"修改"|"模板"命令，然后在下级子菜单的底部列表中选择区域的名称，这样文档中的可编辑区域就被选中了。

4) 删除(锁定)可编辑区域

如果想要将一个可编辑区域变为锁定区域(使其在基于模板的文档中不可编辑)，可以使用"删除模板标记"命令。

删除可编辑区域的操作方法如下：

(1) 单击可编辑区域左上角的选项卡选中该区域。

(2) 然后执行下列操作之一：

① 选择菜单栏中的"修改"｜"模板"｜"删除模板标记"命令。

② 右键单击该区域，在弹出的快捷菜单中选择"模板"｜"删除模板标记"。

这样，文档中此区域不再是可编辑区域，该区域被锁定。

5) 重命名可编辑区域

若要更改可编辑区域的名称，可执行以下操作：

(1) 单击可编辑区域左上角的选项卡以选中它。

(2) 在"属性"面板中的相应位置输入一个新名称。

(3) 按 Enter 键即可完成设置。

Dreamweaver 将新名称应用于可编辑区域。

4. 应用模板

通过"文档"窗口或者利用"资源"面板可以将模板应用于现有文档，操作步骤如下：

(1) 选择"文件"｜"打开"命令，打开想要应用模板的文档。

(2) 执行下列操作之一：

① 在文档窗口中单击，然后选择"修改"｜"模板"｜"应用模板到页"命令，打开如图 7-35 所示的"选择模板"对话框，选中相应的站点和模板并单击"选定"按钮。

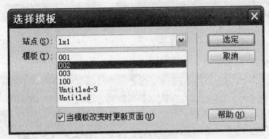

图7-35　选择模板

② 在"资源"面板的"模板"类别中选择模板，然后单击"应用"按钮。

③ 将模板从"资源"面板的"模板"类别拖动到"文档"窗口的"设计"视图。

(3) 如果文档中有不能自动指定到模板区域的内容，则会出现如图 7-36 所示的"不一致的区域名称"对话框。它将列出要应用的模板中的所有可编辑区域。可以使用它来为内容选择目标。

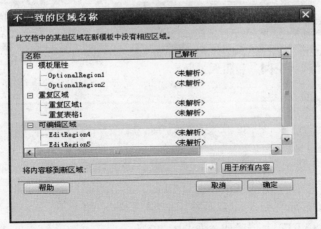

图7-36　不一致的区域名称

7.5.7 站点发布

1. 申请域名和空间

网站在上传之前，应该事先向网络服务提供商(Internet Service Provider，ISP)申请站点空间和域名。

所谓申请空间，就是向 ISP 租一块硬盘空间，用来存放制作好的网站。而域名就相当于网站在互联网上的门牌号，有了域名，用户就能访问网站。目前，站点空间和域名大都收费，其稳定性和安全性较高，适合于企事业单位。对于个人而言，免费的站点空间和域名更合适，但是免费空间往往有限制，例如所上传文件大小、类型、服务器技术支持等。下面就介绍一下免费空间域名的申请方法。

在站点空间申请成功的同时，一般它会拥有一个绑定的域名，站点空间会保留一段时间，若在此期间未上传网站，则空间会被自动收回。下面以"http://www.5944.net/"免费空间为例介绍空间的具体申请过程。

(1) 在浏览器地址栏上输入"http://www.5944.net/"，登录申请空间的网站，如图 7-37 所示。

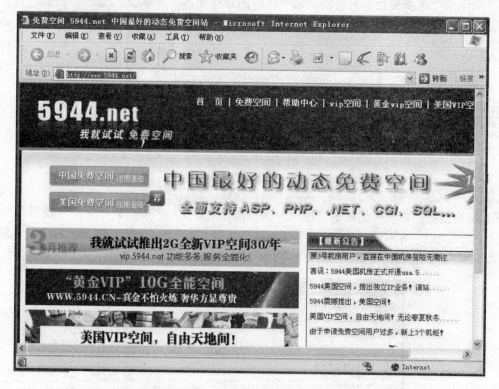

图7-37 "免费空间5944.net"首页

(2) 单击"中国免费空间注册登录"，进入注册登录页面，如图 7-38 所示。

(3) 单击"注册"，显示填写注册信息，如图 7-39 所示。

(4) 注册成功后，显示免费空间资源使用情况，包括空间大小、系统自动分配的域名、FTP地址、FTP上传帐号和 FTP 上传密码，如图 7-40 所示。

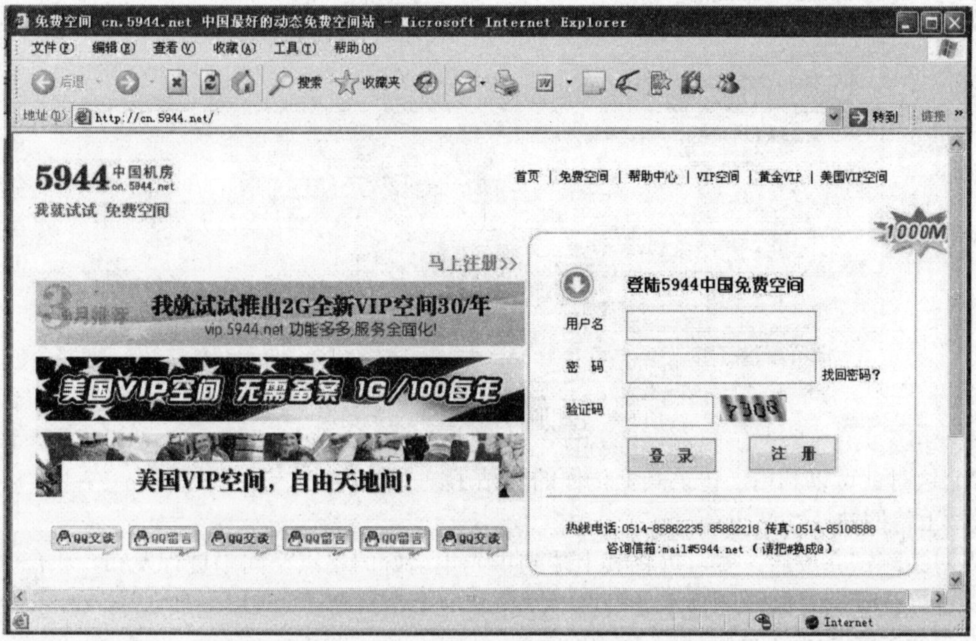

图7-38 “免费空间5944.net”注册登录页面

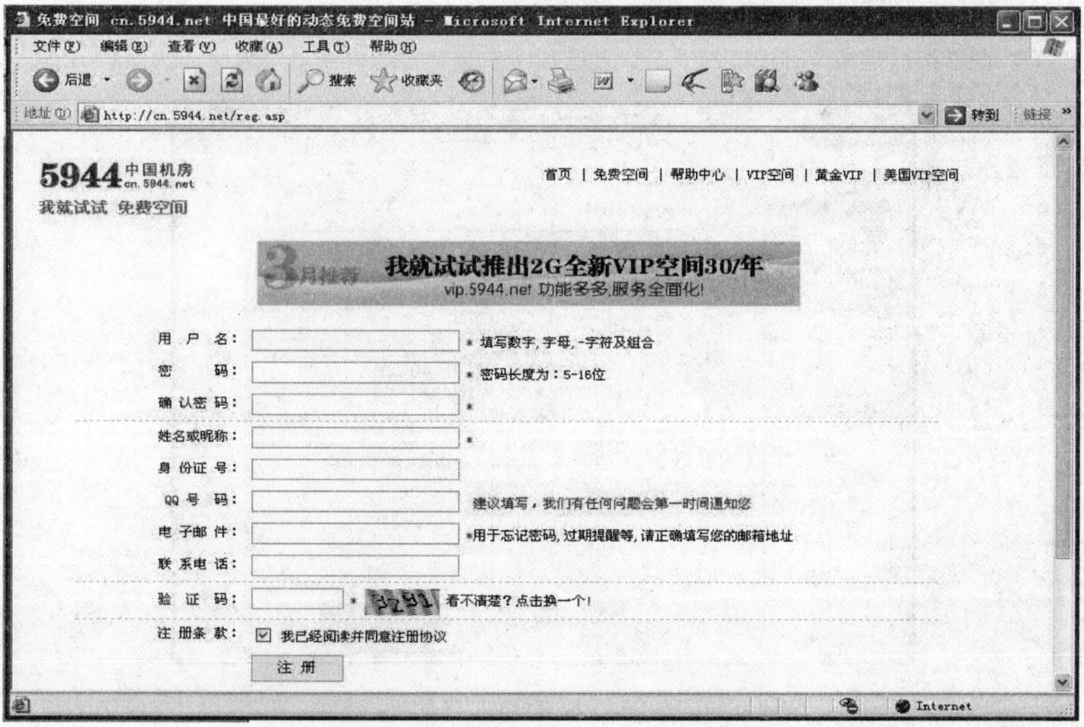

图7-39 “免费空间5944.net”注册信息页面

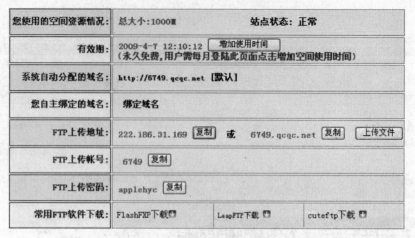

您使用的空间资源情况：	总大小：1000M		站点状态：正常	
有效期：	2009-4-7 12:10:12 （永久免费，用户需每月登陆此页面点击增加空间使用时间）	增加使用时间		
系统自动分配的域名：	http://6749.qcqc.net 【默认】			
您自主绑定的域名：	绑定域名			
FTP上传地址：	222.186.31.169 复制 或 6749.qcqc.net 复制			上传文件
FTP上传帐号：	6749 复制			
FTP上传密码：	applehyc 复制			
常用FTP软件下载：	FlashFXP下载	LeapFTP下载	cuteftp下载	

图7-40　注册的免费空间资源情况

(5) 这时就可以利用上传工具上传你的网站了。

2. 上传网站

当网站测试完成后，就可以将其上传到事先申请好的站点空间中进行发布，供广大用户浏览。可以使用网页制作工具本身提供的发布功能上传网站。如 Dreamweaver CS3，也可以使用专门的 FTP 软件上传网站。

下面以 Dreamweaver CS3 为例介绍上传网站的操作过程。

(1) 选择菜单命令"站点"｜"管理站点"将会打开"管理站点"对话框，选择一个站点如"Fish"，单击"编辑"按钮。

(2) 在"站点定义"对话框的"高级"选项卡中选择"远程信息"选项，如图 7-41 所示。

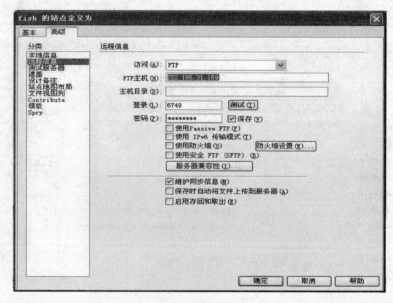

图7-41　远程信息的设置

"访问"：设置"访问"方式为"FTP"。

"FTP 主机"：在"FTP"主机文本框中输入上传服务器的 IP 地址或主机名。

"主机目录"：输入远程站点上存储公共可见的 FTP 主机目录。

"登录"：输入登录 FTP 主机的用户名。

"密码"：输入登录 FTP 主机的密码。选中右侧的"保存"复选框，则不用每次链接都输入密码。

"测试"：单击"测试"按钮，进行连接测试，测试成功后单击"确定"按钮，完成设置。

选中下方的"保存时自动将文件上传到服务器"复选框，Dreamweaver 会自动比较服务器上与本机上的文件更新时间并自动更新。

（3）单击"文件"面板中的"展开/折叠"按钮，展开站点窗口，如图 7-42 所示。

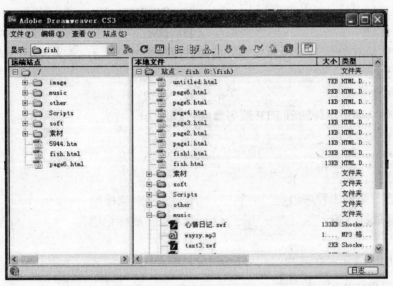

图7-42　展开的站点窗口

（4）在右侧"本地文件"窗格中，选中要上传的站点根文件夹，单击"上传文件"按钮，在弹出的对话框中单击"确定"按钮上传整个站点，完成网站的上传操作。上传过程界面如图 7-43 所示。

图7-43　站点上传过程窗口

167

习 题 7

一、选择题

1. 语言可以用来编写 Web 文档，这种文档的扩展名是(   )。

    A. doc   B. htm 或 html

    C. txt   D. xls

2. Web 上每一个页都有一个独立的地址，这些地址称作统一资源定位器，即(   )。

    A. URL   B. WWW

    C. HTTP   D. USL

3. 将文件从 FTP 服务器传输到客户机的过程称为(   )。

    A. 上载   B. 下载

    C. 浏览   D. 计费

4. 将文件从客户机传输到 FTP 服务器的过程称为(   )。

    A. 上载   B. 下载

    C. 浏览   D. 计费

5. XML 的含义是(   )。

    A. 客户端脚本程序语言   B. 文档对象模型

    C. 级联样式表   D. 可扩展标记语言

二、问答题

1. 网页的组成元素有哪些？

2. 简述网站建设的一般步骤。

3. 常用的网页制作工具有哪些？

4. 常见的制作网页的服务器端语言有哪些？

第8章　Windows Server 2003 组网技术

8.1　服务器基础

8.1.1　概述

服务器(Server)是在网络中为客户提供各种服务的特殊计算机。服务器承担着数据存储、转发、发布等关键任务，是网络中的重要部分。对于小型网络来说，服务器可以是一台性能较好的 PC 机，但对于大型网络通常采用专业服务器。服务器具有四大特性：Scalability(可扩展性)，Usability(可用性)，Manageability(可管理性)，Availability(可利用性)，简称"SUMA"。

服务器的配件与 PC 机一样，但它追求高稳定性，一些指标如 CPU 主频、总线带宽等有时比普通 PC 机还低，只是硬盘和内存是专门开发的。CPU 主频不是决定性能的主要因素，为增加服务器的可利用性，服务器都支持多 CPU(都是双数)，提供大量内存和硬盘同时工作。服务器为满足各种任务提供很多新技术，如冗余技术、系统备份、在线诊断技术、故障预报技术、内存查/纠错技术、热插拔技术和远程诊断技术，使大多数故障能够在不停机的情况下得到及时修复。

8.1.2　服务器分类

1.　按外形分类

(1) 塔式。与 PC 机差不多，只是体积较大，散热性好，一般多为综合功能型服务器，常用于入门级和工作组级服务器。

(2) 机架式。体积优化结构，与交换机、路由器差不多，可安装在标准机柜中，这种服务器多用于单一功能的服务器，如 Web 服务器等。

(3)刀片式。又称 HAHD(High Availability High Density)，它与机架式一样可装在机柜上，但它比机架式更薄，且每一刀片是一个独立系统主板；都是热插拔的，通过本地硬盘及 CPU 等可启动自己的操作系统，服务于不同用户群，也可插入刀片机柜中通过软件和其他刀片组成服务器群集服务于同一用户群。刀片式较适合电信、ISP 等要求服务器高密度的行业。

3 种服务器的外形如图 8-1 所示。

2.　按应用层次分类

(1) 入门级服务器。入门级服务器多数为 IA(INTEL 应用)架构 Windows、Linux 用于小型网络，但也有 RISC 架构，如 Sun fire v250 采用 RISC 的 Ultra SPARC Ⅲ处理器，这种服务器也有机架式和刀片式。

(2) 工作组级服务器。可支持大容量 ECC 内存和增强服务器管理的 SM 总线。

塔式服务器　　　　　　　机架式服务器　　　　　　　刀片式服务器

图8-1　三种服务器的外形

(3) 部门级服务器。中档服务器，一般支持 4 个以上 CPU 完整配件。比如磁盘阵列、存储托架等，集成大量监测、管理电路，一般为中型网络首选。

(4) 企业级服务器。高档服务器，起码支持 4 个 CPU 对称多处理器结构。一般为机柜型服务器，如 IBM、HP、SUN 公司生产，适用于电信、金融、交通行业。例如 IBM RS/6000 S80 采用 RS64 微处理器，而 Sun fire15K 可支持 106 个 Ultra SPARC Ⅲ处理器。

3. 按处理器架构分类

(1) X86 架构。包括 IA-32，X86-32，X86-64 属于 Intel 架构的 32 位 X86 架构，适用于 32 位 Xeon 至强处理器系列及 AMD 和 VIA 系列。X86-64 是 AMD 最新 Athlon 64 采用的新架构 Opteron 处理器，它可兼容以前的 32 位程序。

(2) IA-64 架构。是 Intel 和 HP 共同开发的 64 位架构，Interl 的 Itanium 系列处理器就是采用此架构，它抛弃了以前 32 位架构与其不兼容。

(3) RISC 架构。这种是按处理器指令执行方式分类的，采用这一架构主要是 Sun、IBM 和 HP 公司产品高端服务器。如 IBM 的 Power 和 Compaq Alpha 2136(4) HP pa8800；Sun Ultra SPARC 等，但随着 IA 架构的应用技术提高，IA 架构应用变得更为广泛。

4. 按功能分类

可分为 Web 服务器、FTP 服务器、DNS 服务器、DHCP 服务器、E-mail 服务器、文件服务器、数据库服务器和打印服务器等。

8.2　Windows Server 2003 简介

8.2.1　Windows Server 2003 的优点

Windows Server 2003系列沿用了Windows 2000 Server的先进技术并且使之更易于部署、管理和使用。客户需要的所有对业务至关重要的功能，Windows Server 2003中全部包括，如安全性、可靠性、可用性和可伸缩性。此外，Microsoft已经改进和扩展了Windows服务器操作系统，使用户能够体验到Microsoft.NET的好处。

(1) 可靠。相比 Windows Server 2000，Windows Server 2003 更可靠和更安全。Windows Server 2003 用以下方式保证可靠性：提供集成结构，用于帮助确保商务信息的安全性。 提供可靠性、可用性和可伸缩性，可以提供用户需要的网络结构。

(2) 高效。Windows Server 2003 提供各种工具，允许部署、管理和使用网络结构以获得最大效率。Windows Server 2003 通过以下方式实现这一目的： 提供灵活易用的工具，有助于使设计和部署与单位和网络的要求相匹配。通过加强策略、使任务自动化以及简化升级来帮助你主动管理网络。通过让用户自行处理更多的任务来降低支持开销。

(3) 联网功能更加强大。Microsoft.NET 已与 Windows Server 2003 系列紧密集成。它使用 XML Web 服务使软件集成程度达到了前所未有的水平：分散、组块化的应用程序通过 Internet 互相连接并与其他大型应用程序相连接。

(4) 经济。与来自 Microsoft 的许多硬件、软件和渠道合作伙伴的产品和服务相结合，Windows Server 2003 提供了有助于使结构投资获得最大回报的选择。

8.2.2　Windows Server 2003 的主要改进

(1) 增强了 Web 服务器的安全性。IIS 6.0 中增加了许多新功能，如应用程序状态监控、自动应用程序循环、高速缓存等。

(2) 提高了效率。通过加强策略、使任务自动化以及简化升级主动管理网络 ，提供灵活易用的工具，通过让用户自行处理更多的任务来降低支持开销。

(3) 改善了活动目录。允许更加灵活地设计、部署和管理组织的目录。

(4) 加强了管理服务功能。新增了几套自动管理工具来帮助实现自动部署，例如：Microsoft 软件更新服务、服务器配置向导、新的组策略管理控制台，此外，命令行工具使管理员可以从命令控制台执行大多数任务。

(5) 增强了存储管理的功能。管理及维护磁盘和卷、备份和恢复数据以及连接存储区域网络更为简易和可靠。

(6) 在终端服务方面的改进。可以将基于 Windows 的应用程序或 Windows 桌面本身传送到几乎任何类型的计算设备上，包括那些不能运行 Windows 的设备。

(7) 在连接性方面的改进。提供了一些手段帮助用户创建业务解决方案结构，如：集成的 Web 服务器和流媒体服务器，可快速、安全地创建动态 Intranet 和 Internet Web 站点；集成的应用程序服务器，可轻松地开发、部署和管理 XML Web 服务。

(8) 在网络和通信方面的改进。支持大多数最新的通信技术，包括 TP6、Internet 连接共享、IP 安全(IP sec)、NAT 代理和 Internet 连接防火墙。

(9) 在 Windows 媒体服务方面的改进。提供强大的数字流媒体服务，有新版的 Windows 媒体播放器、Windows 媒体编辑器、音频/视频编码解码器以及 Windows 媒体软件开发工具包。

(10) 在经济性方面的改进。为快速将技术投入使用的完整解决方案提供简单易用的说明性指南；通过利用最新的硬件、软件和方法来优化服务器部署，从而合并各个服务器，降低用户的所属权总成本。

8.2.3　Windows Server 2003 系列版本

1) Windows Server 2003 标准版

Windows Server 2003 标准版是一个可靠的网络操作系统，可迅速、方便地提供企业解决方案。这种灵活的服务器是小型企业和部门应用的理想选择。

2) Windows Server 2003 企业版

Windows Server 2003 企业版是为满足各种规模的企业的一般用途而设计的。它是各种应用程序、Web 服务和基础结构的理想平台，它提供高度可靠性、高性能和出色的商业价值。

3) Windows Server 2003 Datacenter 版

Windows Server 2003 Datacenter 版是为运行企业和任务所依赖的应用程序而设计的，这些应用程序需要最高的可伸缩性和可用性。

4) Windows Server 2003 Web 版

Windows 操作系统系列中的新产品，Windows Server 2003 Web 版用于 Web 服务和托管。Windows Server 2003 Web 版用于生成和承载 Web 应用程序、Web 页面以及 XML Web 服务。其主要目的是作为 IIS 6.0 Web 服务器使用。

8.2.4 Windows Server 2003 SP2 企业版的安装

Windows Server 2003 支持多种安装方式，其中光盘安装是最常见的安装方式，也是最简单的方式。下面就讲述用这种方法安装 Windows Server 2003 SP2 企业版的主要步骤。

(1) 光盘引导自动进入安装初始化(运行 Setup)，如图 8-2 所示。

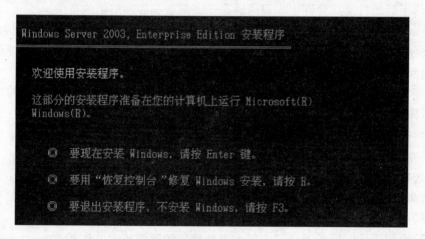

图8-2 运行Setup

(2) 单击回车键继续安装。

(3) 按 F8 接受许可协议。

(4) 按 C 键创建分区。

(5) 完成后，会提示选择把系统安装到哪个分区，我们选择我们刚刚建立的分区，然后回车。这一步选择系统格式，这里强烈建议选择 NTFS。

(6) 检查并格式化驱动器。

(7) 将文件复制到系统盘内。

(8) 初始化与重启系统，完成系统安装第一阶段。

(9) 重启以后的第二安装阶段，主要进行区域和语言选项、个人信息、网络类型等相关设置。

(10) 安装完成后重新启动。至此，Windows Server 2003 光盘安装完成。

8.3 安装和配置活动目录服务

8.3.1 什么是活动目录

1. 活动目录的概念、作用

活动目录(Active Directory)是一种目录服务机制，即对网络资源进行管理的机制。Windows Server 2003 就是在活动目录的集中场所组织信息的。活动目录存储着网络上各种对象的有关信息，并使该信息易于管理员和用户查找及使用。活动目录服务使用结构化的数据存储作为目录信息的逻辑层次结构的基础。

活动目录具有信息安全性、基于策略的管理、可扩展性、可伸缩性、信息的复制、与 DNS 集成、与其他目录服务的互操作性、灵活查询等优点。要让某一台计算机成为域控制器，必须在它上面安装活动目录。域控制器主要管理用户和域之间所有与安全相关的交互工作。Windows Server 2003 的组网方式主要为域的方式。

2. DNS 与活动目录的关系

由于活动目录与域名系统(Domain Name System，DNS)集成，共享相同的名称空间结构，因此要注意两者之间有密切关系。

活动目录客户使用轻量级目录访问协议(Lightweight Directory Access Protocol，LDAP)向活动目录服务器发送查询。要定位活动目录服务器，活动目录客户机将查询 DNS。所以，活动目录需要 DNS 才能工作。DNS 是活动目录的关键组件，DNS 为活动目录提供的最主要功能就是名字解析，如果没有 DNS，活动目录就无法将用户的请求解析成资源的 IP 地址。如果安装活动目录过程中系统发现没有 DNS 服务器，安装向导会提示用户在创建域过程中安装配置 DNS。但安装 DNS 并不需要一定安装活动目录。

8.3.2 安装活动目录服务

运行活动目录安装向导将 Windows Server 2003 计算机升级为域控制器，会创建一个新域或者向现有的域添加其他域控制器。

1. 安装前的准备工作

首先，也是最重要的一点，就是必须有安装活动目录的管理员权限，否则无法安装。其次在安装活动目录之前，要确保系统盘为 NTFS 分区。

2. 安装活动目录

创建域的过程也就是安装活动目录的过程。

(1) 依次单击"开始"|"程序"|"管理工具"|"管理你的服务器"，启动配置向导。单击"添加或删除角色"选项，单击"下一步"按钮。

(2) 在"服务器角色"对话框中，选择"域控制器(Active Directory)"选项，单击"下一步"按钮，将启动活动目录安装向导，如图 8-3 所示。

以上两步可用如下一步来实现：在"开始"菜单的"运行"对话框中输入命令"dcpromo.exe"，按"回车"确认。

(4) 由于用户所建立的是域中的第一台域控制器，所以在"域控制器类型"对话框中选择"新域的域控制器"选项，单击"下一步"按钮。

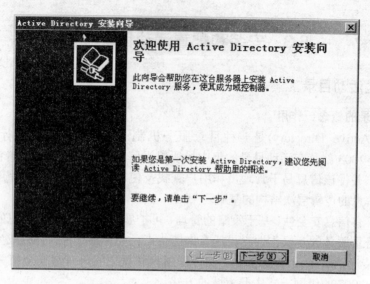

图8-3 "Active Directory安装向导"

(5) 在"创建一个新域"对话框中选择"在新林中的域"选项，单击"下一步"按钮。

(6) 在"新的域名"对话框中的"新域的 DNS 全名"框中输入需要创建的域名，这里是qcw.com。单击"下一步"按钮。

(7) 在"NetBIOS 名"对话框中，更改 NetBIOS 名称。运行非 Windows 操作系统客户端将使用 NetBIOS 域名。可保持默认设置，单击"下一步"按钮。

(8) 在"数据库和日志文件文件夹"对话框中，将显示数据库、日志文件的保存位置，一般不作修改。单击"下一步"按钮。

(9) 在"共享的系统卷"对话框中，指定作为系统卷共享的文件夹。Sysvol 文件夹存放域的公用文件的服务器副本。Sysvol 广播的内容被复制到域中的所有域控制器，其文件夹位置一般不作修改。单击"下一步"按钮。

(10) 在"DNS 注册诊断"对话框中，选择"在这台计算机上安装并配置 DNS 服务器，并将这台 DNS 服务器设为这台计算机的首选 DNS 服务器"，然后单击"下一步"按钮。(如果在安装活动目录之前未配置 DNS 服务器，可在此让安装向导配置 DNS，推荐使用这种方法。)

(11) 在"权限"对话框中为用户和组选择默认权限，考虑到现在大多数网络环境中不再使用 Windows 2000 以前的操作系统，所以选择"只与 Windows 2000 或 Windows Server 2003操作系统兼容的权限"选项，单击"下一步"按钮。

(12) 在"目录服务恢复模式的管理员密码"对话框中输入以目录恢复模式下的管理员密码。单击"下一步"按钮。

此时，安装向导将显示安装摘要信息。单击"下一步"按钮即可开始安装，安装完成之后，重新启动计算机即可。

注意：安装时需要 Service Package 2 CD-ROM 上的一些文件，此时需要将系统光盘放入光驱，或者点击"浏览"按钮，找到系统光盘文件的存放位置(已事先保存到硬盘上)。

3. 删除活动目录

运行 dcpromo.exe 文件，根据向导提示即可删除活动目录。

8.4　安装和配置 DHCP 服务器

8.4.1　什么是 DHCP 服务

在早期的网络管理中，为网络客户机分配IP地址是网络管理员的一项复杂的工作。由于每个客户计算机都必须拥有一个独立的IP地址以免出现重复的IP地址而引起网络冲突，因此，分配IP地址对于一个较大的网络来说是一项非常繁杂的工作。

为解决这一问题，导致了DHCP服务的产生。DHCP是Dynamic　Host　Configuration Protocol的缩写，它是使用在TCP／IP通信协议当中，用来暂时指定某一台机器IP地址的通信协议。使用DHCP时必须在网络上有一台DHCP服务器(此服务器需要设置静态IP)，而其他计算机执行DHCP客户端。当DHCP客户端程序发出一个广播信息，要求一个动态的IP地址时，DHCP服务器会根据目前已经配置的地址，提供一个可供使用的IP地址和子网掩码给客户端。这样，网络管理员不必再为每个客户计算机逐一设置IP地址，DHCP服务器可自动为上网计算机分配IP地址，而且只有客户计算机在开机时才向DHCP服务器申请IP地址，用毕后立即交回。

使用DHCP服务器动态分配IP地址，不但可节省网络管理员分配IP地址的工作，而且可确保分配地址不重复。另外，客户计算机的IP地址是在需要时分配，所以提高了IP地址的使用率。

8.4.2　安装 DHCP 服务器

首先要设置该服务器所在计算机的IP地址，应当使用一个固定的IP地址，不能选取"自动获得IP地址"。本例中设置其IP地址为：192.168.0.1。

(1) 依次单击"开始"|"设置"|"控制面板"菜单项，在"控制面板"对话框中双击"添加或删除程序"项，然后在出现的对话框中单击"添加/删除Windows组件"选项。

(2) 在"Windows组件"对话框中，单击"网络服务"选项，然后单击"详细信息"按钮，在出现的对话框中，单击选中"动态主机配置协议(DHCP)"选项，单击"确定"按钮。

(3) 单击"下一步"按钮，将Windows Server 2003安装光驱置入光驱，即开始安装和配置DHCP组件。安装完成，单击"完成"按钮即可。

安装结束后，会在"开始"|"程序"|"管理工具"菜单项中增加"DHCP"菜单项。

8.4.3　创建作用域

完成一台DHCP服务器的创建工作，除了要为DHCP服务器指定一台计算机，还需要为该服务器创建一个作用域。创建作用域的主要目的是为服务器指定一段连续的IP地址集，DHCP服务器正是将这些地址分配给网络客户机作为它们的动态IP地址。因此，没有预先保留的地址，DHCP服务器也就无可用地址能分配了。要创建DHCP作用域，可参照下面的操作步骤：

(1) 在"DHCP控制台"窗口中的左窗格中右击新建的DHCP服务器。"qcw2003-666.qcw.com[192.168.0.1]"，从打开的菜单中选择"新建"|"作用域"命令，打开"新建作用域向导"对话框，如图8-4所示。

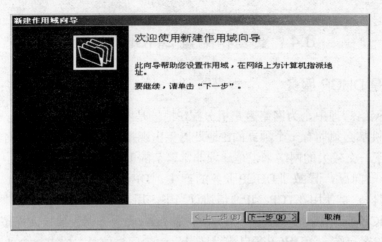

图8-4 "新建作用域向导"对话框

(2) 单击"下一步"按钮,打开"IP地址范围"对话框,如图8-5所示。

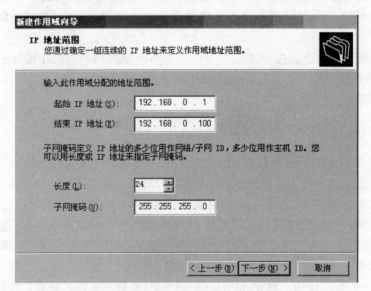

图8-5 "IP地址范围"对话框

(3) 在该对话框中,用户必须输入作用域的起始IP地址和结束IP地址,并设置子网掩码,以便确定一组连续的IP地址使DHCP服务器拥有可分配的IP地址。

(4) 单击"下一步"按钮,打开"租约期限"对话框。

在该对话框中用户需指定一个客户机从DHCP服务器那里租用一个地址后,能够使用多长时间。

(5) 单击"下一步"按钮,打开"正在完成新建作用域向导"对话框。

(6) 向导提示用户作用域已经创建成功,这里用户可单击"完成"按钮结束所有操作。

8.4.4 设置 DHCP 客户机

DHCP服务器安装设置完成后,客户机就可以启用DHCP功能。下面以Windows 2000/XP客户机为例,简要说明其设置步骤。

(1) 右键单击"网上邻居"图标，选择"属性"命令，在出现的对话框中，右键单击"本地连接"图标，在出现的对话框中，单击"Internet 协议(TCP/IP)"选项，单击"属性"按钮。

(2) 单击选中"自动获取IP地址"选项即可，单击"确定"按钮完成配置，如图8-6所示。

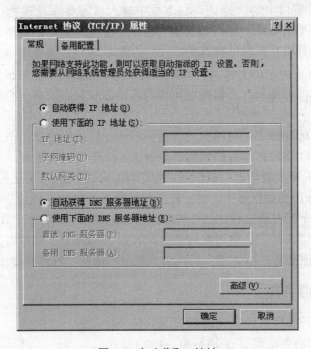

图8-6　自动获取IP地址

注意：DHCP客户机是自动获取IP地址的，但DHCP服务器必须有一个固定的IP地址，其实后面讲述的所有服务器都至少有一个固定的IP地址，因为有固定的IP地址，客户机才能找到服务器，才能使用其上的服务。

在DHCP服务器和客户机的设置完成后，用户可以利用ipconfig命令测试DHCP服务器的设置是否正确。方法如下：

在命令提示符下输入ipconfig ，然后按回车键，此时应显示本地连接的IP地址的值在设置的作用域范围内，如"192.168.0.11"。

8.5　安装和配置 DNS 服务器

在庞大的Internet网络中，每台计算机(无论是服务器还是客户机)都有一个自己的名称。通过这个易识别的名称，网络用户之间可以很容易地进行互相访问以及客户机与存储有信息资源的服务器建立连接等网络操作。不过，网络中的计算机硬件之间真正建立连接并不是通过大家都熟悉的计算机名称，而是通过每台计算机各自独立的IP地址来完成的。因为，计算机硬件只能识别二进制的IP地址。因此，Internet中有很多域名服务器来完成将计算机名转换为对应IP地址的工作，以便实现网络中计算机的连接。可见DNS服务器在Internet中起着重要作用，本节我们便来对域名服务以及如何配置和管理DNS服务器进行介绍。

8.5.1　什么是域名服务

DNS服务器负责的工作便是将主机名连同域名转换为IP地址。该项功能对于实现网络连接可谓至关重要。因为，当网络上的一台客户机需要访问某台服务器上的资源时，客户机的用户只需在"IE"主窗口中的"地址"文本框中输入该服务器在现实中为大家所知的诸如www.happy.com.cn类型的地址，即可与该服务器进行连接。然而，网络上的计算机之间实现连接却是通过每台计算机在网络中拥有的唯一的IP地址(该地址为数值地址，分为网络地址和主机地址两部分)来完成的，因为计算机硬件只能识别IP地址而不能够识别其他类型的地址。这样在用户容易记忆的地址和计算机能够识别的地址之间就必须有一个转换，DNS服务器便充当了这个转换角色。

虽然所有连接到Internet上的网络系统都采用DNS地址解析方法，但是域名服务有一个缺点，就是所有存储在DNS数据库中的数据都是静态的，不能自动更新。这意味着，当有新主机添加到网络上时，管理员必须把主机DNS名称(例如，www.happy.com.cn)和对应的IP地址(例如，147.23.234.6)也添加到数据库中。对于较大的网络系统来说这样做是很难的。不过值得欣喜的是Windows Server 2003通过将DNS与WINS集成来解决这个问题。当DNS服务器不能解析客户计算机的地址，请求时它将该请求传递给WINS。如果WINS具有相关信息就将地址解析并把消息传递回DNS服务器。DNS服务器再将该信息传递回执行连接请求的客户。

8.5.2　安装 DNS 服务器

首先要设置该服务器所在计算机的 IP 地址，应当使用一个固定的 IP 地址，不能选取"自动获得 IP 地址"。本例中设置其 IP 地址为：192.168.0.1。

(1) 依次单击"开始"｜"设置"｜"控制面板"菜单项，在"控制面板"对话框中双击"添加或删除程序"项，然后在出现的对话框中单击"添加/删除 Windows 组件"选项。

(2) 在"Windows 组件"对话框中，单击"网络服务"选项，然后单击"详细信息"按钮，在出现的对话框中，单击选中"域名系统(DNS)"选项，单击"确定"按钮。

(3) 单击"下一步"按钮，将 Windows Server 2003 安装光盘置入光驱，即开始安装和配置 DNS 组件。安装完成，单击"完成"按钮即可。

安装结束后，会在"开始"｜"程序"｜"管理工具"菜单项中增加"DNS"菜单项。

8.5.3　设置 DNS 服务器

1．创建区域

创建一个DNS服务器，除了必需的计算机硬件外，还需要建立一个新的区域即一个数据库才能正常运作。该数据库的功能是提供DNS名称和相关数据(如IP地址或网络服务)间的映射。该数据库中存储了所有的域名与对应IP地址的信息，网络客户机正是通过该数据库的信息来完成从计算机名到IP地址的转换。下面将对创建区域进行具体的介绍，操作步骤如下：

(1) 在"DNS控制台"窗口中，打开"操作"菜单，选择"创建新区域"命令，打开"新建区域向导"对话框。

(2) 单击"下一步"按钮，打开"区域类型"对话框。该对话框中有3个选项，分别是：主要区域、辅助区域和存根区域。这里选择"主要区域"。

(3) 单击"下一步"按钮，打开"正向或反向查找区域"对话框。该对话框中用户可以选择"正向查找区域"或"反向查找区域"。如果用户希望把名称映射到地址并给出提供的服务的信息，应选定"正向搜索"单选按钮。如果用户希望把机器的IP地址映射到用户好记的域名，应选定"反向搜索"单选按钮。这里我们选择"正向搜索"单选按钮。

(4) 单击"下一步"按钮，在"区域名称"对话框中，输入新区域的域名。如 mydns.com。单击"下一步"按钮。

(5) 在"区域文件"对话框的"创建新文件，文件名为"文本框中已自动输入了以域名为文件名的 DNS 文件"mydns.com.dns"。单击"下一步"按钮。

(6) 在"动态更新"对话框中，选择"不允许动态更新"选项，单击"下一步"按钮。最后单击"完成"按钮即可。

2. 新建域(子域)

在 DNS 控制台中，选中刚建立的 mydns.com 区域，单击"操作"丨"新建域"菜单命令，在出现的对话框中输入域名，这里是"Works"。单击"确定"按钮即可。

3. 新建主机

DNS 实现的是域名到 IP 地址的映射，而一个完整的域名应该包括区域名(可含子域)和主机名，称为完全合格域名(FQDN)。所以还应为正向搜索区域添加主机记录。方法如下：

在 DNS 控制台中，选中刚建立的 mydns.com 区域，单击"操作"丨"新建主机"菜单命令，出现如图 8-7 所示的对话框，在"名称"文本框中输入主机名，如"www"，在"IP 地址"文本框中输入主机名，如"192.168.0.1"(DNS 服务器的 IP 地址)。单击"添加主机"按钮即可。

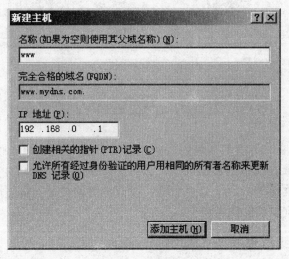

图8-7 新建主机

8.5.4 设置 DNS 客户机

在成功安装 DNS 服务器后，就可以在 DNS 客户机启用 DNS 服务。下面以 Windows 2000/XP 客户机为例，说明如何在客户机上设置并启用 DNS 服务。

(1) 右键单击"网上邻居"图标，选择"属性"命令，在出现的对话框中，右键单击"本地连接"图标，在出现的对话框中，单击"Internet 协议(TCP/IP)"选项，单击"属性"按钮，打开"Internet 协议(TCP/IP)属性"对话框。

(2) 选择"使用下面的 DNS 服务器地址"选项，并分别在首选 DNS 服务器和备用 DNS 服务器(如果有的话)中填写主 DNS 服务器和辅助 DNS 服务器的 IP 地址(如果有的话)。单击"确定"按钮完成配置，如图 8-8 所示。

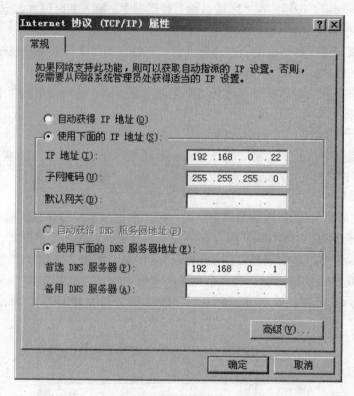

图8-8　设置DNS客户机

8.6　安装和配置 WWW 服务器

随着Internet的发展，传统的局域网资源共享方式已不能满足人们对信息的需求，创建Internet信息服务器无疑是人们的最佳选择，它包括Web、FTP和SMTP虚拟服务器三个方面，不但实现了公司内部网络的Internet信息服务，而且还可使公司网络连接到Internet上为公司的远程客户或业务伙伴提供信息服务。

8.6.1　安装 Internet 信息服务 IIS

在安装Windows Server 2003时，如果用户选择了安装IIS，系统会自动创建一个HTTP站点和一个FTP站点供使用。如果用户在安装Windows Server 2003时没有选择安装IIS，并需要创建Internet信息服务器，则可使用控制面板中的"添加/删除程序"向导来安装此组件，过程如下：

(1) 打开"开始"菜单，选择"设置"|"控制面板"命令，打开"控制面板"窗口，双击"添加/删除程序"图标，打开"添加/删除程序"窗口。

(2) 在左边列表栏中，单击"添加/删除Windows组件"按钮，然后单击"组件"按钮，安装程序开始启动，启动之后打开"Windows组件向导"对话框。

(3) 单击"开始"|"控制面板"|"添加或删除程序",单击左侧"添加/删除Windows组件",双击应用程序服务器,勾选Internet信息服务(IIS)。

(4) 单击"详细信息"按钮,出现如图8-9所示窗口,可以发现选取的IIS子组件为Internet信息服务管理器、公用文件和万维网服务,并没有选取文件传输协议(FTP)服务。

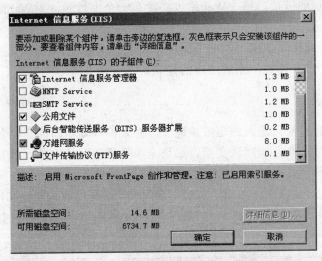

图8-9　IIS子组件

(5) 连续单击"确定"按钮,系统开始安装所选的IIS的组件。

(6) 单击"完成"按钮,完成安装。

8.6.2　建立简单的 Web 站点以及相关配置

创建Web和FTP服务器是创建Internet信息服务器的最重要的内容,通过Web服务器,用户可以有效直观地将企业信息发布给企业内部用户和Internet远程用户。

IIS安装好之后,会自动创建一个默认的Web站点供用户快速发布内容。用户也可自己创建Web站点,以扩大和丰富自己的Web服务器上的信息。对于Web服务器来说,还可利用服务器扩展功能来增强Web站点的功能。

首先要设置该服务器所在计算机的 IP 地址,应当使用一个固定的 IP 地址,不能选取"自动获得 IP 地址"。本例中设置其 IP 地址为:192.168.0.1。

1. 建立简单的 Web 站点

建立Web站点之前,用户要有自己的站点文件夹,该文件夹选至少要有一个网页文档。

(1) 点击"开始"|"程序"|"管理工具"|"Internet信息服务(IIS)管理器",打开Internet信息服务(IIS)管理器。右键单击网站,选择"新建"|"网站",如图8-10所示。

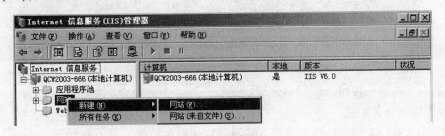

图8-10　新建网站

(2) 弹出网站创建向导，单击"下一步"继续，输入网站描述，单击"下一步"继续。

(3) 设置网站 IP 地址(为本机的 IP 地址)和网站 TCP 端口号，单击"下一步"继续。

(4) 输入主目录的路径，或通过浏览按钮找到。

主目录是Web站点发布树的顶点，也是站点访问者的起点，它不但包含一个主页，而且还包含指向其他网页的链接。每个Web站点必须有一个主目录，对Web站点的访问实际上是对站点主目录的访问。

(5) 设置权限。选取默认值"读取"即可，如果要运行ASP程序，需要勾选运行脚本。

(6) 单击"下一步"按钮，完成站点的建立。

2. Web 站点的配置

1) 添加启动默认文档

我们访问网站时通常只输入域名或IP地址，并未输入要访问的文档名，但照样可打开一个网页，该网页就是一个启动默认文档。如果未添加启动默认文档，或其不存在，则打不开网页，出现错误提示。添加启动默认文档的步骤如下。

(1) 在站点属性对话框中，单击"文档"选项卡，选择"启动默认文档"复选框；然后单击"添加"按钮，在"默认文档名"文本框中输入文件名(含类型名，并且HTM和HTML是有区别的)，如图8-11所示。

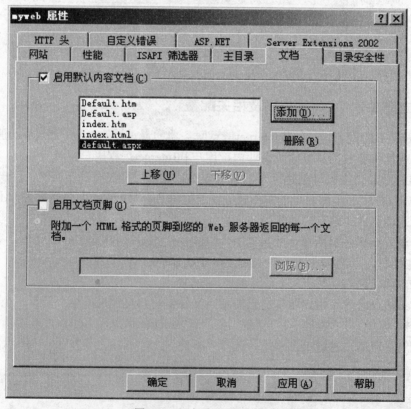

图8-11　添加启动默认文档

(2) 单击"确定"按钮，返回到属性对话框，再单击"确定"按钮保存设置。

2) 设置Web服务扩展

若要运行ASP(ASP.NET)动态网页，应设置Web服务扩展，其方法如下：

点击"Web服务扩展",将"ASP.NET v1.1.4322"、"ASP.NET v2.0.50727"以及"Active Server Pages"项启用(点允许)即可,如图8-12所示。

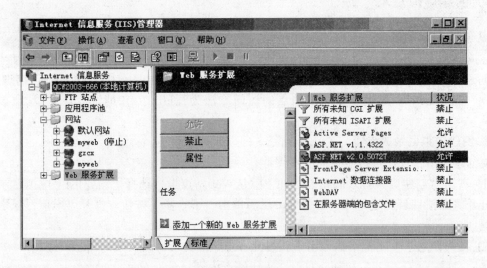

图8-12 web服务扩展

3) 配置站点的"ASP.NET"选项

(1) 在站点属性窗口中,单击"ASP.NET"选项。

(2) 在"ASP.NET版本"下拉列表框中选取相应的版本,ASP.NET2.0以下版本的Web应用程序选择"1.1.4322",ASP.NET2.0以上版本的Web应用程序选择"2.0.50727",如图8-13所示。

图8-13 ASP.NET版本

183

(3) 单击"确定"按钮，返回到属性对话框，再单击"确定"按钮保存设置。

8.6.3 创建虚拟目录

1. 虚拟目录的概念

虚拟目录是指除了主目录以外的其他站点发布目录。用户要想通过主目录发布信息，必须创建虚拟目录。在客户浏览器中，虚拟目录就像位于主目录中一样，但它物理上并不包含在主目录中。对虚拟目录中站点的访问方法为：http://<IP地址或域名>/<虚拟目录名>。

2. 创建虚拟目录的步骤

要创建虚拟目录，可参照下面的步骤：

(1) 右击欲创建虚拟目录的站点，如"默认Web站点"，选择"新建"|"虚拟目录"命令，打开"虚拟目录创建向导"对话框，然后单击"下一步"按钮，打开"虚拟目录别名"对话框。

(2) 在"别名"文本框中输入用于获得此Web虚拟目录访问权限的别名，例如，lwh。输入别名后，单击"下一步"按钮，打开"Web站点内容目录"对话框。

(3) 如果用户知道目录路径，可直接在"目录"文本框中输入目录路径，否则单击"浏览"按钮，打开"浏览文件夹"对话框，选择目录路径。

(4) 单击"下一步"按钮，打开"访问权限"对话框。在"允许下列权限"选项区域中，用户可以为此目录设置访问权限。例如，选择"写入"复选框，即允许访问者修改目录内容。

(5) 访问权限设置完成后，单击"下一步"按钮，进入最后一步，打开"您已成功完成'虚拟目录创建向导'"对话框。单击"完成"按钮，虚拟目录创建完成。

创建FTP站点的方法与创建Web站点的方法几乎完全相同，不再赘述。

8.6.4 设置 Web 客户机

在成功安装 Web 服务器后，就可以在 Web 客户机通过浏览器访问 Web 服务器了。下面以 Windows 2000/XP 客户机为例，说明如何设置 Web 客户机。

(1) 右键单击"网上邻居"图标，选择"属性"命令，在出现的对话框中，右键单击"本地连接"图标，在出现的对话框中，单击"Internet 协议(TCP/IP)"选项，单击"属性"按钮，打开"Internet 协议(TCP/IP)属性"对话框。

将 Web 客户机的 IP 地址设置为与 Web 服务器的 IP 地址在同一个网段。

(2) 如果同时安装了 DNS 服务器，则选择"使用下面的 DNS 服务器地址"选项，并分别在首选 DNS 服务器和备用 DNS 服务器(如果有的话)中填写主 DNS 服务器和辅助 DNS 服务器的 IP 地址(如果有的话)。单击"确定"按钮完成配置。

(3) 打开浏览器(如 IE)，在地址栏输入 IP 地址(如果配置了 DNS 域名解析，也可以输入域名)，就能浏览指定的网页了。

注意：访问 Web 服务器时，在地址栏输入 IP 地址时，其前缀为 http，可以省略。

如：http://192.168.0.1 或直接输入 192.168.0.1。

8.7 安装和配置 FTP 服务器

8.7.1 安装 IIS 的文件传输协议(FTP)服务组件

如果用户在安装Windows Server 2003时没有选择安装IIS，并需要创建Internet信息服务器，则可使用控制面板中的"添加/删除程序"向导来安装此组件，其过程与8.6.1节讲述的几乎完全相同，只不过其中第(4)步：应选取文件传输协议(FTP)服务组件，如图8-14所示。

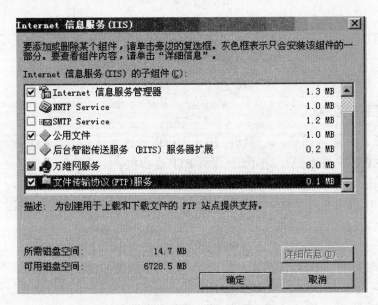

图8-14 选取文件传输协议(FTP)服务组件

8.7.2 建立 FTP 站点

首先要设置该服务器所在计算机的 IP 地址，应当使用一个固定的 IP 地址，不能选取"自动获得 IP 地址"。本例中设置其 IP 地址为：192.168.0.1。

建立FTP站点之前，用户要有自己的站点文件夹。若该FTP站点是供下载用的，该文件夹不能为空；若该FTP站点是供上传用的，该文件夹可以为空，但上传用户必须有写入的权限。具体步骤如下：

(1) 打开"开始"菜单，选择"程序"|"管理工具"|"Internet信息服务(IIS)管理器"，打开"Internet信息服务(IIS)管理器"窗口，在控制台目录树中展开"FTP网站"节点，如图8-15所示。

(2) 右键单击FTP站点，选择"新建-FTP站点"，弹出欢迎界面，单击"下一步"继续。

(3) 输入网站描述，单击"下一步"继续。

(4) 输入网站的 IP 地址(为本机的 IP 地址)和网站 TCP 端口号，单击"下一步"继续。

(5) 在 FTP 用户隔离窗口中，选择不隔离用户。

(6) 选择 FTP 主路径。

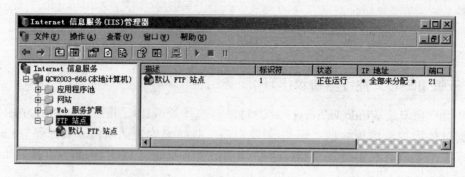

图8-15　Internet服务管理器窗口

(7) 设置 FTP 权限。若该 FTP 站点是供下载用的，为了安全，应只设置读取的权限；若该 FTP 站点是供上传用的，必须有写入的权限。

(8) 成功建立 FTP 站点。

8.7.3　设置 FTP 客户机

在成功安装 FTP 服务器后，就可以在 FTP 客户机通过浏览器访问 FTP 服务器了。下面以 Windows 2000/XP 客户机为例，说明如何设置 FTP 客户机。

(1) 右键单击"网上邻居"图标，选择"属性"命令，在出现的对话框中，右键单击"本地连接"图标，在出现的对话框中，单击"Internet 协议(TCP/IP)"选项，单击"属性"按钮，打开"Internet 协议(TCP/IP)属性"对话框。

将 FTP 客户机的 IP 地址设置为与 FTP 服务器的 IP 地址在同一个网段。

(2) 如果同时安装了 DNS 服务器，则选择"使用下面的 DNS 服务器地址"选项，并分别在首选 DNS 服务器和备用 DNS 服务器(如果有的话)中填写主 DNS 服务器和辅助 DNS 服务器的 IP 地址(如果有的话)。单击"确定"按钮完成配置。

(3) 打开浏览器(如 IE)，在地址栏输入 ftp://IP 地址(如果配置了 DNS 域名解析，也可以输入域名)，就能浏览指定的 FTP 站点了。

注意：访问 FTP 服务器时，在地址栏输入 IP 地址时，其前缀为 ftp，不能省略。如：ftp://192.168.0.1。

习　题　8

一、选择题

1. WWW 服务器一般使用的端口号是(　　)。

    A. 21　　　　　　　　　　　　　　B. 23

    C. 80　　　　　　　　　　　　　　D. 125

2. FTP 服务器一般使用的端口号是(　　)。

    A. 21　　　　　　　　　　　　　　B. 23

    C. 80　　　　　　　　　　　　　　D. 125

3. 关于因特网中的 WWW 服务器，以下哪种说法是错误的(　　)。

    A. WWW 服务器中存储的通常是符合 HTML 规范的结构化文档

B．WWW 服务器必须具有创建和编辑 Web 页面的功能

C．WWW 客户端程序也被称为 WWW 浏览器

D．WWW 服务器也被称为 Web 站点

4．安装 Windows Server 2003 应采用的分区格式为(　　)。

A．FAT

B．FAT32

C．NTFS

D．NTFS

5．DHCP 的含义是(　　)。

A．域名服务

B．文件传输协议

C．动态主机配置协议

D．超文本传输协议

二、问答题

1．谈谈你对 DHCP 服务器的认识。

2．活动目录、DNS 服务器的定义是什么？两者有什么关系？

3．如何创建 WWW 服务器和 FTP 服务器？

4．简述对 WWW 服务器的管理。

5．简述 DNS 服务器的配置过程。通过实践测试配置的 DNS 服务器。

第9章 网络管理与安全

9.1 网络管理

9.1.1 网络管理的基本概念

随着互联网络的发展，网络管理人员将面临更大规模、更加复杂、异构的多厂家产品互联的计算机网络，一个困扰网络管理人员的问题随即出现，即如何对这种多厂家的异构互联网络进行诸如监测、分析、查询等网络管理，来保持网络的可用性，提高网络的性能，减少故障的发生，保障网络的安全。用传统的管理方法去管理它们不但费时、费事、费钱，而且有时根本是不可能的。如果没有一个高效的网络管理系统对网络系统进行管理，那么很难保证为广大用户提供满意的网络服务。在网络设计建设中，网络管理是设计人员考虑的一个重要内容。网络互联把异种机系统集成为一个单一的系统。在网络互联中，网络互联管理系统是极为重要的。随着 Internet 在全球范围内的飞速增长，如何管理和监视这个全球网络成为越来越重要的研究课题。在 Internet 的管理框架中，简单网络管理协议(Simple Network Management Protocol，SNMP)扮演了主要角色，它是 TCP/IP 协议家族的重要成员。

随着 Internet/Intranet 和 TCP/IP 应用的不断扩大，网络互联的管理将基于 SNMP，目前越来越多的产品采用了这个标准。SNMP 使网上的工作站能从网上收集到大量的与管理有关的信息。也可以使不同的 SNMP 管理员交换数据，其中包含有关安全的信息和支持多协议传送。

9.1.2 网络管理的功能

网络管理技术是随着计算机、网络及通信技术的发展而发展的，一个有效的网络一刻也离不开网络管理；另一方面，计算机及通信技术本身的快速发展又反过来刺激和促进了网络管理的发展。随着计算机和通信技术的不断发展，网络系统日益庞大和复杂，网络管理员所管理的资源等信息也迅速增加，信息社会对计算机网络的依赖也会越来越大，先进的网络管理系统对于网络的安全、良好的运行已显得越来越重要，在网络规划时就必须加强对网络管理的考虑。

网络管理是紧密地伴随着网络技术的发展而发展的，网络的日益复杂性使得网络管理的范围和负担也会越来越大，网络管理系统的发展会朝着综合化、标准化和智能化的方向发展，网络管理系统将会更多地分担网络管理员的工作，使得网络管理和网络设计更加方便，排除故障更加迅速。从用户的角度来看，一个网络管理体系应该满足以下要求：

(1) 同时支持网络监视和控制两方面的能力。

(2) 能够管理所有的网络协议，容纳不同的网络管理系统。

(3) 提供尽可能大的管理范围，并且应做到网络管理员可以从任何地方都能对网络进行管理。

(4) 尽可能小的系统开销，提供较多网络管理信息。

(5) 网络管理的标准化，可以管理不同厂家的网络设备，实现网络管理的集成。

(6) 网络管理在网络安全性方面应能发挥更大的作用。

(7) 网络管理应具有一定的智能，可以根据对网络统计信息的分析，发现并报告可能出现的网络故障。

在网络管理技术的研究、发展和标准化方面，Internet 体系结构委员会(IAB)和 ISO 等都做了大量的卓有成效的工作。早在 20 世纪 70 年代末，ISO 提出其 OSI 模型的同时，就提出了网络管理标准的框架，即开放互联管理框架(ISO7498-4)，并制定了相应的协议标准，即公共管理信息服务和公共管理信息协议 CMIS/CMIP。

出于 OSI 的网络管理框架及其协议的结构和功能非常复杂，目前还没能得到商品化的支持，但是它确实定义了网络管理的漂亮而完美的模型，所有我们对网络管理功能模型的描述主要以 OSI 模型为主。在 OSI 网络管理框架模型中，基本的网络管理功能被分为 5 个功能域，分别完成不同的网络管理功能。OSI 网络管理的功能域(FCAPS)包括：

(1) 故障管理(Fault Management)。它是网络管理用户最基本的功能之一，其功能主要是使管理中心能够实时监测网络中的故障，并能对故障原因作出诊断和进行定位，从而能够对故障进行排除或能够对网络故障进行快速隔离，以保证网络能够连续可靠地运行。故障管理主要包括故障的检测、定位及恢复等功能。具体有：告警报告、事件报告管理、日志控制功能、测试管理功能、可信度及诊断测试分类 5 个标准。

(2) 配置管理(Configuration Management)。是用来定义网络、识别初始化网络、配置网络、控制和检测网络中被管对象的功能集合，它包括客体管理、状态管理和关系管理 3 个标准。其目的是实现某个特定的功能或使网络性能达到最优，网络管理应具有随着网络变化，对网络进行再配置的功能。

(3) 计费管理(Accounting Management)。计费管理主要记录用户使用网络情况和统计不同线路、不同资源的利用情况。它对一些公共商用网络尤为重要。它可以估算出用户使用网络资源可能需要的费用和代价。网络管理员还可规定用户可使用的最大费用，从而控制用户过多占用网络资源，这也从另一个方面提高了网络的效率。

(4) 性能管理(Peformance Management)。是以提高网络性能为准则，其目的是保证在使用最少的网络资源和具有最小网络时延的前提下，为网络提供可靠、连续的通信能力。它具有监视和分析被管网络及其所提供服务的性能机制的能力，其性能分析的结果可能会触发某个诊断测试过程或重新配置网络以维持网络的性能。

(5) 安全管理(Security Management)。一是为了网络用户和网络资源不被非法使用，二是确保网络管理系统本身不被非法访问，包括安全告警报告功能、安全审计跟踪功能以及访问控制的客体和属性 3 个标准。

通常一个具体的网络管理系统并不一定都包含网络管理的五大功能，不同的系统可能会选取其中不同的几个功能加以实现，但几乎每个网络管理系统都会包括故障管理的功能。

在建立网络管理系统时，应首先确定自身的网管需求；其次根据需求确定网管的管理方式，选择合适的网管软件平台、与网络系统管理相关的网管支持软件版本；再次，在选择网络设备时考虑与之相关的支持所选网管软件平台的网管支撑软件版本；最后考虑既支持网管软件平台，又能满足网管处理的硬件设备，最终构成性能价格比较合适的网管平台。

9.1.3 简单网络管理协议

1. SNMP 的发展及特点

早在十年前，负责 Internet 标准化工作的国际性组织 IETF(Internet Engineering Task Force)意识到单靠人工是无法管理以爆炸速度增长的 Internet。于是经过一番争论，最终决定采用基于 OSI 的 CMIP(Common Management Information Protocol)协议作为 Internet 的管理协议。为了让它适应基于 TCP/IP 的 Internet，必须进行大量的繁琐的修改，修改后的协议被称作 CMOT(Common Management Over TCP/IP)。

在 ISO 提出其 OSI 模型的同时，Internet 及其制定的 TCP/IP 协议以简单、易于实现和互联性强等优点，迅速得到业界和其他领域的广泛应用。由于 CMOT 的出台遥遥无期，为了应急，IETF 决定把现有的 SGMP(Simple Gateway Monitoring Protocol)进一步开发成一个临时的替代解决方案，这个在 SGMP 基础上开发的临时解决方案就是著名的 SNMP(Simple Network Monitoring Protocal)。1988 年，IAB 提出了简单网络管理协议(SNMP)的第一个版本。与 TCP 一样，SNMP 也是一个 Internet 协议，是 Internet 网络管理体系中的一部分。SNMP 定义了一种在工作站或 PC 等典型的管理平台与设备之间使用 SNMP 命令进行设备管理的标准。SNMP 具有以下特点：

(1) 简单性。顾名思义，SNMP 非常简单，容易实现且成本低。

(2) 可伸缩性。SNMP 可管理绝大部分符合 Internet 标准的设备。

(3) 扩展性。通过定义新的"被管理对象"，即 MIB，可以非常方便地扩展管理能力。

(4) 健壮性(Robust)。即使在被管理设备发生严重错误时，也不会影响管理工作站的正常工作。

SNMP 出台后，在短短几年内得到了广大用户和厂商的支持。即使是 IETF 自己也没有预料到 SNMP 会如此成功，以至于 1992 年取消了用 CMOT 代替 SNMP 的原定计划。在实践中，SNMP 确实显示出能管理绝大部分与 Internet 相连的设备的强大能力。现在 SNMP 已经成为 Internet 网络管理最重要的标准，SNMP 以其简单易用的特性成为企业网络计中居于主导地位的一种网络管理协议。实际上已是一个事实上的网络管理标准。它可以在异构的环境中进行集成化的网络管理,几乎所有的计算机主机、工作站、路由器、集线器厂商均提供基本的 SNMP 功能。

SNMP v1 如同 TCP/IP 协议簇的其他协议一样，并没有考虑安全问题，因此许多用户和厂商提出了修改初版 SNMP、增加安全模块的要求。于是，IETF 于 1992 年开始了 SNMP v2 的开发工作。它宣布计划中的第二版将有以下改进：

(1) 提供验证、加密、时间同步机制，提高安全性。

(2) GETBULK 操作提供一次取回大量数据的能力，用更有效的方式传递管理信息。

(3)建立一个层次化的管理体系。增加 Manager-to-Manager 之间的信息交换机制，从而支持分布式的管理体系；增加中级(或子)管理工作站(Middle-Level Manager or Sub-Manager)，分担主管理工作站的任务，增加远程站点的局部自主性。

IETF 于 1993 年完成了 SNMP v2 的制定工作，在 SNMP v2 中重新定义了安全级并提供了管理程序到管理程序之间通信的支持，解决了 SNMP 网络管理系统的安全性和分布管理的问题。为了提高鉴别控制，SNMP v2 还使用 MD5 鉴别协议，此协议通过对收到的每个与管理有关的信息包的内容进行验证来保证网络的完整性。通过加密和鉴别技术，SNMP v2 提供了更强的安全能力。

2. SNMP

SNMP 提供的是一种面向无连接的服务，它不能确保其他实体一定能收到管理信息流。SNMP 是通过轮询方式来进行管理的，即管理中心每隔一段时间向各个对象发出询问，以得到信息来进行管理。但是为了对紧急情况作出迅速的处理，SNMP 还引进了汇报，当被管对象发生了紧急情况时就主动向中心汇报。

管理工作站和被管代理通过信息交换来进行工作，这种信息交换通过一种网络管理协议来实现，真正的管理功能通过对管理信息库中的变量操作来实现，而管理应用程序则提供一个用户界面，使得操作者可以激活一个管理功能，用于监控网络元素的状态或分析从网络元素中得到的数据。管理工作站通过要求网络元素的代理向其报告存放于元素管理信息库(Management Information Base，MIB)中的状态与运行数据来监测网络元素，存放在 MIB 中的典型参数有物理网络接口的数量与类型、流量统计和路径表等。

SNMP v2 支持 SNMP 中的集中式网络管理机制，用一台管理工作站进行全网管理，或者将网络分割成若干小单元，每个单元中使用一台管理工作站进行管理。另外，在 SNMP v2 中还支持分布式管理策略(Distributed Management Strategy)。它相对于集中式管理的主要特点是，网络中可以有多个管理程序。它还可以将管理分级化。SNMP 的代理分别由网络一级的管理工作站进行管理。当代理发出 Trap 信息时，对一般设备出错，直接由网络级的管理工作站处理；如果 Trap 信息涉及到整个网络时，低级的管理工作站可将相应信息传送给高层管理工作站进行处理。另外，高层管理工作站也可以要求低层管理工作站转发管理原语。使用这种策略，可以有效地进行较大规模网络的管理。

在 Internet 管理模型中，一个完整的网络管理体系应包括：

(1) 网络元素(有时称为被管理设备)。网络元素是指计算机、路由器等硬件设备。

(2) 代理(Agent)。代理是驻留在网络元素中的软件模块，它们收集并存储管理信息(如网络元素收到的错误包的数量等)。

(3) 管理对象(Management Object)。管理对象是能被管理的所有实体(网络、设备、线路、软件)。例如在特定的主机之间的一系列现有活动的 TCP 线路是一个管理对象。管理对象不同于变量，变量只是管理对象的实例。

(4) 管理信息库。对网络资源的管理是通过将这些资源作为对象的方式来实现的，每个对象实际上就是一个代表被管理的一个特征的变量，这些变量构成的集合就是 MIB。MIB 存放报告对象的管理参数；MIB 函数提供了从管理工作站到代理的访问点，管理工作站通过查询 MIB 中对象的值来实现监测功能，通过改变 MIB 对象的值来实现控制功能。每个 MIB 应包括：系统与设备的状态信息、运行的数据统计和配置参数。

(5) 语法(Syntax)。一个语法就是用一种独立于机器的格式来描述 MIB 管理对象的语言。一致地使用一种语法可使不同类型的计算机来共享信息。Internet 管理系统利用 ISO 的 OSI ASN.1(Abstract Syntax Notation 1)来定义管理协议间相互交换的包和被管理的对象。

(6) 管理信息结构(The Structure of Management Information，SMI)。SMI 定义了描述管理信息的规则，报告对象是如何定义的以及如何表示在 MIB 中的。SMI 由 ASN.1 来定义，这样就使得这些信息与所存放设备的数据存储表示形式无关。

(7) 网络管理工作站 (Network Management Station，NMS，有时称为控制台)。这些设施运行管理用来监视和控制网络元素，在物理上 NMS 通常是具有高速 CPU、大内存、大硬盘等的工作站，作为网络管理工作站管理网络的界面，在每个管理环境中至少需要一台 NMS。

(8) 部件(Parties)：这是 SNMP v2 新增的定义，部件是一个逻辑的 SNMP v2 的实体，它能初始化或接收 SNMP v2 的通信。每个 SNMP v2 实体包括：一个单一的唯一的实体标识、一个逻辑的网络定位、一个单一证明的协议、一个单一的保密协议。SNMP v2 的信息是在两个实体间来通信。一个 SNMP v2 的实体可定义多个部件，每个部件具有不同的参数。

(9) 管理协议(Management Protocol)。管理协议是用来在代理和 NMS 之间转换管理信息，提供在网络管理站和被管理设备间交互信息的方法。SNMP 就是在 Internet 环境中的一个标准的管理协议。

(10) 网络管理系统。真正的网络管理功能的实现(即所谓网络管理系统)，它驻留在网络管理工作站中，通过对被管对象中的 MIB 信息变量的操作实现各种网络管理功能。

9.2　网　络　安　全

9.2.1　网络安全的概念

网络安全是指通过采取各种技术手段和管理措施，使网络系统正常运行，确保网络数据的可用性、完整性和保密性。由此可见，建立网络安全保护措施的目的是确保经过网络传输和交换的数据不会发生增加、修改、丢失和泄漏等。

由于计算机网络最重要的资源是它向用户提供的服务和所拥有的信息，因而计算机网络的安全性可以定义为保障网络服务的可用性(Availability)和网络信息的完整性(Integrity)。

网络安全的传统提法一般是指信息的保密性(Security)、完整性(Integrity)和可靠性(Reliability)。

1) 保密性

是指防止静态信息被非授权访问和防止动态信息被截取解密。

2) 完整性

是指信息在存储或传输时不被修改、破坏，或信息包丢失、乱序等。信息完整性是信息安全的基本要求。

3) 可靠性

是指信息的可信度，包括信息的完整性、准确性和发送人的身份证实等方面。可靠性也是信息安全性的基本要素。

前不久，美国计算机安全专家又提出了一种新的安全框架，包括保密性(Confidentiality)、完整性(Integrity)、可用性(Availability)、实用性(Utility)、真实性(Authenticity)和占有性(Possession)，在原来的基础上增加实用性、可用性和占有性，认为这样才能解释各种网络安全问题。

4) 实用性

即信息加密密钥不可丢失(不是泄密)，丢失了密钥的信息也就丢失了信息的实用性。

5) 可用性

一般是指主机存放静态信息的可用性和可操作性。病毒常常破坏信息的可用性，使系统不能正常运行，使数据文件面目全非。

6) 占有性

是指存储信息的主机、磁盘等信息载体被盗用，导致对信息占用权的丧失。保护信息占有性的方法有使用版权、专利、商业秘密、提供物理和逻辑的访问限制方法，以及维护和检查有关盗窃文件的审计记录、使用标签等。

9.2.2 网络安全管理与安全体系的建立

1. 网络安全管理

网络安全管理的目标是防止用户网络资源的非法访问，确保网络资源和网络用户的安全。例如设置口令和访问权限，防止非法访问网络，对数据进行加密，防止非法窃取信息等。

2. 网络安全体系的建立

每个网络都必须建立起自己的网络安全体系结构(Network Security Architecture，NSA)，包括完善的网络信息访问控制策略、机密数据通信安全与保护策略、灾难恢复规划、对犯罪攻击的预防检测等。一个安全系统的建设涉及的因素很多，是一个庞大的系统工程。一般情况下，要采取以下措施。

1) 物理措施

例如，保护网络关键设备(如交换机、大型计算机等)，制定严格的网络安全规章制度，采取防辐射、防火等措施。

2) 访问控制

对用户访问网络资源的权限进行严格的认证和控制。例如，进行用户身份认证，对口令加密、更新和鉴别，设置用户访问目录和文件的权限，控制网络设备配置的权限，等等。

3) 数据加密

加密是保护数据安全的重要手段。加密的作用是保障信息被人截获后不能读懂其含义。

4) 防止计算机网络病毒

病毒对计算机网络的危害越来越严重，必须引起高度重视。1988 年 11 月 3 日，美国康乃尔大学一年级研究生编制的称为"蠕虫"的计算机病毒，通过 Internet 的大面积传播，致使6000 多台主机被感染，直接经济损失超过 6000 万美元。

5) 其他措施

其他措施包括容错、数据镜像、数据备份和审计等。近年来，围绕网络安全问题提出了许多解决方案，例如数据加密技术和防火墙技术等。数据加密是对网络中传输的数据进行加密，到达目的地后再解密还原为原始数据，目的是防止非法用户截获后盗用信息。防火墙技术是通过对网络的隔离和限制访问等方法来控制网络的访问权限，从而保护网络资源。其他安全技术包括密钥管理、数字签名、认证技术、智能卡技术和访问控制等。

9.3 防火墙技术

防火墙是在两个网络之间执行访问控制策略的一个或一组系统，包括硬件和软件。防火墙(FireWall) 是保护计算机网络安全的技术性措施，是一种隔离控制技术，是 Internet 与内部网之间建立起的一个安全网关，是在某个机构的网络和不安全的网络(Internet)之间的屏障，从而阻止对信息资源的非法访问，也可以使用防火墙阻止重要信息从企业的网络上被非法输出。它是不同网络或网络安全域之间信息的唯一出入口，且本身具有较强的抗攻击能力。由用户制定安全访问策略，抵御黑客的侵袭，主要方法有：IP 地址过滤，服务代理等。

9.3.1 防火墙及其作用

1. 什么是防火墙

所谓"防火墙"，是指一种将内部网和公众访问网(如 Internet)分开的方法，它实际上是一种隔离技术。防火墙是在两个网络通信时执行的一种访问控制尺度，它能允许你"同意"的人和数据进入你的网络，将"不同意"的人和数据拒之门外，最大限度地阻止网络中的黑客来访问你的网络，防止他们更改、拷贝、毁坏你的重要信息。

2. 防火墙的作用

1) 作为网络安全的屏障

只有经过精心选择的应用协议才能通过防火墙，可使网络环境变得更安全。如防火墙可以禁止 NFS 协议进出受保护的网络，这样外部的攻击者就不可能利用这些脆弱的协议来攻击内部网络。

防火墙同时可以保护网络免受基于路由的攻击，如 IP 选项中的源路由攻击和 ICMP 重定向中的重定向路径。防火墙应该可以拒绝所有以上类型攻击的报文并通知防火墙管理员。

2) 可以强化网络安全策略

通过以防火墙为中心的安全方案配置，能将所有安全软件(如口令、加密、身份认证、审计等)配置在防火墙上。与将网络安全问题分散到各个主机上相比，防火墙的集中安全管理更经济。例如在网络访问时，一次一密口令系统和其他身份认证系统完全可以不必分散在各个主机上，而集中在防火墙身上。

3) 可以对网络存取和访问进行监控审计

如果所有的访问都经过防火墙，那么，防火墙就能记录下这些访问并作出日志记录，同时也能提供网络使用情况的统计数据。当发生可疑动作时，防火墙能进行适当的报警，并提供网络是否受到监测和攻击的详细信息。另外，收集一个网络的使用和误用情况也是非常重要的。可以清楚防火墙是否能够抵挡攻击者的探测和攻击，并且清楚防火墙的控制是否充足。而网络使用统计对网络需求分析和威胁分析等也是非常重要的。

4) 可以防止内部信息的外泄

通过利用防火墙对内部网络的划分，可实现内部网重点网段的隔离，从而限制了局部重点或敏感网络安全问题对全局网络造成的影响。

3. 如何选择防火墙

设计和选用防火墙首先要明确哪些数据是必须保护的，这些数据的被侵入会导致什么样的后果及网络不同区域需要什么样的安全级别。其次，设计和选用防火墙必须与网络接口匹配，要防止你能想到的威胁。

1) 防火墙自身的安全性

大多数人在选择防火墙时都将注意力放在防火墙如何控制连接以及防火墙支持多少种服务上，但往往忽略一点，防火墙也是网络上的主要设备，也可能存在安全问题。防火墙如果不能确保自身安全，则防火墙的控制能力再强，也终究不能完全保护内部网络。

2) 考虑特殊的需求

(1) IP 地址的转换。进行 IP 地址的转换有两个好处：一是隐藏内部网络真正的 IP，这可以使黑客无法直接攻击网络，但这要建立在防火墙自身安全性的基础上；另一个好处是可以让内部用户使用保留的 IP，这对许多 IP 不足的企业是非常重要的。

(2) 双重 DNS。当内部网络使用没有注册的 IP 地址，或是防火墙进行 IP 转换时，DNS 也必须进行转换。因为，同样的一个主机在内部的 IP 与给予外界的 IP 将会不同，有的防火墙双重 DNS，有的则在不同主机上各安装一个 DNS。

(3) 虚拟企业网络。VPN 可以在防火墙与防火墙或移动的 Client 间对所有网络的内容加密，建立一个虚拟通道，让两者间感觉是在同一个网络上，可以安全且不受拘束地相互存取。

(4) 病毒扫描功能。大部分防火墙都可以与防病毒防火墙搭配实现病毒扫描功能。

(5) 特殊控制需求。有时企业会有特别的控制需求，如限制特定使用者才能发送 E-mail,FTP 只能得到档案不能上传档案，限制同时上网人数、使用时间等，依需求不同而定。

9.3.2　防火墙分类

1.　包过滤路由器

包过滤路由器可以决定对它所收到的每个数据包的取舍。包过滤路由器又称为"屏蔽路由器"。路由器对每发送或接收来的数据包审查是否与某个包过滤规则相匹配。过滤规则是以 IP 数据包中的信息为基础的，其中包括：IP 源地址、IP 目的地址、封装协议(TCP、UDP 或 ICMP 协议等等)、TCP/UDP 源端口、TCP/UDP 目的端口、ICMP 报文类型、包输入接口和包输出接口等。如果找到一个匹配且规则允许该数据包通过，则该数据包根据路由表中的信息向前转发。如果找到一个与规则不相匹配的，规则拒绝此数据包，则该数据包将被舍弃。包过滤路由器具有以下优点：

(1) 执行包过滤所用的时间很少或几乎不需要什么时间。

(2) 对路由器的负载较小。

(3) 由于包过滤路由器对端用户和应用程序是透明的,因此不需要在每台主机上安装特别的软件。

2.　应用网关(代理服务器)

代理服务器上安装有特殊用途的特别应用程序，被称为"代理服务"或"代理服务器程序"。使用代理服务后，各种服务不再直接通过防火墙转发，对应用数据的转发取决于代理服务器的配置：可以只支持一个或多个应用程序的特定功能，同时拒绝所有其他功能，比如同时支持 WWW、FTP、Telnet、SMTP 和 DNS 等。

3.　堡垒主机

包过滤路由器允许信息包在外部系统与内部系统之间的直接流动。应用网关允许信息在系统之间流动，但不允许直接交换信息包。允许信息在内部的网络系统与外部的网络系统之间进行交换的主要风险在于，受保护的内部网络中的各种硬件或软件必须能够承受得了由于提供相关服务所产生的各种威胁。而堡垒主机是 Internet 上的主机能够连接到的、唯一的内部网络上的系统，它对外而言，屏蔽了内部网络主机系统，所以任何外部的系统试图想访问内部的系统或服务时，都必须连接到堡垒主机上。因此，堡垒主机需保持更高级的主机安全性。

应用网关常常被称作"堡垒主机"，因为它是一个被特别"加固"的、用来防范各类攻击的专用系统。通常，堡垒主机具有以下一些特点：

(1) 堡垒主机的硬件平台上运行的是一个比较"安全"的操作系统，如 UNIX 操作系统，它防止了操作系统受损，同时也确保了防火墙的完整性。

(2) 只有那些有必要的服务才安装在堡垒主机内。一般来说，堡垒主机内只安装为数不多的几个代理应用程序子集。如：SMTP、DNS、FTP、DHCP 等等。

9.4 网络病毒的防治

计算机病毒的防御对网络管理员来说是一个十分艰巨的任务。特别是随着病毒的复杂性，情况变得更是如此。目前，几千种不同的病毒不时地对计算机和网络的安全构成严重威胁。因此，了解和控制病毒威胁的需求显得格外的重要，任何有关网络数据完整性和安全的讨论都应考虑到病毒。

9.4.1 病毒的定义与特点

1. 计算机病毒的定义

计算机病毒是一种"计算机程序"，这种程序它不仅能破坏计算机系统，而且还能够传播、感染到其他系统。它通常隐藏在看起来无害的程序中，能够自身复制并将其插入其他的程序中，执行恶意的行动。计算机病毒一般通过磁盘、光盘、U 盘和网络传播。计算机病毒在网络系统上的广泛传播，会造成更大范围的灾害，其危害性更严重。

2. 计算机病毒的特点

计算机病毒通常具有以下几个特点：

(1) 隐蔽性。病毒程序一般隐藏在可执行文件和数据文件中，不易被发现。

(2) 传染性。传染性是衡量一种程序是否为病毒的首要条件。病毒程序一旦进入计算机，通过修改别的程序，把自身的程序拷贝进去，从而达到扩散的目的，使计算机不能正常工作。

(3) 潜伏性。计算机病毒具有寄生能力，它能够潜伏在正常的程序之中，当满足一定条件时被激活，开始破坏活动，即病毒发作。

(4) 可激发性。计算机病毒一般都具有激发条件，这些条件可以是某个时间、日期、特定的用户标识、特定文件的出现和使用、某个文件被使用的次数或某种特定的操作等。

(5) 破坏性。破坏性是计算机病毒的最终目的，通过病毒程序的运行，实现破坏行为。·

每种病毒都有3 种主要能力，即社会吸引力、复制能力及加载(或激活)能力，它们决定着病毒的传播力和覆盖面。其中的社会吸引力是最重要的，病毒在发作前大多显示一段令人迷惑的语言或漂亮的程序效果，这样才能激发他人的好奇心而执行程序，从而给病毒的传播创造机会。复制能力是病毒被编译为存活和传播的部分，加载部分则给宿主(各种被感染的程序、文件，甚至操作系统)带来危险，病毒只有被加载后才能开始其破坏工作。

9.4.2 病毒的分类

计算机病毒常见的分类方法有以下几种：

1. 根据病毒存在的媒体

根据病毒存在的媒体，病毒可以划分为网络病毒、文件病毒和引导型病毒。

网络病毒通过计算机网络传播网络中的可执行文件，其来源主要有两种：一种来自文件下载；另一种来自于电子邮件。文件病毒感染计算机中的文件，引导型病毒感染启动扇区(BOOT)和硬盘的系统引导扇区(MBR)，还有 3 种情况的混合型，例如：多型病毒(文件和引导型)感染文件和扇区两个目标，这样的病毒通常具有复杂的算法，它们使用非正规的办法侵入系统，同时使用了加密和变形算法。

2. 根据病毒传染的方法

根据病毒传染的方法可分为驻留型病毒和非驻留型病毒。驻留型病毒感染计算机后，把自身的内存驻留部分放在内存中，这一部分程序挂接系统调用并合并到操作系统中去，它处于激活状态，一直到关机或重新启动。非驻留型病毒在得到机会激活时并不感染计算机内存，一些病毒在内存中留有小部分，但是并不通过这一部分进行传染，这类病毒也被划分为非驻留型病毒。

3. 根据病毒破坏的能力

根据病毒破坏的能力可划分为以下几种：

(1) 轻危害型。除了传染时减少磁盘的可用空间外，对系统没有其他影响。

(2) 轻危险型。这类病毒仅仅是减少内存、显示图像、发出声音。

(3) 危险型。这类病毒在计算机系统操作中造成严重的错误。

(4) 非常危险型。这类病毒删除程序、破坏数据、清除内存区和操作系统中重要的信息。

这些病毒对系统造成的危害，并不是本身的算法中存在危险的调用，而是当它们传染时会引起无法预料的和灾难性的破坏。由病毒引起其他程序产生的错误也会破坏文件和扇区，这些病毒也按照它们的破坏能力划分。应当说明的是，只要是病毒就有危害，所不同的只是危害程度的不同，制造传播病毒都是违法行为(严重的构成犯罪)。

4. 根据病毒特有的算法

根据病毒特有的算法，病毒可划分为以下 3 种：

(1) 伴随型病毒。这一类病毒并不改变文件本身，它们根据算法产生 EXE 文件的伴随体，具有同样的名字和不同的扩展名(COM)，例如：XCOPY.EXE 的伴随体是 XCOPY.COM。病毒自身写入 COM 文件并不改变 EXE 文件，当 DOS 加载文件时，伴随体优先被执行到，再由伴随体加载执行原来的 EXE 文件。

(2) "蠕虫"型病毒。是目前计算机病毒中危害最大、破坏能力最强的一种病毒。随着这种病毒的日益更新，这种病毒已经从被动查找感染目标发展到现在的主动查找感染目标，这种病毒的感染能力极大、感染速度极快。可以在短时间内造成大规模爆发。当蠕虫病毒爆发时，网络一般马上瘫痪；计算机则表现出运算速度极慢、系统资源被耗尽、死机、鼠标移动速度极慢、键盘失灵、莫名其妙的计算机提示等等。

(3) 寄生型病毒。除了伴随型和蠕虫型，其他病毒均可称为寄生型病毒，它们依附在系统的引导扇区或文件中，通过系统的功能进行传播。

9.4.3 病毒的防范策略

计算机病毒的防治要从防毒、查毒、解毒三方面来进行。"防毒"是指根据系统特性，采取相应的系统安全措施预防病毒侵入计算机。"查毒"是指对于确定的环境，能够准确地报出病毒名称，该环境包括内存、文件、引导区(含主导区)、网络等。"解毒"也称"杀毒"，是指根据不同类型病毒对感染对象的修改，按照病毒的感染特性所进行的恢复。该恢复过程不能破坏未被病毒修改的内容。感染对象包括内存、引导区(含主引导区)、可执行文件、文档文件、网络等。

随着计算机的普及和应用的不断发展，必然会出现更多的计算机病毒，这些病毒将会以更巧妙更隐蔽的手段来破坏计算机系统的工作，因此必须增强预防计算机病毒的意识，掌握清除计算机病毒的操作技能，在操作计算机过程中自觉遵守各项规章制度，保证计算机的正常运行。

在使用计算机的过程中，要重视计算机病毒的防治，如果怀疑感染了计算机病毒，应该使用专门的杀病毒软件及时查毒、杀毒。但是最重要的是预防，杜绝病毒进入计算机，这需要建立一整套病毒防治的规章制度和应急体系，提高安全防范意识。因为目前计算机病毒主要通过网络传播，所以计算机病毒的防治主要指网络病毒的防治。

1. 预防计算机病毒

预防计算机病毒的措施一般包括：

(1) 隔离来源。控制外来磁盘，避免交错使用软盘。有硬盘的计算机不要用软盘启动系统。对于外来磁盘，一定要经过杀毒软件检测，确实无毒或杀毒后才能使用。对联网计算机，如果发现某台计算机有病毒，应该立刻从网上切断，以防止病毒蔓延。

(2) 静态检查。定期用几种不同的杀毒软件对磁盘进行检测，以便发现病毒并能及时清除。对于一些常用的命令文件，应记住文件的长度，一旦文件改变，则有可能传染上了病毒。

(3) 动态检查。在操作过程中，要注意种种异常现象，发现情况要立即检查，以判别是否有病毒。常见的异常有：异常启动或经常死机；运行速度减慢；内存空间减小；屏幕出现紊乱；文件或数据丢失；驱动器的读盘操作无法进行等。

(4) 及时升级 Windows 系统补丁和杀毒软件。

(5) 定期用杀毒软件对系统进行全面的扫描、杀毒。

(6) 及时备份重要数据。防范措施不可能是万无一失的，要做到有备无患，防患于未然。

2. 防病毒软件的安装

网络病毒防治必须考虑安装病毒防治软件。防毒软件应该安装在服务器、工作站和邮件系统上。

1) 病毒防治软件安装位置

工作站是病毒进入网络的主要途径，所以应该在工作站上安装防病毒软件。这种做法是比较合理的。因为病毒扫描的任务是由网络上所有工作站共同承担的，这使得每台工作站承担的任务都很轻松，如果每台工作站都安装最新防毒软件，这样就可以在工作站的日常工作中加入病毒扫描的任务，性能可能会有少许下降，但无需增添新的设备。

邮件服务器是防病毒软件的第二个着眼点。邮件是重要的病毒来源。邮件在发往其目的地前，首先进入邮件服务器并被存放在邮箱内，所以在这里安装防病毒软件是十分有效的。假设工作站与邮件服务器的数量比是 100∶1，那么这种做法显而易见节省费用。

备份服务器是用来保存重要数据的。如果备份服务器也崩溃了，那么整个系统也就彻底瘫痪了。备份服务器中受破坏的文件将不能被重新恢复使用，甚至会反过来感染系统。避免备份服务器被病毒感染是保护网络安全的重要组成部分，因此好的防病毒软件必须能够解决这个冲突，它能与备份系统相配合，提供无病毒的实时备份和恢复。

网络中任何存放文件和数据库的地方都可能出问题，因此需要保护好这些地方。文件服务器中存放企业重要的数据。在 Internet 服务器上安装防病毒软件是头等重要的，上载和下载的文件不带有病毒对客户和网络都是非常重要的。

2) 防病毒软件的部署和管理

部署一种防病毒的实际操作一般包括以下步骤：

(1) 制定计划。了解在你所管理的网络上存放的是什么类型的数据和信息。

(2) 调查。选择一种能满足你的要求并且具备尽量多的前面所提到的各种功能的防病毒软件。

(3) 测试。在小范围内安装和测试所选择的防病毒软件，确保其工作正常并且与现有的网络系统和应用软件相兼容。

(4) 维护。管理和更新系统确保其能发挥预计的功能，并且可以利用现有的设备和人员进行管理；下载病毒特征码数据库更新文件，在测试范围内进行升级，彻底理解这种防病毒系统的重要方面。

(5) 系统安装。在测试得到满意结果后，就可以将此种防病毒软件安装在整个网络范围内。

3. **防病毒软件的使用**

计算机病毒的泛滥为研发杀毒软件的公司创造了机遇，各种杀毒软件也层出不穷。目前的反病毒软件，国际性的品牌有卡巴斯基、诺顿，国内比较有名的杀毒软件公司主要有瑞星(Rising)、江民、金山等。这里以瑞星为例简单介绍反病毒软件的使用。瑞星杀毒软件是北京瑞星科技有限公司研发的基于多种操作系统的杀毒软件，采用了多种瑞星专利技术，可以对已知和未知的病毒进行查杀，并提供多种保护手段，可以对内存、文件、邮件进行实时监控，从而有效地保护用户电脑的安全，是我国使用最为广泛的杀毒软件之一。安装完成瑞星之后，默认情况下，每次启动计算机后在系统托盘中都会显示一个绿色小伞图标，表示瑞星计算机实时监控正在运行。如图9-1所示为瑞星杀毒软件的主界面。

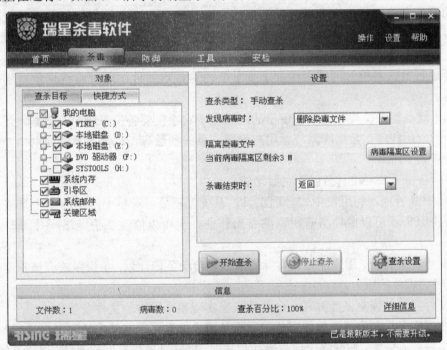

图9-1　瑞星杀毒软件的主界面

瑞星杀毒软件有两种杀毒方式：手动查杀病毒和定时查杀病毒，下面分别介绍。

1) 手动查杀病毒

启动瑞星杀毒软件后，在"请选择路径"列表框中选择要查杀病毒的文件夹。单击"操作"|"开始查杀"命令，或直接单击"杀毒"按钮，即可对选择的目标进行全面扫描了，如果发现了病毒，软件会根据设置自动进行杀毒或弹出对话框询问下一步操作，在扫描过程中，用户可以随时单击"停止"按钮来结束此次操作。查杀完成后，弹出"杀毒结束"提示信息框，单击"确定"按钮完成操作。

2) 定时查杀病毒

瑞星杀毒软件还提供了定时查杀的功能，用户一旦设置好杀毒时间，程序就会在规定的时间自动进行病毒查杀工作，以方便用户的使用。

9.5 网络环境下的数据备份与恢复

简单地说，备份就是保留一套能够替代现有系统的后备系统。利用备份，能够保存系统的关键数据，在出现系统崩溃、人为失误和病毒损害时，能够迅速恢复系统数据，保证系统正常运行。

9.5.1 网络数据备份

数据备份是为了在数据丢失后或系统发生灾难以致系统崩溃后，仍能及时恢复数据和重建系统。数据备份策略的设定，将直接影响灾难发生后系统恢复到正常运转状态的速度。

1. 网络备份

网络备份是指在网络环境下，通过数据存储管理软件，结合相应的硬件和存储设备，对全网络的数据备份进行集中管理，从而实现自动化的备份、文件归档、数据分级存储以及灾难恢复等。其工作原理是在网络上选择一台应用服务器，安装网络数据存储管理服务器端软件，作为整个网络的备份服务器，在备份服务器上连接大容量的存储设备。在网络中其他需要进行数据备份管理的服务器上安装备份客户端软件，通过网络将数据集中备份到存储设备上。

网络系统数据备份与普通数据备份的区别在于它不仅要备份系统中的数据，还要备份网络中安装的应用程序、数据库系统、用户设置、系统参数等，以便在系统或网络发生故障时能迅速恢复整个网络。

理想的备份系统应该具备以下主要功能：

(1) 集中式管理。利用集中式管理工具，系统管理员可对整个网络的备份策略进行统一管理，备份服务器可以监控所有机器的备份作业，也可以修改备份策略，并可即时浏览所有目录。

(2) 备份任务管理。用户能根据实际需求制定自动备份计划，备份系统会按预定计划自动执行，减轻管理员的压力。

(3) 文件备份与恢复。能够在一台计算机上实现整个网络的文件备份。

(4) 数据库备份和恢复。能将需要的数据从庞大的数据库文件中抽取出来进行备份。

(5) 系统灾难恢复。在网络出现故障或损坏时，能够迅速恢复网络系统，保障其顺利运行。

(6) 病毒防护。备份系统需集成病毒扫描、修复和病毒特征库自动升级等功能，为数据提供最全面的保护。

2. 备份策略

多数备份软件支持 3 种备份方法：完全备份(Full Backup)、增量备份(Incremental Backup)和差分备份(Differential Backup)。

1) 完全备份

完全备份是对整个系统进行完整的备份，包括系统和数据。这种备份策略的优点是只用一个备份副本就可以恢复丢失的数据，它是进行灾难恢复的最好方法。但它的缺点也很明显：一是备份的数据大量重复；二是备份的数据量较大，因而备份使用的存储空间较大，所需的时间也较长。

2) 增量备份

增量备份是备份上一次备份后新增加和修改的数据。这种备份策略节省了磁带空间，缩短了备份时间。但是当灾难发生时，数据的恢复步骤较复杂，这也使得它可靠性较差，任何一个增量备份副本出现问题都会导致整个恢复工作失败。

3) 差分备份

差分备份是备份上一次完全备份之后新增加和修改的数据。这种备份策略同样所需时间短，节省磁盘空间，而且与增量备份相比，它的灾难恢复很方便，只需要完全备份与最新的差分备份两个副本，就可以将系统恢复。

在实际应用中，备份策略通常是以上三种的结合。例如每周一至周六进行一次增量备份或差分备份，每周日、每月底和每年底进行一次完全备份。

3. 备份方案设计

数据备份计划应根据网络系统的不同，以及业务系统运作的具体实际进行具体分析。好的数据备份方案取决于网络规划设计时提出的备份管理策略，一般包括如下若干步骤：

(1) 研究网络中的数据存储环境，了解存储空间的空余程度，并考虑重要数据的备份及安全性措施。

(2) 对网络系统中若干个重要数据存储点的数据安全性进行风险评估，排出风险大小顺序。对于排在前列的点加强安全防范措施，并提出解决方案。

(3) 对数据备份提出实施方案。数据备份方案的选择主要依赖于两个因素，即何时最适合进行文件备份，以及恢复备份文件的最大允许时间。

(4) 数据被破坏后的恢复规划。重要的数据要建立数据备份和恢复机制。

(5) 要有一套数据恢复的演习计划。

9.5.2　数据恢复

系统应具有检测故障并把数据从错误状态恢复到某一正确状态的能力，这就是数据恢复(Recovery)。

1. 恢复操作分类

恢复操作通常可以分为三类，即全盘恢复、个别文件恢复和重定向恢复。

1) 全盘恢复

全盘恢复一般应用在服务器发生意外灾难导致数据全部丢失、系统崩溃或是计划的系统升级、系统重组等情况下，也称为系统恢复。它能把系统恢复到最后一次成功进行备份的状态。具体的恢复步骤取决于备份策略，一般是先恢复最近一次的完全备份，再恢复最近一次的差分备份，或者再依次恢复完全备份后进行的所有增量备份。

2) 个别文件恢复

个别文件恢复比全盘恢复更常见，它一般由操作失误引发。利用网络备份系统的恢复功能，很容易恢复受损的个别文件，只需浏览备份数据目录，找到该文件，触发恢复功能，软件将自动驱动存储设备，加载相应的存储媒体，然后恢复指定文件。

3) 重定向恢复

重定向恢复是将备份的文件恢复到另一个不同的位置或系统，而不是当初备份时所在的位置。重定向恢复时需要慎重考虑，要确保系统或文件恢复后的可用性。

2. 灾难恢复

灾难恢复是指系统崩溃后，无需重新安装操作系统，直接通过备份副本完成系统的恢复。灾难恢复同普通数据恢复的最大区别在于：在整个系统都失效时，用灾难恢复措施能够迅速恢复系统，而普通数据恢复则不行。对于普通数据恢复，如果系统也发生了失效，在开始数据恢复之前，必须重新装入系统。

习 题 9

1. 网络病毒的来源主要有哪些渠道？
2. 什么是计算机病毒？
3. 怎样预防计算机病毒？
4. 网络中存在的问题主要有哪几类？
5. 防火墙有哪些功能？
6. 网络维护是保障网络正常运行的重要方面，主要包括什么？
7. 在 OSI/RM 网络管理标准中定义的网络管理的 5 大功能是什么？
8. SNMP 中有哪几类管理操作，其作用分别是什么？

附录 实 训

实训1 双绞线 RJ-45 连接头的制作

实训目的

1. 了解双绞线 RJ-45 连接头引脚的功能及其工作原理。
2. 掌握双绞线直通连接线和交叉线的制作方法及使用环境。
3. 掌握测线器的使用方法。

实训内容

1. 直通线和交叉线 RJ-45 连接头的制作。
2. 直通线和交叉线 RJ-45 连接头的测试。

实训理论基础

1. 双绞线 RJ-45 连接头引脚的功能及其工作原理

根据网线定义，在 10/100M 网络中，1 到 8 号线中只用 1、2、3、6 号线，其余都是未定义的（在 1000M 网中使用），所以在做 10/100M 网线时，通常只需考虑 1、2、3、6 号线的接法，剩余的线随便怎么排都没有关系（不接也可以）。在网卡的 RJ-45 插座和 HUB（或交换机）的 RJ-45 插座也只定义了 1、2、3、6 引脚的功能。只不过网线的 RJ-45 连接头引脚与 HUB（或交换机）的 RJ-45 插座引脚的定义相同，却与网卡的 RJ-45 插座引脚定义相对（发送对接收，接收对发送）。详见附表 1。

附表1　信息插头与插座引脚功能定义表

引脚	网卡 RJ-45 插座	网线 RJ-45 插头和 HUB RJ-45 插座
1	发送(Tx+)	接收(Rx+)
2	发送(Tx-)	接收(Rx-)
3	接收(Rx+)	发送(Tx+)
4	未定义	未定义
5	未定义	未定义
6	接收(Rx-)	发送(Tx-)
7	未定义	未定义
8	未定义	未定义

2. 基本连接规则

自己的发送线要与对方的接收线相连。

自己的接收线要与对方的发送线相连。

EIA/TIA-568A 标准和 EIA／TIA 568B 标准规定：

(1) T568A 标准：绿白、绿、橙白、蓝、蓝白、橙、棕白、棕。

(2) T568B 标准：橙白、橙、绿白、蓝、蓝白、绿、棕白、棕。

说明：绿白是指与绿色线绞在一起的绿白相间的线，橙白的解释与此相同。

结合上表，我们可以看出这两个标准的基本原则是：为了防止电磁波干扰，1、2 引脚是一对，3、6 引脚是一对。1、2 引脚本身就是一对，没有问题；3、6 引脚本身不是一对，3 与 4 是一对，为了使 3、6 引脚成为一对，必须对换 4 号线与 6 号线的位置（交叉）。至于何种颜色的线定为 1 号线，只是为了标准上的统一。

3. 直通连接线及其使用环境

根据基本连接规则和引脚功能定义可知，当计算机（网卡）和 HUB（交换机）相连时，双绞线的两端采用同一个标准（通常为 568 B 标准），这就是直通连接线。直通连接线还用于一个 HUB 的普通口与另一个 HUB 的级联口连接等情况。

4. 交叉连接线及其使用环境

根据基本连接规则和引脚功能定义可知，当计算机（网卡）和计算机（网卡）相连时，双绞线的两端应采用不同的标准，即另一头的 1、2 分别和 3、6 对调交叉，或者说一头使用 T568B 标准，一头使用 T568A 标准，这就是交叉连接线。交叉连接线还用于 HUB 与 HUB 间通过普通口连接及计算机直接连入路由器的以太网端口等情况。

需要说明的是，目前由于许多交换机和路由器都能自动识别线序，所以它们之间的连接许多时候，直通线和交叉线均可。如 WBR204g 路由器的 LAN 网口为 MDI/MDIX 自适应接口，使用交叉网线或标准网线均可连接 PC。

实训环境

分组实训。每组 5 类 UTP 若干米，RJ-45 连接头若干个，双绞线剥线钳 2 把，测线器 2 套。

实训步骤

1. 直通线和交叉线 RJ-45 连接头的制作

(1) 直通线 RJ-45 连接头的制作。

① 先用压接钳把双绞线的一头剥开约 2cm，这时就可以看到有 4 对线，它们两两缠绕在一起。

② 把双绞线分开，将其按照 TIA 568B 标准排列整齐，并将每根线尽量拉直，然后用压线钳的剪切口把 8 根线剪齐。

③ 使 RJ-45 连接头（水晶头）的引脚（簧片）向上，将排列好的双绞线手工插入水晶头，尽量插到底。

④ 将此水晶头插入压线钳的压线口，用力紧握手柄，将水晶头的簧片插入到 8 根双绞线中。

⑤ 按同样的方法把另一端也做好。

(2) 交叉线 RJ-45 连接头的制作

跟直通线的制作方法类似，只是双绞线的一端按 T568B 标准制作，而另一端按 T568A 标准制作。

2. 检测

把做好一端的 RJ-45 连接头插入测线器的发送端，另一端插入测线器的接收端。将测试器的测试选择开关置于"直通"或"交叉"（"直通"用于测试直通线，"交叉" 用于测试交叉线），开启测线器电源开关，观察测试器的指示灯，如果 8 个指示灯均亮，则表明制作成功。如果有一个或一个以上的灯不亮，说明 RJ-45 连接头的簧片没有全部接触到双绞线，需要重新制作。

其他测试方法：

把双绞线插入到相应的设备上，观察对应的指示灯；使用 Ping 命令。

实训 2　Windows 对等网的组建

实训目的

1. 掌握 Windows（本实训以 Windows 2000Pro 为例）对等网的组建方法。
2. 掌握对等网中共享文件（夹）的方法。
3. 掌握对等网中共享打印机的方法。

实训内容

1. 组建 Windows 2000Pro 对等网。
2. 实现对等网中文件（夹）共享。
3. 实现对等网中打印机共享。

实训理论基础

1. 对等网络及其特点

对等网络也叫工作组，是指计算机地位平等的网络。其网络用户较少，一般不超过 10 个，用户处于同一区域，网络安全管理分散，比较适合于计算机数量少的中小企业组网。

2. 网络组件

网络组件主要有 4 种：适配器、客户端、协议和服务。适配器主要有网卡、拨号网络适配器等；客户端主要有"Microsoft 网络客户端"；协议主要有 TCP/IP、NetBEUI 等；服务主要有文件和打印共享等。组建一个网络必须安装这 4 种组件。网卡、Microsoft 网络客户端、TCP/IP 协议在安装 Windows 2000Pro 时均已自动安装，只是 TCP/IP 协议中 IP 地址需要指定。安装文件和打印共享服务的目的是为了共享网络资源。

实训环境

每组 6 台计算机，Windows 2000Pro 系统光盘 1 张，8 口交换机 1 台，打印机 1 台。

每组（网络）计算机 IP 地址为 192.168.X.Y,子网掩码为 255.255.255.0。其中 X 为组号（1～N），Y 为组内计算机序号（1～6）。如第一组计算机 IP 地址为 192.168.1.1～192.168.1.6，第二组计算机 IP 地址为 192.168.2.1～192.168.2.6。

实训步骤

(1) 组建 Windows 2000Pro 对等网。

① 利用双绞线将计算机连接到交换机上。

② 将每台计算机名命为 PCX1~PCX6，其中 X 为组号（1~N），其工作组名为默认的 WorkGroup。

③ 设置 TCP/IP 属性，为每台计算机按事先规划指定 IP 地址。

④ 安装"文件与打印机共享"。

(2) 共享文件（夹）。

在 C: 上任建一文件夹，并复制一些文件到此文件夹，然后右击该文件夹，选择"共享…"，共享权限设为"读取"。

(3) 共享打印机。

在第一台计算机上安装本地打印机并将其共享，在其他机器上安装网络打印机。

(4) 测试网络连通性。

① 通过"网上邻居"访问工作组中的其他计算机，若能看到，则表示连通。

② 运行 Ping 命令测试与工作组中的其他计算机的连通性，若能 Ping 通，则表示连通。

(5) 访问共享资源。

① 访问其他机器中的共享文件夹。

通过"网上邻居"找到工作组中的其他计算机，然后再双击该计算机便可看到其下的共享文件夹。

② 使用网络打印机。

安装好网络打印机后，可以与使用本地打印机一样使用网络打印机。

(6) 使用 NetBEUI 协议组建对等网。

当网络规模小，网络中只提供内部文件传输，没有路由器，不与 Internet 相连，可选择 NetBEUI 协议。添加后不需任何设置，即可通过"网上邻居"访问工作组中的其他计算机。Windows 9X、Windows 2000 均支持该协议，但 Windows XP/2003 不支持该协议。

实训 3　Windows Server 2003 用户帐户的创建与管理

实训目的

1. 掌握 Active Directory 的安装方法。
2. 掌握创建和修改用户帐户的方法。
3. 掌握创建和修改组的方法。
4. 掌握 Windows2000Pro/XP 登录到 Windows Server 2003 的方法。

实训内容

1. 安装 Active Directory。
2. 创建和修改和删除用户帐户。
3. 创建和修改组。

4. 配置 Windows2000Pro/XP 客户机登录到 Windows Server 2003。

实训理论基础

1. Active Directory

Active Directory 也叫活动目录，是一种目录服务机制，即对网络资源进行管理的机制。要让某一台计算机成为域控制器，必须在它上面安装活动目录。

2. 用户帐户和组

用户帐户主要用于验证用户和计算机身份、授权或拒绝对资源的访问。将具有相同权限的帐户划归到一个组中，可以简化管理，实现委派管理。域用户帐户可以登录到域中的任何计算机中，因此可以实现 Windows2000Pro/XP 等客户机登录到 Windows Server 2003。

实训环境

每组 6 台计算机，其中一台作为 Windows Server 2003 服务器，安装 Active Directory，其余的安装 Windows2000Pro/XP。Windows 2000Pro、Windows Server 2003 系统光盘各 1 张，8 口交换机 1 台。

实训步骤

1. 安装 Active Directory

(1) 选择"开始"｜"所有程序"｜"管理工具"｜"管理您的服务器"命令，打开"管理您的服务器向导"对话框。

(2) 单击"添加或删除角色"按钮，进入"配置您的服务器向导"，单击"下一步"按钮进入"服务器角色"对话框。

(3) 在"服务器角色"列表中选择"域控制器（Active Directory）"，单击"下一步"按钮打开"选择总结"对话框。单击"下一步"按钮进入"Active Directory 安装向导"，单击"下一步"按钮进入操作系统兼容性提示窗口。或运行 DCPROMO 命令直接进入 Active Directory 安装向导。

(4) 根据向导进行余下的安装。

2. 创建用户帐户

(1) 选择"开始"｜"所有程序"｜"管理工具"｜"Active Directory 用户和计算机"命令，打开"Active Directory 用户和计算机"窗口。

(2) 在左窗格的计算机上右击，依次选择"新建"｜"用户"，打开"新建对象-用户"对话框。

(3) 填写正确的用户帐户信息。

(4) 重复上述步骤创建其他帐户。

3. 删除用户帐户

(1) 选择"开始"｜"所有程序"｜"管理工具"｜"Active Directory 用户和计算机"命令，打开"Active Directory 用户和计算机"窗口。

(2) 单击要删除用户帐户的域目录，展开目录。

(3) 右击要删除的用户，选择"删除帐户"。

(5) 重复上述步骤删除其他帐户。

4. 修改用户帐户

(1) 选择"开始" |"所有程序" |"管理工具" | "Active Directory 用户和计算机"命令，打开"Active Directory 用户和计算机"窗口。

(2) 找到该用户右击，选择"属性"，打开"用户属性"对话框。

(3) 改为正确的用户帐户信息。

另一种方法是先删除要修改的帐户，然后再创建该帐户。

5. 创建新组

(1) 选择"开始" |"所有程序" |"管理工具" | "Active Directory 用户和计算机"命令，打开"Active Directory 用户和计算机"窗口。

(2) 在左窗格的计算机上右击，依次选择"新建" |"组"，打开"新建对象-组"对话框。

(3) 填写正确的组信息。

(4) 重复上述步骤创建其他组。

6. 设置组的属性

(1) 选择"开始" |"所有程序" |"管理工具" | "Active Directory 用户和计算机"命令，打开"Active Directory 用户和计算机"窗口。

(2) 单击要设置组属性的域目录，展开目录。

(3) 右击要设置属性的组，选择"属性"，打开"group 属性"对话框。

(4) 在"常规"选项卡中进行信息设置。

(5) 在"成员"选项卡中进行添加和删除成员的操作。

(6) 在"隶属于"选项卡中进行组的权限设置。

(7) 在"管理者"选项卡中对管理者进行设置。

(8) 单击"确定"按钮完成属性设置。

7. Windows2000Pro/XP 客户机登录到 Windows Server 2003

1) 以管理员 administrator 登录

(1) 设置 Windows2000Pro/XP 客户机的 IP 地址与 Windows Server 2003 服务器的 IP 地址在同一个网段。

(2) 登录时，在用户名框中输入 administrator，在密码框中输入相应密码，即可登录到 Windows Server 2003 网络。

2) 以域用户帐户登录

(1) 在 Windows Server 2003 服务器中建立一个域用户，并给予一定的权限。

(2) 以管理员 administrator 身份登录到 Windows2000Pro/XP 客户机，右击"我的电脑"，单击"属性"按钮，选择"网络标识"选项卡。再单击"属性"按钮，出现"标识更改"对话框。在"隶属于"单选框中选择"域"，并填写在 Windows Server 2003 中建立的域名，在接着出现的对话框中填写域用户名和密码，然后单击"属性"按钮，最后重新启动计算机。

(3) 设置 Windows2000Pro/XP 客户机的 IP 地址与 Windows Server 2003 服务器的 IP 地址在同一个网段。

(4) 登录时，在用户名框中输入域用户名，在密码框中输入相应密码，即可登录到 Windows Server 2003 网络。

实训 4 常用网络命令的使用

实训目的

1. 掌握 Ping 命令的使用方法。
2. 掌握 Ipconfig 命令的使用方法。
3. 掌握 Tracert 命令的使用方法。

实训内容

1. Ping 命令的使用。
2. Ipconfig 命令的使用。
3. Tracert 命令的使用。

实训理论基础

1. Ping 命令的工作原理

Ping 是测试网络连接及信息包发送和接收状况非常有用的工具，是网络测试最常用的命令。其工作原理为网络上的计算机都有惟一确定的 IP 地址，Ping 向目标主机（地址）发送一个回送请求数据包。要求目标主机收到请求后给予答复，从而判断网络的响应时间和本机是否与目标主机（地址）连通。

如果执行 Ping 命令不成功，则可以分析故障为网线故障、网络适配器配置不正确，以及 IP 地址不正确等；如果执行 Ping 成功而网络仍无法使用，那么问题很可能出在网络系统的软件配置方面，这是因为 Ping 成功只能保证本机与目标主机间存在一条连通的物理路径。

2. Ipconfig 命令的工作原理

Ipconfig 命令以窗口形式显示本机中 IP 协议的配置信息，包括网络适配器的物理地址、主机的 IP 地址、子网掩码，以及默认网关等。此外，还可以通过该命令查看主机名、DNS 服务器及节点类型等相关信息。

3. Tracert 命令的工作原理

Tracert 是路由跟踪实用程序，用于确定 IP 数据报访问目标所经过的路径。该命令用 IP 生存时间（TTL）字段和 ICMP 错误消息来确定从一个主机到网络上其他主机的路由，其工作原理是通过向目标发送不同 IP 生存时间（TTL）值的"Internet 控制消息协议（ICMP）"回应数据包。

Tracert 程序确定到目标所采取的路由，要求路径上的每个路由器在转发数据包之前至少将数据包上的 TTL 递减 1。数据包上的 TTL 减为 0 时，路由器应该将"ICMP 已超时"的消息发回源系统。

Tracert 首先发送 TTL 为 1 的回应数据包并在随后的每次发送过程将 TTL 递增 1，直到目标响应或 TTL 达到最大值，通过检查中间路由器发回的"ICMP 已超时"的消息确定路由。某些路由器不经询问直接丢弃 TTL 过期的数据包，这在 Tracert 实用程序中看不到。

实训环境

每组 6 台计算机，8 口交换机 1 台，组成对等网。每组（网络）计算机 IP 地址为 192.168.X.Y,

子网掩码为 255.255.255.0。其中 X 为组号（1～N），Y 为组内计算机序号（1～6）。如第一组计算机 IP 地址为 192.168.1.11～192.168.1.16，其默认网关为 192.168.1.1；第二组计算机 IP 地址为 192.168.2.11～192.168.2.16，其默认网关为 192.168.2.1。能够通过内部网关，连接 Internet。

实训步骤

1. Ping 命令的使用

(1) 在命令提示符下运行 Ping/?，了解该命令的语法格式及其参数说明。

(2) Ping 本机 IP 地址，观察结果，并分析。

(3) Ping 本组其他计算机的 IP 地址，观察结果，并分析。

(4) Ping 其他组计算机的 IP 地址，观察结果，并分析。

2. Ipconfig 命令的使用

(1) 在命令提示符下运行 Ipconfig/?，了解该命令的语法格式及其参数说明。

(2) 在命令提示符下运行 Ipconfig，观察结果，并分析。

(3) 在命令提示符下运行 Ipconfig/all，观察结果，并分析。

3. Tracert 命令的使用

使用该命令时，要求能上 Internet。

(1) 在命令提示符下运行 Tracert/?，了解该命令的语法格式及其参数说明。

(2) Ping www.baidu.com，观察结果。

(3) Tracert www.baidu.com，观察结果，并与 Ping 命令比较、分析。

实训 5　DHCP 服务器的建立与管理

实训目的

1．了解 DHCP 服务器的工作过程。

2．掌握 DHCP 服务器的安装、配置方法。

3．掌握 DHCP 客户机的配置方法。

实训内容

1．安装 DHCP 服务器。

2．通过 DHCP 为客户机提供动态 IP 地址和保留 IP 地址服务。

3．配置 DHCP 服务的客户机。

实训理论基础

1. DHCP

DHCP（Dynamic Host Configuration Protocol）全称为动态主机配置协议。其功能主要是自动为网络中的计算机分配 IP 地址，从而减轻管理员的管理负担。

2. DHCP 的工作过程

其工作过程可分为以下 4 个阶段。

(1) 请求 IP 租约。

(2) 提供 IP 租约。

(3) 选择 IP 租约。

(4) 确认 IP 租约。

实训环境

每组 6 台计算机，其中一台作为 Windows Server 2003 DHCP 服务器，安装 DHCP 服务，将其 IP 地址设为 192.168.0.1，其余为 DHCP 客户机，IP 地址由 DHCP 服务器动态提供，范围为 192.168.0.100～192.168.0.200；排除范围为 192.168.0.100～192.168.0.120，安装 Windows2000Pro/XP。Windows 2000Pro、Windows Server 2003 系统光盘各 1 张，8 口交换机 1 台。

实训步骤

1. 安装 DHCP 服务

(1) 添加 DHCP 服务组件。

(2) 启动 DHCP 服务。

(3) 添加 DHCP 服务器。

右击"DHCP 控制台"窗口左窗格中的"DHCP"图标，从打开的菜单中选择"添加服务器"命令，打开"欢迎使用'添加 DHCP 服务器向导'"对话框。

(4) 为 DHCP 服务器创建一个作用域。

① 在"IP 地址"对话框中输入用于动态 IP 分配的范围（192.168.0.100～192.168.0.200）及子网掩码（255.255.255.0）。

② 在"添加加排除"对话框中输入排除的 IP 地址范围（192.168.0.100～192.168.0.120）。

2. 配置 DHCP 客户机

(1) 将 DHCP 客户机的 IP 地址设置为"自动获得"。

(2) 在 DHCP 客户机的命令窗口中输入 ipconfig/all 命令，测试客户机的 IP 地址配置情况。

3. 创建和测试客户机保留地址

(1) 在 DHCP 客户机的命令窗口中输入 ipconfig/all 命令，获取客户机的 MAC 地址（物理地址）。

(2) 在 DHCP 服务器的 DHCP 管理控制台中展开左侧所创建的作用域。

(3) 右击作用域下的"保留地址"，选择"新建保留…"，在"新建保留…"对话框中输入保留名称、IP 地址（如 192.168.0.150）和 MAC 地址（保留客户机的）。

(4) 单击"添加"按钮，然后单击"关闭"按钮。

(5) 在该 DHCP 客户机的命令窗口中输入 ipconfig/all 命令，或先输入 ipconfig/renew 命令再输入 ipconfig/all 命令，以确认客户机的 IP 地址为 192.168.0.150。

实训 6　DNS 服务器的建立与管理

实训目的

1. 了解 DNS 服务器的工作过程。

2. 掌握 DNS 服务器的安装、配置方法。

3. 掌握 DNS 客户机的配置方法。

4. 掌握测试 DNS 服务功能的方法。

实训内容

1. 安装、配置 DNS 服务器。

2. 配置 DNS 服务的客户机。

3. 测试 DNS 服务功能。

实训理论基础

1. DNS

DNS（Domain Name System）全称为域名系统，是一个分布的数据库，在 TCP/IP 网络中用于将域名转换为 IP 地址。可以将 DNS 的名称空间划分为区域。区域用于存储关于一个或者多个 DNS 域的名称信息，以用于名称解析。

2. DNS 的域名解析方式

(1) 递归查询。

(2) 迭代查询。

(3) 反向查询。

实训环境

每组 6 台计算机，其中一台作为 Windows Server 2003 DNS 服务器，安装 DNS 服务，将其 IP 地址设为 192.168.0.1，并添加 192.168.0.2～192.168.0.10，共 10 个 IP 地址；其余为 DNS 客户机，其 IP 地址为 192.168.0.11 以后，安装 Windows2000Pro/XP。Windows 2000Pro、Windows Server 2003 系统光盘各 1 张，8 口交换机 1 台。

实训步骤

1. 安装 DNS 服务器

(1) 添加 DNS 服务组件。

(2) 为 DNS 服务器创建一个正向搜索区域，其名称为 TEST.COM。

① 为该区域添加 3 个主机记录，名称分别为空、WWW、FTP，对应的 IP 地址分别为 192.168.0.1、192.168.0.2、192.168.0.3。

② 为该区域添加 3 个别名记录，名称分别为 MYDNS、MYWEB、MYFTP，对应的目标主机的完全合格的名称分别为 TEST.COM、WWW.TEST.COM、FTP.TEST.COM。

(3) 为 DNS 服务器创建一个反向搜索区域，其网络 ID 为 192.168.0

为该区域添加 3 个指针记录，主机 IP 号分别为 1、2、3，对应的主机名分别为 TEST.COM、WWW.TEST.COM、FTP.TEST.COM。

2. 配置 DNS 客户机

(1) 将 DNS 客户机的 IP 地址分别设置为"192.168.0.11～192.168.0.15"。

(2) 将首选 DNS 服务器的 IP 地址设置为"192.168.0.1"。

3. **测试 DNS 服务功能**

(1) 使用 nslookup 命令。

① 在命令提示符下输入 nslookup，然后按回车键，此时应显示 DNS 服务器的名称及 IP 地址，命令提示符变为"＞"。

② 在"＞"下输入 ls –t test.com，然后按回车键，此时应显示 test.com 中的所有主机资源。

③ 在"＞"下输入 www.test.com，然后按回车键，此时应显示该主机对应的 IP 地址"192.168.0.2"（正向解析）。

④ 在"＞"下输入 192.168.0.2，然后按回车键，此时应显示该 IP 地址对应目标主机的完全合格的名称"www.test.com"（反向解析）。

(2) 使用 ping 命令。

① 命令提示符下输入 ping test.com，然后按回车键，此时应显示该域名对应的 IP 地址"192.168.0.1"。

② 命令提示符下输入 ping www.test.com，然后按回车键，此时应显示该域名对应的 IP 地址"192.168.0.2"。

③ 命令提示符下输入 ping myweb.test.com，然后按回车键，此时应显示与 ping www.test.com 相同的 IP 地址"192.168.0.2"。．

④ 命令提示符下输入 ping myftp.test.com，然后按回车键，此时应显示与 ping www.ftp.test.com 相同的 IP 地址"192.168.0.3"。

实训 7　Web 服务器的建立与管理

实训目的

1．了解 Web 服务器的工作过程。
2．掌握 Web 服务器的安装、配置方法。
3．掌握多个网站的建设方法。
4．结合 DNS 的相关内容，将网站配置成基于域名访问。
5．掌握 Web 客户机的配置方法。

实训内容

1．安装 Web 服务器。
2．配置 Web 服务器。
3．建立多个 Web 网站。
4．在 DNS 服务中配置域名解析，将网站调试成基于域名访问。
5．配置 Web 客户机。

实训理论基础

1. Web 服务器

WWW 是 Internet 最重要的服务之一，Web 服务器是实现信息发布的平台，信息发布需要建立相应的 Web 网站。Web 浏览器和 Web 服务器之间通过 HTTP 来传输信息，因此 Web 服务器也称为 HTTP 服务器。

2. IIS

IIS（Internet Information Service）是 Windows 2003 系统提供的 Web 服务程序，其中集成 Web、FTP、SMTP 等服务。通过 IIS，可以将 Windows 2003 计算机配置为 Web 服务器，来发布自己的 Web 网站。

3. 虚拟主机

可以在一台计算机上安装多个 Web 网站，其中的每个 Web 网站称为一个虚拟主机。

实训环境

每组 6 台计算机，其中一台作为 Windows Server 2003 Web 服务器，安装 Web 服务，将其 IP 地址设为 192.168.0.1，并添加 192.168.0.2～192.168.0.10，共 10 个 IP 地址；其余为 Web 客户机，其 IP 地址为 192.168.0.11，安装 Windows2000Pro/XP。Windows 2000Pro、Windows Server 2003 系统光盘各 1 张，8 口交换机 1 台。准备如下网页文档："ABC.HTM"、"AAA.ASP"、"INDEX.HTML"。

实训步骤

1. 安装 Web 服务器

(1) 在添加"Windows 组件"中单击"Internet 信息服务(IIS)"，然后单击"详细信息"。

(2) 选中"World Wide Web 服务器"复选框。

2. Web 服务器的配置与管理

(1) 点击"开始"|"程序"|"管理工具"|"Internat 信息服务（IIS）管理器"，打开 Internat 信息服务（IIS）管理器。

(2) 在管理控制台上选择"默认 Web 站点"，按鼠标右键，点击"属性"，打开"默认 Web 站点属性"对话框。

(3) 在"网站 IP 地址"属性页中指定该站点的 IP 地址为"192.168.0.1"。

(4) 将"ABC.HTM"复制到 C:\inetpub\wwwroot 下（系统默认的路径）。

(5) 在"文档"属性页中选择"启动默认文档"复选框；然后单击"添加"按钮，添加默认文档为"ABC.HTM"，点击"箭头"将调整其在最上面，确保其首先启动。

(6) 打开浏览器（如 IE），在地址栏输入 IP 地址（"192.168.0.1"），就能浏览指定的默认网页了。

3. 建立多个 Web 网站

(1) 利用绑定多个 IP 地址实现多个站点。

可以为一台计算机安装多个网卡，每个网卡设定一个 IP 地址，也可采用为一个网卡绑定多个 IP 地址的方法，本实训就采用该方法。为网卡绑定网卡 192.168.0.1～192.168.0.10，共 10 个 IP 地址。

① 打开 Internet 信息服务管理控制台。

② 右击"网站"，选择"新建"|"网站"命令，启动"网站创建向导"。

③ 在"网站 IP 地址"属性页中指定该站点的 IP 地址为"192.168.0.2"。

④ 在"主目录"属性页中输入"D:\MYWEB1"（这是"AAA.ASP"所在的路径）。

⑤ 在"文档"属性页中点击"添加"按钮，添加默认文档为"AAA.ASP"，点击"箭头"将调整其在最上面，确保其首先启动。

⑥ 右击"网站"，选择"新建" | "网站"命令，启动"网站创建向导"。

⑦ 在"网站 IP 地址"属性页中指定该站点的 IP 地址为"192.168.0.3"。

⑧ 在"主目录"属性页中输入"D:\MYWEB2"（这是"INDEX.HTML"所在的路径）。

⑨ 在"文档"属性页中点击"添加"按钮，添加默认文档为"INDEX.HTML"，点击"箭头"将调整其在最上面，确保其首先启动。

(2) 利用一个 IP 地址多个端口实现多个站点。

在 TCP 端口栏处输入不同的端口号，比如：81、82 等。访问站点输入 IP 地址的同时，要在其后输入"：81"，此方法较上一方法稍显麻烦。

4. 配置域名解析

在 DNS 服务中配置域名解析，将网站调试成基于域名访问。将每个 IP 地址对应一个域名即可。

5. 配置 Web 客户机

将 Web 客户机的 IP 地址分别设置为"192.168.0.11～192.168.0.15"，打开浏览器（如 IE），在地址栏输入 IP 地址（如果配置了 DNS 域名解析，也可以输入域名），就能浏览指定的网页了。

实训 8 FTP 服务器的建立与管理

实训目的

1. 了解 FTP 服务器的工作过程。
2. 掌握 FTP 服务器的安装、配置方法。
3. 掌握多个网站的建设方法。
4. 结合 DNS 的相关内容，将 FTP 网站配置成基于域名访问。
5. 掌握 FTP 客户机的配置方法。

实训内容

1. 安装 FTP 服务器。
2. 配置 FTP 服务器。
3. 建立多个 FTP 网站。
4. 在 DNS 服务中配置域名解析，将网站调试成基于域名访问。
5. 配置 FTP 客户机。

实训理论基础

1. FTP 服务器

FTP（File Transfer Protocol）是一个双向文件传输协议，FTP 服务是 Internet 最重要的服务之一。FTP 使用客户机/服务器方式，在进行文件传输时，FTP 客户机和 FTP 服务器之间建立控制连接和数据连接。

2. IIS

IIS（Internet Information Service）是 Windows 2003 系统提供的 Web 服务程序，其中集成 Web、FTP、SMTP 等服务。通过 IIS，我们可以将 Windows 2003 计算机配置为 FTP 服务器，来发布自己的 FTP 网站。

3. 单 FTP 服务器多 FTP 网站

可以在一台计算机上安装多个 FTP 网站，为每个 FTP 网站分配一个 IP 地址。

实训环境

每组 6 台计算机，其中一台作为 Windows Server 2003 FTP 服务器，安装 FTP 服务，将其 IP 地址设为 192.168.0.1，并添加 192.168.0.2～192.168.0.10，共 10 个 IP 地址；其余为 FTP 客户机，其 IP 地址为 192.168.0.11 以后，安装 Windows2000Pro/XP。Windows 2000Pro、Windows Server 2003 系统光盘各 1 张，8 口交换机 1 台。

实训步骤

1. 安装 IIS

(1) 在添加"Windows 组件"中单击"Internet 信息服务（IIS）"，然后单击"详细信息"。
(2) 选中"文件传输协议（FTP）服务器"复选框。

2. 默认 FTP 站点的配置与管理

(1) 点击"开始"|"程序"|"管理工具"|"Internet 信息服务"，打开 Internet 信息服务管理控制台。
(2) 在管理控制台上选择"默认 FTP 站点"，按鼠标右键，点击"属性"，打开"默认 FTP 站点属性"对话框。
(3) 在"网站 IP 地址"属性页中指定该站点的 IP 地址为"192.168.0.1"。
(4) 将一些文件复制到 C:\inetpub\ftproot 下（系统默认的路径）。
(5) 设置允许匿名用户访问。
(6) 打开浏览器（如 IE），在地址栏输入 ftp://192.168.0.1，就能浏览指定的默认 FTP 站点了。

3. 建立多个 FTP 网站

(1) 利用绑定多个 IP 地址实现多个站点。

可以为一台计算机安装多个网卡，每个网卡设定一个 IP 地址，也可采用为一个网卡绑定多个 IP 地址的方法，本实训就采用该方法。为网卡绑定网卡 192.168.0.1～192.168.0.10，共 10 个 IP 地址。在 D:上创建 MYFTP1、MYFTP2 等文件夹，并复制一些文件。

① 打开 Internet 信息服务管理控制台。
② 右击"FTP 站点"，选择"新建"|"FTP 站点"命令，启动"FTP 站点创建向导"。
③ 在"站点 IP 地址"属性页中指定该站点的 IP 地址为"192.168.0.2"。
④ 在"主目录"属性页中输入"D:\MYFTP1"。
⑤ 右击"FTP 站点"，选择"新建"|"站点"命令，启动"站点创建向导"。
⑥ 在"站点 IP 地址"属性页中指定该站点的 IP 地址为"192.168.0.3"。
⑦ 在"主目录"属性页中输入"D:\MYFTP2"。
⑧ 打开浏览器（如 IE），在地址栏输入 ftp://192.168.0.2 或 ftp://192.168.0.3，就能浏览所

创建的 FTP 站点了。

(2) 利用一个 IP 地址多个端口实现多个站点。

在 TCP 端口栏处输入不同的端口号，比如：81、82 等。访问站点输入 IP 地址的同时，要在其后输入"：81"，此方法较上一方法稍显麻烦。

4. 配置域名解析

在 DNS 服务中配置域名解析，将网站调试成基于域名访问。将每个 IP 地址对应一个域名即可。

5. 配置 FTP 客户机

将 FTP 客户机的 IP 地址分别设置为"192.168.0.11～192.168.0.15"，打开浏览器（如 IE），在地址栏输入 ftp://IP 地址（如果配置了 DNS 域名解析，也可以输入域名），就能浏览指定的 FTP 站点了。

实训 9　Internet 的基本应用

实训目的

1．掌握 IE 的基本操作。

2．掌握搜索引擎的使用方法。

3．掌握电子邮件的接收和发送方法。

实训内容

1．IE 的基本操作。

2．搜索引擎的使用。

3．电子邮件的使用。

实训环境

能够连接 Internet 即可。

实训步骤

1．IE 的基本操作。

(1) IE 的启动与关闭。

(2) 将 IE 的启动主页设置为"www.baidu.com"。

(3) 浏览和保存网页。

浏览网页 www.sohu.com，将左上角的搜狐网标保存到自己建的文件夹下，名称为：搜狐。

打开"地图"链接，在电子地图上找到自己的家乡，并将该网页保存到自己建的文件夹中。

(4) 收藏夹的管理。将搜狐网站的主页添加到收藏夹。

2．掌握搜索引擎的使用方法

(1) 使用百度搜索"迅雷"，并下载该软件。

(2) 使用谷歌（http://www.google.cn/）搜索"Internet"，并下载相关信息。

3. 电子邮件的使用

(1) 到任何一个提供免费邮箱的网站申请一个免费邮箱。

(2) 用该邮箱进行不带附件的邮件发送。

(3) 用 WinRAR 将一个大的文件（夹），分卷压缩成每个 15MB 以内，然后用该邮箱以附件形式发送。

(4) 接受和回复邮件。

实训 10   常用网络软件的使用

实训目的

1. 掌握迅雷的使用方法。
2. 掌握 MSN 的使用方法。
3. 掌握 CuteFTP 的使用方法。

实训内容

1. 迅雷的使用。
2. MSN 的使用。
3. CuteFTP 的使用

实训环境

能够连接 Internet 即可。

实训步骤

1. 迅雷的使用

(1) 单个文件下载。

① 快捷菜单启动。

② 单击下载。

③ 使用悬浮窗下载。

④ 手动添加任务下载。

(2) 批量下载文件。

① 新建批量任务。

② 输入 URL。

③ 点击"下载"。

(3) 下载文件的管理。

① 移动文件。

② 删除文件。

③ 重新下载文件。

2. MSN 的使用

(1) 下载 MSN。

(2) 安装 MSN。

(3) 使用 MSN。

① 聊天。

② 发送文件。

3. CuteFTP 的使用

(1) 下载 CuteFTP。

(2) 安装 CuteFTP。

(3) 使用 CuteFTP。

① 下载文件。

② 上传文件。

实训 11　制作简单的网页

实训目的

1. 掌握用 HTML 制作简单网页的方法。
2. 掌握用 Dreamweaver CS3 制作简单网页的方法。

实训内容

1. 用 HTML 制作简单网页。
2. 用 Dreamweaver CS3 制作简单网页。

实训环境

1. 能连接 Internet。
2. 安装 Dreamweaver CS3。

实训步骤

1. 用 HTML 制作简单网页

(1) 建立简单文本。

(2) 插入图片。

(3) 建立超级链接。

(4) 语言建立表格。

2. 用 Dreamweaver CS3 制作简单网页

(1) 建立简单文本。

(2) 插入图片。

(3) 建立超级链接。

(4) 语言建立表格。

(5) 插入多媒体。

参 考 文 献

[1] 亓传伟，等. 计算机网络实用技术. 北京：国防工业出版社，2007.

[2] 朱根宣. 计算机网络与Internet应用基础教程（第2版）. 北京：清华大学出版社，2009.

[3] 徐祥征，龚建萍. Internet应用基础教程（第2版）. 北京：清华大学出版社，2009.

[4] 徐立新. 计算机网络技术. 北京：人民邮电出版社，2009.

[5] 冯文新. 计算机网络技术与应用（第2版）. 北京：电子工业出版社，2010.